Die Lehre

von

Deutscher Wortbildung.

Zur

Benutzung in Deutschen Volksschulen

unterrichtlich dargestellt

von

F. H. G. Graßmann.

Berlin,

bei G. Reimer.

1829.

Sprachbildungslehre

für

Deutsche.

Zweiter Theil.

Die

Lehre von Deutscher Wortbildung.

Zur

Benutzung in Deutschen Volksschulen

unterrichtlich dargestellt

von

F. H. G. Graßmann.

Berlin,

bei G. Reimer.

1829.

Inhalt.

Einleitung.

Vorbemerkung.

In dem bisherigen Sprachunterrichte haben wir aus den einfachen Bestandtheilen der Rede (den Sprachgrundtheilen) Sylben zusammengesetzt, und dabei nur auf Umfang, Zahl, Art der Zusammensetzung und Wohllaut gemerkt, ohne die Bedeutung, welche sie etwa haben könnten, zu beachten. Wenn gleich unter diesen Sylben unstreitig viele vorgekommen sind, die eine Bedeutung haben, so haben wir doch bisher absichtlich darauf noch gar keine Rücksicht genommen, um vorerst die Sprache von ihrer äußern Seite her, als ein bloß Hörbares betrachtet, recht genau ins Auge zu fassen. — Jetzt wollen wir nun vorzugsweise auf die Bedeutung oder den Sinn der verschiedenen Sprachtheile merken und werden nun sehen, wie man in der Deutschen Sprache den vorhandenen großen Vorrath von Sylben, wie wir ihn im Vorhergehenden überblicken gelernt haben, als Sprachstoff benutzt hat, um dadurch das Innere der Seele darzustellen und jeder darin vorhandenen Vorstellung und Empfindung ihren Ausdruck durch ein äußeres hörbares Zeichen zu geben. Wenn eine Sylbe schon für sich allein Zeichen einer Vorstellung ist, so ist sie zugleich ein Wort; in den meisten Fällen aber ist dies bei einer einzelnen Sylbe noch nicht der

Fall, sondern man muß erst mehre verbundene Sylben hören, um sich eine Vorstellung zu machen. Ein Wort ist eine Sylbe oder eine Verbindung von Sylben, bei welcher man sich etwas vorstellen kann. Nach der Anzahl der Sylben, woraus ein Wort besteht, heißt es einsylbig oder mehrsylbig, und im letzteren Falle nach der bestimmten Anzahl seiner Sylben zweisylbig, dreisylbig u. s. w. — Derjenige Theil des Sprachunterrichtes, welcher lehrt, wie die Wörter der Deutschen Sprache entstehen und wie dabei die Sylben benutzt und an einander gereiht werden, heißt die Lehre von der Wortbildung oder Wortbildungslehre, und soll von jetzt an der Gegenstand unserer Betrachtung und Unterredung sein.

1.

L. Benennt mir die Gegenstände, welche ihr um euch her erblickt!

K. Schulstube, Decke, Fufsboden, Wände —

L. Gebt mir jedes Wort so an, wie ihr es aussprecht, wenn ihr nur Einen Gegenstand dieser Art im Sinne habt! Also nicht Wände, sondern — K. Wand.

L. Fahrt fort, die Gegenstände zu benennen!

K. Fenster, Thür, Ofen, Tisch, Bank, Wandtafel, Schemmel, Kasten, Spind, Buch, Federmesser, Lehrer, Kind u. s. w.

L. Benennt mir jetzt auf eben diese Weise die Gegenstände im Hause — alle Hausgeräthe — die Gegenstände in einer Stadt — in einem Dorfe — in einem Garten — auf dem Hofe — auf dem Felde — im Walde — im Wasser — am Himmel u. s. w.

Kr. th. (Vgl. Anleitung zu Denk- und Sprechübungen. 1ste und 2te Uebung.) — Fibel Lesest. 1—7).

L. Die Wörter, welche ihr angegeben habt, indem ihr

die Gegenstände benannter, sind Hauptwörter oder Substantive. Was sind also Hauptwörter?

K. Hauptwörter oder Substantive sind die Namen der Dinge.

2.

L. (zu einem einzelnen Schüler). Was bist du, (wie nennst du dich), weil du in die Schule gehst?

K. Ich bin ein Schüler.

L. Und August? K. August ist ein Schüler.

L. Und Emilie? K. Emilie ist eine Schülerinn.

L. Warum sagst du hier Schülerinn und eine, da du vorhin Schüler und ein sagtest?

K. Weil August ein Knabe und Emilie ein Mädchen ist.

L. Wie nennst du Knaben und Mädchen mit Einem Worte? K. — Kinder.

L. Was für ein Kind ist ein Knabe, und was für ein Kind ist ein Mädchen?

K. Ein Knabe ist ein männliches, ein Mädchen ist ein weibliches Kind.

L. Beide unterscheiden sich im Geschlechte. — Wie wurde also an den vorhin angegebenen Wörtern das verschiedene Geschlecht bezeichnet?

K. Beim männlichen Geschlechte sagten wir Schüler und setzten davor ein, beim weiblichen Geschlechte sagten wir Schülerinn und setzten davor eine.

L. Wiederholt den Satz von August!

K. August ist ein Schüler.

L. Welcher Schüler ist August?

K. August ist der Schüler, welcher erst gestern in unsere Schule gekommen ist.

L. Welche Schülerin ist Emilie?

K. Emilie ist die Schülerinn, welche rechts am Ende der zweiten Bank sitzt.

L. Hier habt ihr vor Schülerinn und Schüler zwei andere Wörter gesetzt, als zuerst. Welche? K. — die und der statt eine und ein.

L. Warum sagt ihr hier die und der statt eine und ein.

K. Zuerst sollte blos angegeben werden, daß August ein Schüler ist, nicht etwa ein die Schule noch nicht besuchendes Kind oder ein Lehrbursche bei einem Handwerker; es wurde aber nicht angegeben, welcher oder was für ein Schüler er ist. Jetzt aber wurde genau bestimmt, welcher Schüler August ist. Eben so unterscheiden sich die beiden Sätze, welche von Emilien handeln.

L. Recht. — Hier habt ihr zwei neue Wörter, an denen ihr die Verschiedenheit des Geschlechtes bezeichnen könnt. — Die Wörter ein und eine, der und die heißen daher Geschlechtswörter oder Artikel, und zwar heißen der und die bestimmte (bestimmende) Geschlechtswörter, weil sie den benannten Gegenstand genau bestimmen, ein und eine heißen unbestimmte (nicht bestimmende) Geschlechtswörter oder Artikel, weil sie den benannten Gegenstand nicht genau bestimmen.

L. Gebt jetzt andere Wörter an, welche männliche oder weibliche Personen bezeichnen, und prüft, ob ihr diese Geschlechtswörter eben so davor setzen könnt!

K. Der Vater, ein Vater. — Die Mutter, eine Mutter.
Der Bruder, ein Bruder. — Die Schwester, eine Schwester.
Der Mann, ein Mann. — Die Frau, eine Frau u. s. w.

L. Gebt mir an, was jedes einzelne dieser vier Wörter bezeichnet!

K. Der bezeichnet das männl. Geschlecht, wenn man bestimmt redet.

Ein	—	—	männl.	—	—	unbestimmt —
Die	—	—	weibl.	—	—	bestimmt —
Eine	—	—	weibl.	—	—	unbestimmt —

L. So wie es nun überall in der Rede sehr häufig vorkommt, daß man Ausdrücke, die sich eigentlich nur auf einen bezeichneten Gegenstand oder auf ein Urbild beziehen können, auch auf das Zeichen selbst oder auf das Abbild überträgt (wenn man z. B. das musikalische Zeichen eines langen Tones eine lange Note, das Bild einer weiblichen Person ein weibliches Bild nennt); so verfährt man auch hier. Obgleich ein Wort eigentlich gar kein Geschlecht haben kann, so nennt man doch diejenigen Hauptwörter, welche männliche Personen bezeichnen, z. B. Vater, Bruder, Mann, Sohn etc. männliche Hauptwörter; und diejenigen Hauptwörter, welche weibliche Personen bezeichnen, z. B. Mutter, Schwester, Frau, Tochter etc. weibliche Hauptwörter. Durch eine Uebertragung der Ausdrücke von dem Bezeichneten auf das Zeichen redet man daher auch von einem Geschlechte der Hauptwörter. Das Gleiche geschieht in Beziehung auf die Geschlechtswörter, die man auch männliche und weibliche nennt, je nachdem sie mit männlichen und weiblichen Hauptwörtern verbunden werden. — Gebt mir jetzt hienach den vollständigen Namen jedes einzelnen Geschlechtswortes an!

K. Ein ist das unbestimmte männl. Geschlechtswort oder der unbestimmte männliche Artikel. — Eine ist das unbestimmte weibl. Geschlechtswort oder der unbestimmte weibliche Artikel. — Der ist das bestimmte männl. Geschlechtswort oder der bestimmte männl. Artikel. — Die ist das bestimmte weibl. Geschlechtswort oder der bestimmte weibl. Artikel.

L. Wiederholt noch einmal, wodurch das männliche und wodurch das weibliche Geschlecht der Hauptwörter bezeichnet wird!

K. Das männliche Geschlecht der Hauptwörter wird durch die Geschlechtswörter ein und der, das weibliche Geschlecht durch die Artikel die und eine bezeichnet.

L. Wie nennt ihr einen Knaben oder ein Mädchen, wenn ihr gar nicht anzeigen wollt, von welchem Geschlechte es sei? K. — ein Kind.

L. Und wie sagt ihr, wenn ihr irgend ein bestimmtes Kind bezeichnen wollt? K. — das Kind.

L. Da setzt ihr ein anderes Wörtchen (das) vor das Wort Kind, und bezeichnet damit einen Gegenstand, von dem ihr das Geschlecht nicht angeben wollt, jedoch so, daß ihr einen bestimmten Gegenstand dieser Art andeutet. Sucht noch einige andere Wörter auf, vor welche ihr das setzen könnt!

K. Das Pferd — das Thier — das Kleid — das Wasser — das Haus — das Eisen — das Messer.

L. Was könnt ihr von dem Geschlechte der Gegenstände sagen, die durch diese Wörter bezeichnet werden?

K. Thier und Pferd bezeichnen lebendige Wesen: bei diesen findet zwar ein Geschlecht statt, aber diese Wörter drücken es nicht aus. — Kleid, Wasser, Haus, Eisen und Messer bezeichnen leblose Gegenstände, bei denen von gar keinem Geschlechte die Rede sein kann, oder geschlechtslose Dinge.

L. Hieraus wird euch die Bestimmung des Wörtchens das deutlich werden. Sucht sie mir anzugeben!

K. Das Wörtchen das bezeichnet einen bestimmten Gegenstand, von welchem man entweder das Geschlecht nicht angeben will, oder welcher gar kein Geschlecht hat.

L. Da es auf jeden Fall auch eine Beziehung auf das Geschlecht, nämlich das Nichtvorhandensein eines Geschlechtes, ausdrückt, so kann man es auch ein Geschlechtswort nennen. Es bezeichnet die Geschlechtslosigkeit, und man könnte es das geschlechtslose Geschlechtswort nennen, wenn nicht dieses Wort etwas Uebelklingendes und einen scheinbaren Widerspruch enthielte, obgleich man sehr füglich geschlechtsloser Artikel sagen könnte. — Da das Wort das aber in den meisten Fällen zu solchen Hauptwörtern gesetzt wird, welche leblose Dinge bezeichnen, und man leblose Dinge im Gegensatze gegen die lebendigen, ganz besonders im Gegensatze gegen vernünftige Geschöpfe oder Personen, gewöhnlich Sachen zu nennen pflegt, so ist es beinahe ganz allgemein eingeführt, daß man dieses Wörtchen den sächlichen Artikel oder das sächliche Geschlechtswort nennt.

Das bestimmte Geschlechtswort hat also drei verschiedene Formen zur Bezeichnung der Geschlechtsverhältnisse. Welche, und was bezeichnet jede derselben?

K. Der bezeichnet das männliche Geschlecht.
Die — — weibliche — und
Das — die Geschlechtslosigkeit.

L. So wie ihr es jetzt angegeben habt, ist eigentlich die ursprüngliche Bestimmung dieser drei Wörter. Alle Hauptwörter, die einen Gegenstand männlichen Geschlechts bezeichnen, sollten eigentlich den Artikel der; alle Hauptwörter, die einen Gegenstand weiblichen Geschlechts bezeichnen, sollten den Artikel die; und alle Hauptwörter, die das Geschlecht unentschieden lassen oder sich auf einen geschlechtslosen Gegenstand beziehen, sollten den Artikel das vor sich haben. Als aber die Sprache sich bildete, ist man in sehr vielen Fällen nicht dabei geblieben, sondern ist sehr häufig von dieser Regel abgewichen. Besonders werden der männliche und weibliche Artikel (der und die) vor viele Wörter gesetzt, welche eigentlich geschlechtslose Dinge bezeichnen, wahrscheinlich weil man in den Zeiten, wo die Sprache sich bildete, im Kindheitszustande des Menschengeschlechtes, durch die Betrachtung gewisser ähnlicher Eigenschaften sich veranlaßt fühlte, sich diese Dinge als lebendig, und als Dinge männlichen oder weiblichen Geschlechtes zu denken, so wie Kinder sich die Gegenstände um sich her als lebend vorzustellen und daher mit ihnen zu reden pflegen. Wo man z. B. mehr Größe, Kraft und äußere Rauhheit erblickte, mochte man geneigter sein, sich diese Dinge als männliche vorzustellen; dagegen erweckte der Anblick kleinerer Gestalt, größerer Schwäche, Milde ꝛc. die Vorstellung weiblicher Wesen. Welche Vorstellungen aber im Einzelnen zum Grunde gelegen haben mögen, um den Wörtern ihr Sprachgeschlecht anzuweisen, ist im jetzigen Zustande der Sprache nicht mehr zu errathen, und mag zum Theil auf vorübergehenden zufälligen Umständen beruht haben. Wir müssen jetzt die Wörter der Sprache so annehmen und gebrauchen, wie sie durch Ueberlieferung auf uns gekommen sind; und hienach sagt man z. B. der Stein, die Erde; der Fluſs, die Wolke; der Bach, die Quelle; der Tisch, die Bank u. s. w. — Umgekehrt tritt aber auch zuweilen, obgleich sehr selten, der Fall ein, daß vor Wörter, welche eigentlich einen Gegenstand von bestimmtem Geschlechte benennen, ein anderer Artikel gesetzt wird, als eigentlich zu diesem Geschlechte gehört, z. B. der sächliche Artikel vor die Wörter Weib und Mädchen, welche unzweifelhaft Personen weiblichen Geschlechtes bezeichnen. — Das Weib; das Mädchen.

Merkt euch hiebei noch, daß obgleich es in der Natur eigentlich nur zwei Geschlechter gibt und man nur von drei Verhältnissen der Wörter zum Geschlechte reden kann, (dem männlichen Geschlechte, dem weiblichen Geschlechte und der Geschlechtslosigkeit), man doch nach übereinstimmendem Gebrauche in der Sprachlehre von drei Geschlechtern zu reden pflegt, indem man die sächlichen Hauptwörter auch Hauptwörter sächlichen Geschlechtes zu nennen pflegt. Auch wir wollen künftig diesem Sprachgebrauche folgen und werden also das natürliche Geschlecht der Dinge von dem Sprachgeschlechte der Wörter unterscheiden und in Hinsicht auf das erstere nur von zwei Geschlechtern, dem männlichen und weiblichen, in Hinsicht auf das letztere aber von drei Geschlechtern, dem männlichen, weiblichen und sächlichen, reden. — Gebt nunmehr an, was für ein Geschlecht jede der drei Formen des bestimmten Artikels bezeichnet!

K. Der bezeichnet das männliche Geschlecht.
Die — — weibliche —
Das — — sächliche —

L. Gebt eben so die verschiedenen Formen des unbestimmten Artikels an, und zu welchem Geschlechte jede derselben gehört!

K. Ein ist die Form des männlichen Geschlechtes.
Eine — — weiblichen —
Ein — — sächlichen —

Das männliche und sächliche Geschlecht sind also an diesem Artikel nicht zu unterscheiden, da sie nur Eine Form haben, nämlich ein.

L. Merkt euch noch, daß man statt männlich mit einem lateinischen Worte auch masculin, statt weiblich auch fömінin, und statt sächlich auch neutral sagt; ein sächliches Wort heißt dann ein neutrales Wort oder ein Neutrum.

Jetzt geht alle die Hauptwörter, die ihr vorhin angegeben habt, der Reihe nach durch, setzt vor jedes den ihm zukommenden Artikel, und sagt mir, was für ein Hauptwort es seinem Geschlechte nach ist!

K. Haus — das Haus, ein Haus ist ein sächliches oder neutrales Hauptwort oder ein Neutrum. — — Dach — das Dach, ein Dach ist ein sächliches oder neutrales Hauptwort oder ein Neutrum. — — Mauer — die Mauer, eine Mauer ist ein weibliches Hauptwort oder ein Föminin. — — Wand — die Wand, eine Wand ist ein weibliches Hauptwort oder ein Föminin. — — Boden — der Boden, ein Boden ist ein männliches Hauptwort oder ein Masculin. — — Hof — der Hof, ein Hof ist ein männliches Hauptwort oder ein Masculin. — u. s. w.

L. Bearbeitet nun schriftlich folgende

Aufgabe zur Selbstbeschäftigung.

Ordnet alle vorhin aufgesuchten Hauptwörter nach ihrem Geschlechte in drei Hauptabtheilungen, indem ihr über diese Abtheilungen die Ueberschriften: männliche Hptw., weibl. Hptw., sächl. Hptw, und die jeder Art von Wörtern zukommenden Artikel setzt!

K. schreiben auf:

Männl. Hauptw.	Weibl. Hptw.	Sächl. Hptw.
der, ein.	die, eine.	das, ein.
Ofen, Tisch, Kasten,	Decke, Wand,	Buch, Tintenfass,
Griffel, Schrank —	Thüre, Feder —	Haus, Messer.

u. s. w.

3.

L. Gebt mir jetzt an, wie die Stube beschaffen ist, indem ihr die Beschaffenheit derselben mit einem einzigen Worte ausdrückt! — Wie ist die Stube beschaffen?

K. Die Stube ist hoch.

L. Ihr werdet mir ohne Mühe noch mehre Beschaffenheiten der Stube angeben können. Jeder unter euch soll mir in einem vollständigen Satze Eine Beschaffenheit der Stube angeben, bis wir keine neuen Beschaffenheiten mehr aufzufinden vermögen!

K. Die Stube ist groß.
— — viereckig.
— — hell.
— — geräumig.
— — regelmäßig.
— — schön, u. s. w.

L. Wiederholt blos die Wörter, welche die Beschaffenheiten der Stube bezeichnen! Was kann die Stube sein?

K. Die Stube kann sein: hoch, groß, viereckig, hell, geräumig, regelmäßig, schön u. s. w.

L. Gebt mir eben so an, wie ein Haus beschaffen sein kann!

K. Ein Haus kann sein: groß, klein, hoch, niedrig, lang, kurz, breit, tief, schmal, geräumig, eng, regelmäßig, unregelmäßig, schön, prächtig, rein, schmutzig, roth, grün, blau, bunt, u. s. w.

L. Gebt jetzt auch an, wie ein Mensch beschaffen sein kann!

K. Der Mensch kann sein: groß, klein, dick, schlank, fett, mager, gesund, krank, stark, schwach, schnell, langsam, blind, taub, stumm, lahm, freundlich, thätig, träge, reich, arm, fröhlich, zufrieden, mürrisch u. s. w.

L. Gebt eben so die Beschaffenheiten eines Baumes — einer Blume — eines Gartens — eines Flusses — eines Berges — eines Vogels — eines Apfels u. s. w. an! K. th.

L. Ihr habt jetzt wieder einen beträchtlichen Vorrath von Wörtern gesammelt. Könnt ihr euch bei den Wörtern hoch, hell, schön, roth und überhaupt bei jedem der von euch jetzt aufgefundenen Wörter auch so einen sichtbaren oder fühlbaren Gegenstand denken, wie bei den Wörtern Baum, Haus, Stube, Mensch, Vogel u. s. w.? Oder was stellt ihr euch dabei vor?

K. Wir stellen uns bei den Wörtern hoch, hell, schön, roth etc. nicht für sich bestehende sichtbare oder fühlbare Gegenstände vor, sondern nur Beschaffenheiten an solchen Gegenständen.

L. Recht! Bei dem Worte Haus stellt ihr euch sogleich ein für sich bestehendes oder, wie man auch dafür zu sagen pflegt, ein selbständiges Ding vor, und so bei allen den vorhin aufgeführten Hauptwörtern. Aber die Beschaffenheit, welche das Wort hoch bezeichnet, ist nirgends für sich allein, sondern nur an irgend einem selbständigen Dinge vorhanden, z. B. an einem Baume, Thurme, Hause, Spinde u. s. w.; es bezeichnet also etwas Unselbständiges oder ein unselbständiges Ding. — Da die Wörter hoch, hell, schön und die übrigen vorhin aufgeführten Wörter Beschaffenheiten an den Dingen bezeichnen, wie werdet ihr solche Wörter davon benennen wollen?

K. Beschaffenheitswörter.

L. Gut! So könnten sie auch füglich genannt werden. Wenn man sich aber solche Beschaffenheiten als mit den Dingen sehr nahe und nothwendig verbunden, oder als zu ihnen unzertrennlich gehörig, denkt, so nennt man sie auch Eigenschaften und daher kann man diese Wörter auch Eigenschaftswörter nennen. Künftig werdet ihr sehen, daß man dieselben Wörter nach Verschiedenheit gewisser Umstände zuweilen Eigenschaftswörter, zuweilen Beschaffenheitswörter nennt. Für jetzt ist es unserm Zwecke angemessener, wenn wir sie Eigenschaftswörter nennen, und so mögen sie vorerst von uns immer genannt werden; also: Eigenschaftswörter oder Adjective.

Verbindet jetzt ein solches Eigenschaftswort mit einem Hauptworte, indem ihr durch die verbundenen Worte ausdrückt, daß die Eigenschaft mit dem Gegenstande als schon verbunden gedacht wird, und setzt vor beide Wörter erst den bestimmten, dann den unbestimmten Artikel!

K. Die helle Stube — eine helle Stube.
Der grosse Tisch — ein grosser Tisch.
Das scharfe Messer — ein scharfes Messer.

L. Jetzt stellt auch wieder ein Eigenschaftswort mit einem Hauptworte zusammen, aber gebt die Worte so an, daß ihr die Vorstellung der Eigenschaft und ihres Gegenstandes erst durch eure Rede mit einander verbindet!

K. Die Stube ist hell — eine Stube ist hell.
Der Tisch ist gross — ein Tisch ist gross.
Das Messer ist scharf — ein Messer ist scharf.

K. Was bemerkt ihr an den Wörtern hell, gross und scharf in diesen drei Fällen für Unterschiede in ihrer äußern Form?

K. Wenn der bestimmte Artikel davor steht, so haben sie hinten ein e; wenn der unbestimmte Artikel davor steht, so haben sie im männlichen Geschlechte die Endung er, im weiblichen die Endung e, im sächlichen Geschlechte die Endung es. Wenn aber die Eigenschaft dem Gegenstande in der Rede erst beigelegt wird, so fehlen diese Endungen ganz.

L. Im ersteren Falle, wenn die Eigenschaft mit dem Gegenstande als schon verbunden gedacht und durch die Rede so dargestellt wird, nennt man das Wort fast ganz allgemein und übereinstimmend Eigenschaftswort, und es steht dann allemal vor dem Hauptworte. Im letzteren Falle, wenn die Eigenschaft dem Gegenstande in der Rede erst beigelegt wird, nennt man das Wort häufig Beschaffenheitswort, gewöhnlicher indessen ebenfalls Eigenschaftswort. Wir wollen indessen jetzt diesen Unterschied, auf den wir künftig noch einmal zurückkommen werden, vorläufig gar nicht berücksichtigen und des übereinstimmenden Ausdruckes wegen in beiden Fällen Eigenschaftswort sagen.

Da wir nunmehr einen Unterschied zwischen selbständigen und unselbständigen Dingen kennen gelernt haben, werden wir bei unserer anfänglich gegebenen Erklärung der Hauptwörter (Hptw. sind die Namen der Dinge. §. 1) stehen bleiben können oder werden wir dieselbe nicht näher bestimmen müssen? — Sucht mir jetzt in einer bestimmten Erklärung anzugeben, was Hauptwörter und was Eigenschaftswörter sind!

K. Hauptwörter oder Substantive sind die Namen der selbständigen Dinge. — Eigenschaftswörter oder Adjective sind die Namen der unselbständigen Dinge — oder: Namen des Unselbständigen an den Dingen.

Aufgaben zur Selbstbeschäftigung.

L. Sammelt euch auf folgende Art einen beträchtlichen Vorrath von Eigenschaftswörtern! Denkt euch die Gegenstände in einem Garten (auf dem Felde, im Wasser 2c.),

z. B. den Zaun, die Bäume, die Blumen, die Steige u. s. w., und schreibt die Eigenschaftswörter auf, welche ihre Eigenschaften bezeichnen, ohne jedoch die Namen der Gegenstände dabei zu schreiben!

K. schreiben: Hoch, niedrig, grün, fruchtbar, locker, breit, lang, trocken, feucht, nafs, weit, rund u. s. w.

L. Verbindet mit jedem solchen Eigenschaftsworte ein Hauptwort und setzt den {bestimmten / unbestimmten} Artikel davor!

K. schreiben: Der hohe Zaun — die schöne Blume —
Ein hoher Zaun — eine schöne Blume
u. s. w.

L. Bringt die gefundenen Wortverbindungen nach den drei Geschlechtern in drei Abtheilungen! K. th.

L. Verbindet jedes Hauptwort mit einem Eigenschaftsworte in einen solchen Satz, der da ausdrückt, daß die Eigenschaft dem Gegenstande durch die Rede erst beigelegt wird!

K. schreiben: Der Baum ist hoch. — Die Blume ist grün — Das Beet ist schmal u. s. w.

4.

L. Die Dinge, welche wir um uns her erblicken, sowohl die lebendigen als die leblosen, bleiben nicht in dem Zustande, worin sie sind, sondern es gehen Veränderungen mit ihnen vor. — Benennt mir diese Veränderungen an einem Menschen! Gebt mir nämlich von einem Menschen an, was er thun kann, was ihm geschehen kann, was mit ihm vorgehen kann! Denn wenn jemand etwas thut, wenn er etwas leidet, oder wenn ihm etwas geschieht, so wird etwas an ihm anders, als es vorher war, oder, es geht eine Veränderung mit ihm vor.

K. Der Mensch kann: gehen, laufen, springen, hüpfen, tragen, stoßen, schlagen, ziehen, heben, halten, sehen, hören, reden, essen, trinken, beißen; — er kann: getragen werden, gestoßen werden, geschlagen w., gefahren w., gezogen w., gehoben w., gehalten werden. — er kann: liegen, ruhen, schlafen, stehen, sitzen, leben u. s. w.

L. Was kann mit einem Vogel vorgehen?

K. Der Vogel kann: gehen, laufen, fliegen, flattern, schweben, picken, beißen; — gefangen werden, geschossen werden, getödtet werden; — sitzen, stehen, liegen, ruhen, schlafen u. s. w.

L. Was kann mit dem Baume vorgehen?

K. Der Baum kann: grünen, blühen, verdorren, sinken, fallen, wachsen; abgehauen werden, gefällt werden, weggefahren werden; stehen, liegen u. s. w.

L. Was kann mit dem Wasser vorgehen?

K. Das Wasser kann: stehen, fließen, sinken, fallen, steigen, bewegt werden, schäumen, brausen, treiben u. s. w.

L. Was kann mit der Luft — dem Feuer — dem Wagen — dem Schiffe — der Mühle u. s. w. vorgehen? K. a.

L. Hier habt ihr wieder einen bedeutenden Vorrath neuer Wörter aufgesucht. Sind die Wörter, welche ihr jetzt angegeben habt, auch die Namen selbständiger Dinge, oder was bezeichnen sie sonst?

K. Sie bezeichnen nicht für sich bestehende Dinge, sondern nur Veränderungen der Dinge, also etwas, was an selbständigen Dingen gefunden wird, oder etwas Unselbständiges.

L. Recht! Die meisten derselben drücken geradezu Veränderungen an den Dingen aus, jedoch auf verschiedene Art. Bei einigen nämlich wird der Gegenstand, von dem die Rede handelt, als thätig vorgestellt (z. B. der Mensch schlägt, stöſst, läuft etc.); bei jedem Thun wird aber an dem, der es thut, etwas anders, als es vorher war, und daher ist mit jeder Thätigkeit auch eine Veränderung verbunden. Bei andern wird ausgedrückt, daß einem Gegenstande etwas geschieht, daß ihm etwas widerfährt, oder daß er etwas erleidet (der Mensch wird geschlagen, gestossen, getragen etc.); auch dabei wird jedesmal etwas an ihm anders, als es vorher war, und es wird auch dadurch also eine Veränderung ausgedrückt. Bei noch anderen wird nur angegeben, daß jemand sich in einem gewissen Zustande befindet, (z. B. der Mensch steht, liegt, schläft etc). Hier scheint es allerdings, als wenn nicht eine Veränderung, sondern ein Bleiben oder ein Beharren ausgedrückt würde. Wenn ich aber sage: Karl ruht —, erkennt ihr aus dem Worte ruht nicht zugleich auch die Zeit, wann das vorgeht, was ich sage?

K. Ja, wir erkennen aus Ihren Worten, daß er jetzt ruht.

L. Ich bezeichne ihn also als ruhend in der jetzigen oder gegenwärtigen Zeit. Sehr leicht kann ich durch eine unbedeutende Veränderung ausdrücken, daß das Ruhen an Karl in einer vergangenen Zeit stattgefunden hat, wenn ich sage: Karl ruhete. Es wird also durch das Wort ruhen, und eben so durch die Wörter stehen, schlafen, liegen, sitzen etc. ein Zustand in Hinsicht auf eine gewisse Zeit angezeigt, der eben dadurch, daß er sich nur auf eine bestimmte Zeit bezieht, auch als vorübergehend und damit zugleich als veränderlich dargestellt wird. — Noch deutlicher wird euch die Sache werden, wenn ihr den Sinn der beiden Sätze: Karl ruht — und: Karl ist ruhig mit einander vergleicht. Sucht euch den Unterschied deutlich zu machen, und gebt ihn mir dann an!

K. Karl ruht drückt aus, daß Karl sich jetzt in einem Zustande der Ruhe befindet, der aber vorübergeht oder doch als vorübergehend gedacht und dargestellt wird. — Karl ist ruhig drückt aus, daß das Ruhen als eine bleibende oder beharrliche Eigenschaft an Karl vorhanden ist, wobei an die

Zeit des Ruhens nicht gedacht wird. (Wenn man sagen will, daß der Ausdruck: Karl ist ruhig ebenfalls eine Ruhe in der Gegenwart ausdrückt, so läßt sich leicht zeigen, daß diese Beziehung auf die Zeit nicht in dem Worte ruhig, sondern in dem Worte ist ihren Grund hat, indem statt der Gegenwart die Vergangenheit ausgedrückt wird, wenn man ist mit war vertauscht).

L. Eben so mögt ihr folgende Sätze mit einander vergleichen:

Das Kind schläft. — Das Kind ist schläfrig. —
Der Baum grünt. — Der Baum ist grün.

Mit allen vorhin aufgefundenen Wörtern ist also die Vorstellung von einer wirklichen oder doch möglichen Veränderung verbunden, die in der Zeit vorgeht, und dies ist der Grund, warum diese Wörter Zeitwörter genannt werden. Mit einem lateinischen Worte heißen sie Verben; ein einzelnes heißt ein Verbum. — So wie sie selbst Veränderungen bezeichnen, so sind sie auch in ihrer äußeren Form sehr veränderlich, und werden sehr verschieden ausgesprochen, je nachdem sie sich auf Einen oder mehre Gegenstände, auf die redende, angeredete oder besprochene Person, auf gegenwärtige, vergangene und zukünftige Zeit beziehen, z. B. der Knabe spielt — du spielst — ich spiele — die Kinder spielen — das Mädchen spielte — ihr spieltet — die Schüler spielten — die Kleinen haben gespielt. — Mit diesen verschiedenen Formen eines und eben desselben Wortes haben wir es hier aber nicht zu thun, werden künftig aber einst ausführlich darüber reden. Um uns durch die verschiedenen Formen dieser Wörter jedoch nicht irre machen zu lassen, wollen wir für jetzt jedes Zeitwort so angeben, wie man es ausspricht, wenn man blos die Veränderung oder den Zustand bezeichnen will, ohne sie auf einen bestimmten Gegenstand zu beziehen, von dem man damit etwas aussagen will; also: spielen, laufen, fallen. Sie endigen sich dann immer auf en oder n.

Werden wir jetzt bei unserer früher gegebenen Erklärung von Eigenschaftswörtern (§. 3.) stehen bleiben können? Warum nicht? Worin ist sie mangelhaft, und wie muß sie verbessert werden?

K. Die Zeitwörter bezeichnen eben sowohl etwas Unselbständiges an den Dingen, als die Eigenschaftswörter. Letztere stellen es aber dar im Zustande des Bleibens und Beharrens; die Zeitwörter aber im Zustande des Veränderns und Vorübergehens.

L. Blickt jetzt auf das bisher Vorgekommene im Ganzen zurück! — Wie viel verschiedene Arten von Wörtern sind euch bis hieher bekannt geworden? Gebt an, was jede derselben in der Sprache für eine Bestimmung hat!

K. Wir kennen jetzt vier Arten von Wörtern: Hauptwörter oder Substantive, Eigenschaftswörter oder Adjective, Zeitwörter oder Verben, und Geschlechtswörter oder Artikel.

Hauptwörter oder Substantive sind die Namen der selbständigen Dinge. —

Eigenschaftswörter und Zeitwörter bezeichnen beide das Unselbständige an den Dingen. — Die Eigenschaftswörter oder Adjective bezeichnen das Unselbständige, insofern man sich dasselbe als bleibend oder beharrlich an den Dingen vorstellt. — Die Zeitwörter oder Verben bezeichnen das Unselbständige, insofern man sich dasselbe als veränderlich und vorübergehend in der Zeit vorstellt.

Die Geschlechtswörter oder Artikel sind immer sehr genau mit Hauptwörtern verbunden, und heben aus einer ganzen Art von Dingen entweder irgend eines, das nicht näher bestimmt ist (ein Baum), oder ein bestimmtes (der Baum im Garten) hervor, indem sie zugleich das Geschlecht des Hauptwortes andeuten.

Aufgaben zur Selbstbeschäftigung.

L. Denkt euch die Gegenstände auf dem Felde und gebt die Zeitwörter an, welche anzeigen, was sie thun, was mit ihnen vorgeht, in welchem Zustande sie sich befinden!

K. schreiben: grünen, blühen, liegen, laufen; — angebaut werden etc.

L. Denkt euch die Einwohner eines Dorfes (einer Stadt, eines Hauses rc.) nach ihren verschiedenen Gewerben und Ständen, und gebt die Zeitwörter an, welche ihre Thätigkeiten, ihre Verrichtungen und Zustände benennen!

K. schreiben: gehen, laufen, bauen, tragen, fahren, pflügen, eggen, backen, mauern; — getrieben werden, gescholten werden; — schlafen, liegen, ruhen u. s. w.

5.

L. Wenn jemand betrachtet, daß ein Thurm so hoch ist, was betrachtet er an dem Thurme?

K. Er betrachtet die Höhe des Thurmes.

L. Wenn sich jemand wundert, daß die Stube so groß, so lang, so breit, so hell ist, was bewundert er an der Stube?

K. Er bewundert die Größe, die Länge, die Breite, die Helligkeit der Stube.

L. Wenn sich jemand freut, daß die Blumen so schön sind, daß der Zucker so süß ist; worüber freuet er sich dann?

K. Er freut sich über die Schönheit der Blumen, über die Süßigkeit des Zuckers.

Mehre Beispiele, als: die Röthe des Himmels, die Dunkelheit der Nacht, die Ebenheit des Feldes, die Freundlichkeit des Vaters, die Güte des Mannes u. s. w.

L. Hier sagt ihr Höhe statt hoch, Gröſse statt groſs u. s. w. Denkt ihr euch bei Gröſse etwas anders als bei groſs, bei Schönheit etwas anderes als bei schön?

K. Nein! wir denken uns bei Grösse und Schönheit eben sowohl eine Eigenschaft, und zwar dieselbe Eigenschaft als bei gross und schön.

L. Ganz recht! aber ihr denkt euch doch diese Eigenschaft auf eine andere Art, oder ihr macht euch eine andere Vorstellung von derselben. — Wenn ich nämlich sage: ich bewundere die Grösse der Stube; so denke ich mir die Eigenschaft, die ich sonst gross nenne, gleichsam als einen besonderen Gegenstand. Ich will, daß der Zuhörende an alle übrigen Eigenschaften der Stube', z. B. daß sie hell, viereckig, blau rc. ist, nicht denke, sondern nur diese Eigenschaft im Sinne habe, in Hinsicht auf welche ich nun etwas sagen will. Ich sondere mir also diese Eigenschaft in Gedanken gleichsam von ihrem Gegenstande ab und sage von ihr etwas aus, als wenn sie etwas Selbständiges wäre; ja ich lege ihr zuweilen wohl selbst wieder Eigenschaften bei, z. B. die geringe Grösse, eine ziemliche Grösse, eine ausserordentliche Grösse u. s. w. Nun bleibt das Wort, welches diese Eigenschaft bezeichnet, auch nicht mehr dasselbe Wort, sondern wird durch eine Veränderung zu einem Hauptworte weiblichen Geschlechtes, vor welches auch der Artikel gesetzt werden kann, so daß man sich solche von ihren Gegenständen in Gedanken getrennten Eigenschaften gleichsam als weibliche Wesen vorstellt; als: gross, die Grösse — schön, die Schönheit — bitter, die Bitterkeit.

L. Gebt mir von allen vorhin (§. 3.) aufgesuchten Eigenschaftswörtern, wo es angeht, die davon abgeleiteten Hauptwörter an, welche die Eigenschaft als etwas Selbständiges darstellen!

K. gross — Grösse — die Grösse.
hoch — Höhe — die Höhe.
regelmässig — Regelmässigkeit — die Regelmässigkeit.
schön — Schönheit — die Schönheit.
klein — die Kleinheit — oder auch — die Kleinigkeit.
niedrig — die Niedrigkeit.

lang — die Länge.
breit — die Breite.
schmal — die Schmalheit.
eng — die Enge — oder — die Engigkeit.
roth — die Röthe.
blau — die Bläue.
rein — die Reinheit — oder — die Reinigkeit.
bunt — die Buntheit.
dick — die Dicke.
schlank — die Schlankheit.
schwach — die Schwäche — oder — die Schwachheit
fett — die Fettheit — oder — die Fettigkeit.
mager — die Magerkeit.
stark — die Stärke.
schnell — die Schnelligkeit — oder — die Schnellheit.
langsam — die Langsamkeit.
gesund — die Gesundheit.
krank — die Krankheit.
blind — die Blindheit u. s. w.

L. Wenn ihr einen Menschen gehen seht, und ihr eure Aufmerksamkeit darauf richtet, weil ihr irgend etwas Auffallendes daran bemerkt; was betrachtet ihr dann an dem Menschen?

K. Wir betrachten das Gehen oder den Gang des Menschen.

L. Wenn ihr eine Pflanze wachsen seht, und darauf aufmerksam seid; was beobachtet ihr an der Pflanze?

K. Wir beobachten das Wachsen, den Wachsthum, den Wuchs der Pflanze.

L. Und wenn ein Mann darauf sinnt, wie er ein Haus erbauen oder niederreißen will, woran denkt er dann?

K. Er denkt an das Erbauen oder Niederreißen, an die Erbauung oder Niederreißung des Hauses.

L. Bemerkt ihr hier nicht auch, daß an manchen Wörtern gewisse Veränderungen vorgegangen sind? — an welchen? — und was ist aus diesen Wörtern geworden?

K. Ja; aus gehen wurde Gang, aus wachsen Wachsthum oder Wuchs, aus erbauen Erbauung, aus niederreißen Niederreißung.

L. Wofür haltet ihr diese neuen Ausdrücke Gang, Wachsthum 2c.?

K. Es scheinen auch Hauptwörter zu sein, denn man kann sagen: der Gang, das Wachsthum oder der Wuchs; die Erbauung, die Niederreifsung.

L. Ihr habt Recht. So wie man eine Eigenschaft in Gedanken von ihrem Gegenstande absondern und sich als etwas Selbständiges vorstellen kann, so kann man es auch mit der Handlung, der Thätigkeit, dem Zustande, der Veränderung, welche durch ein Zeitwort bezeichnet wird. Man kann von dem Gegenstande selbst und allem Uebrigen, was sich an ihm findet, absehen und seine Aufmerksamkeit nur auf die Veränderung richten, welche an ihm vorgeht, oder auf den Zustand, in welchem er sich befindet. Dann macht man die Veränderung oder den Zustand in seiner Vorstellung zu etwas Selbständigem, dem man selbst wieder Eigenschaften beilegen kann (der schnelle Lauf, der gerade Wuchs); und das Zeitwort verwandelt sich in ein Hauptwort. Dies kann überall geschehen, ohne daß sich das Zeitwort verändert, blos dadurch, daß man dem Zeitworte den sächlichen Artikel vorsetzt, z. B. laufen, das Laufen; leben, das Leben; in vielen Fällen geschieht es aber auch durch Veränderungen, welche an dem Worte vorgehen, z. B. wachsen, das Wachsthum oder der Wuchs — gehen, der Gang; erbauen, die Erbauung; niederreifsen, die Niederreifsung; erkennen, die Erkenntnifs u. s. w.

Geht jetzt sämmtliche Zeitwörter, die wir vorhin (§. 4.) angegeben haben, der Reihe nach durch und gebt an, von welchen und was für neue Hauptwörter ihr davon bilden könnt, die den Begriff des Zeitwortes als etwas selbständig Gedachtes darstellen! das Zeitwort durch bloße Vorsetzung des sächlichen Artikels das (spielen, das Spielen) sogleich in ein Hauptwort zu verwandeln, dies läßt sich bei allen Zeitwörtern anwenden, und ihr mögt es daher übergehen!

K. gehen, der Gang — laufen, der Lauf — springen, der Sprung — stossen, der Stoss — ziehen, der Zug — schlagen, der Schlag — halten, die Haltung — sehen, das Gesicht — hören, das Gehör — reden, die Rede — trinken, der Trank oder der Trunk — beissen, der Biss — fahren, die Fahrt — liegen, die Lage — ruhen, die Ruhe — schlafen, der Schlaf — stehen, der Stand — stellen, die Stellung — fliegen, der Flug — fangen, der Fang — fallen, der Fall — fällen, die Fällung — wachsen, das Wachsthum oder der Wuchs — treiben, die Treibung oder der Trieb — vertreiben, die Vertreibung — erkennen, die Erkenntniss — verhalten, die Verhaltung oder das Verhältniss u. s. w.

L. Wie haben wir zuletzt (§. 4.) Hauptwörter erklärt?

K. Hauptwörter sind Namen der selbständigen Dinge.

L. Werden wir nach den eben gegebenen Erläuterungen bei dieser Erklärung noch stehen bleiben können, oder werden wir dieselbe nicht noch einmal näher bestimmen müssen? — Wie werden wir künftig sagen müssen, um die zuletzt bezeichneten Hauptwörter in die Erklärung auch noch mit aufzunehmen?

K. Die vorige Erklärung ist unbestimmt, da sie die letzteren aus Eigenschaftswörtern und Zeitwörtern neugebildeten Hauptwörter nicht mit einschließt. Um auch diese in die Erklärung aufzunehmen, müssen wir künftig sagen:

Hauptwörter sind die Namen der selbständigen Dinge oder solcher Dinge, die als selbständig gedacht werden.

L. Schon diese Erklärung deutet an, daß künftig zwei Hauptarten von Hauptwörtern von uns unterschieden werden müssen. — Einige Hauptwörter sind Namen selbständiger Dinge, die entweder Personen oder Sachen sein können, und sollen daher Person- und Sachnamen heißen (Substantiva concreta, concrete Substantive). Personnamen sind: Vater, König, Bauer, Mahler etc. Sachnamen sind: Baum, Tuch, Stein, Gabel, Haus; auch Vogel, Fisch, Hund, Biene u. s. w. — — Andere Hauptwörter sind Namen solcher Dinge, die an sich unselbständig sind, aber doch in unserer Vorstellung als selbständig gedacht werden; und weil die durch sie benannten Dinge also nur in unseren Gedanken ihr Bestehen haben, so mögen sie Gedankennamen heißen (Substantiva abstracta, abstracte Substantive).

Da wir so auf eine Eintheilung der Hauptwörter gekommen sind, so wollen wir hier sogleich noch eine weitere Unterabtheilung der Person- und Sachnamen mitnehmen. — Einige derselben sind Namen einzelner Personen oder Sachen und bezeichnen diese abgesondert von allen übrigen Personen und Sachen derselben Art, z. B. Carl, Friedrich, Holbein, Luther; Weser, Donau; Frankreich, Türkei; Blocksberg, Ortler u. s. w. Wenn gleich es mehre Personen gibt, welche Carl heißen, so heißen dieselben doch nicht so in Beziehung auf gewisse übereinstimmende Eigenschaften, sondern einer jeden ist dieser Name einzeln beigelegt; daher heißen sie Einzelnamen oder Eigennamen (Nomina propria; ein einzelnes heißt Nomen proprium). — Mit anderen bezeichnet man eine ganze Art oder Gattung von Dingen, welche viele einzelne in sich faßt, weil alle diese Dinge in gewissen Merkmalen mit einander übereinstimmen, z. B. Baum, Pferd, Messer, Fürst u. s. w.; und solche mögen Gattungsnamen heißen. (Nomina appellativa; ein einzelnes Nomen appellativum). — Unter diesen Gattungsnamen verdienen einige aus der Zahl der übrigen besonders ausgehoben zu werden, ungeachtet dadurch keine vollständige, das ganze Gebiet der Gattungsnamen umfassende Unterabtheilung entsteht. Manche derselben stellen nämlich eine Mehrzahl oder eine Vielheit von Dingen als ein Ganzes oder als ein Gesammt dar, und heißen daher *Gesammtnamen*

en um
(Nomina collectiva), z. B. Heerde, Volk, Schaar, Haufe. — Diesen nahe verwandt ist eine Art von Hauptwörtern, welche ein Thun Vieler oder ein wiederholtes Thun, am gewöhnlichsten einen vervielfachten oder einen sich wiederholenden Klang, als ein Ganzes darstellen; diese heißen *Wiederholungsnamen*

en um
(Nomina iterativa), z. B. Gebrüll (d. h. ein *Brüllen* Vieler oder ein sich wiederholendes Brüllen), Geschrei, Getümmel, Gepolter, Gemurmel, Gewimmel; sie gehören aber eigentlich zu den abstracten Substantiven oder Gedankennamen und sind nur wegen ihrer Verwandtschaft mit den Gesammtnamen hieher gestellt. — Noch andere bestimmen blos den Stoff oder die Materie, woraus andere Dinge bestehen und stellen allen vorhandenen Stoff dieser Art als ein zusammengehöriges Ganzes dar, ohne auf die Gestalt und die übrigen Beschaffenheiten der einzelnen Gegenstände, welche aus diesem Stoffe bestehen, Rücksicht zu nehmen, indem diese einzelnen aus jenem Stoffe bestehenden Dinge gleichsam nur als Theile des Einen Gesammtstoffes betrachtet werden; sie heißen *Stoffnamen* (Nomina materialia, ein einzelnes Nomen materiale), z. B. Kupfer, Eisen, Holz, Sand, Waizen, Oel, Bier u. s. w.

Hienach gibt folgende *Tabelle* eine Uebersicht der *verschiedenen Arten von Hauptwörtern*:

I. Person- und Sachnamen oder Concrete.

1) Eigennamen oder Einzelnamen (Nomina propria).

2) Gattungsnamen oder Appellative. Dazu gehören unter andern:

a) Gesammtnamen oder Collective.

b) Stoffnamen oder Materialien.

II. Gedankennamen oder Abstracte. Dazu gehören unter andern: Wiederholungsnamen oder Iterative.

Aufgaben zur Selbstbeschäftigung.

L. Schreibt die Eigenschaftswörter auf, welche Eigenschaften bezeichnen, die sich an Menschen finden, und schreibt die davon abgeleiteten Gedankennamen daneben!

K. schreiben: gut, Güte — treu, Treue — fromm, Frömmigkeit — schlau, Schlauheit — brauchbar, Brauchbarkeit — folgsam, Folgsamkeit — fett, Fettheit oder Fettigkeit — mager, Magerkeit u. s. w.

L. Schreibt Zeitwörter auf, welche die verschiedenen Verrichtungen der Menschen bezeichnen, und schreibt die davon abgeleiteten Gedankennamen oder abstracte daneben!

K. schreiben: thun, die That — verrichten, die Verrichtung — spielen, das Spiel — arbeiten, die Arbeit — beifsen, der Bifs — schneiden, der Schnitt u. s. w.

6.

L. Außer den genannten drei Klassen von Wörtern, mit denen wir uns bisher bekannt gemacht haben, nämlich den Hauptwörtern, Zeitwörtern, und Eigenschaftswörtern (wozu noch die Artikel oder Geschlechtswörter als nähere Bestimmungswörter für die Hauptwörter kommen) gibt es zwar noch andere Klassen von Wörtern. Da aber diese drei unstreitig die wichtigsten und nothwendigsten Bestandtheile der Rede sind, so wollen wir bei ihnen vorerst stehen bleiben und uns durch Uebungen mannigfacher Art erst eine recht genaue Kenntniß von ihnen zu erwerben suchen.

Ihr habt vorhin von Eigenschaftswörtern und Zeitwörtern neue Hauptwörter (Gedankennamen) gebildet, indem ihr mit den ersteren Wörtern kleine Veränderungen vornahmt, z. B. lang, Länge; schön, Schönheit; fallen, Fall;

treiben, Trieb; halten, Haltung. Dieses Verfahren, vermittelst kleiner Zusätze oder kleiner Umwandelungen von Buchstaben neue Wörter zu bilden, nennt man Ableitung (Derivation); das Wort, von welchem ein anderes herkommt, heißt das Stammwort, und das daraus neugebildete Wort heißt das abgeleitete Wort. Es sind also:

Stammwörter.	abgeleitete Wörter.
roth	Röthe.
klein	Kleinheit.
fett	Fettigkeit.
heiter	Heiterkeit.
dauerhaft	Dauerhaftigkeit.
fliegen	Flug
zerstören	Zerstörung.
erkennen	Erkenntniſs.
wachsen	Wachsthum.
erbauen	Erbauung.

Wenn ihr einmal sagt: der Baum ist grün — und dann wieder: das Laub des Baumes ist grün; so wird aus dem Worte Baum im zweiten Satze Baumes. Ihr denkt euch aber bei dem Ausdrucke Baumes ganz denselben Gegenstand als bei dem Worte Baum, ändert auch eure Vorstellung von demselben nicht ab, wie vorhin (da ihr z. B. bei lang eine Eigenschaft als unselbständig, bei Länge dieselbe Eigenschaft, aber als einen selbständigen Gegenstand, dachtet): nur wollt ihr hier nicht von dem Baume selbst etwas sagen, sondern nur von seinem Laube, welches am Baume befestigt und ein Theil des Baumes ist; und zur näheren Bezeichnung dieses Theilverhältnisses verändert ihr Baum in Baumes. Wenn ihr dann in einem dritten Satze sagt: die Bäume sind grün; so habt ihr bei dem Ausdrucke Bäume wieder eben dieselbe Vorstellung im Sinne, wie bei dem Worte Baum, ohne auch dieselbe in Gedanken abzuändern; nur denkt ihr euch bei Bäume den Gegenstand dieser Vorstellung mehrmals wiederholt. — Eben so wenn ihr die Sätze hinter einander aussprecht: dieses Haus ist hoch — jenes Haus ist höher — die Jacobi-Kirche ist das höchste Haus in unserer Stadt; so verwandelt ihr das Wort, welches anfänglich hoch lautete, nachher in höher und höchste; aber ihr habt bei höher und höchste noch dieselbe Vorstellung im Sinne, als bei hoch. Ihr denkt euch nämlich in allen drei Fällen eine und dieselbe Eigenschaft eines Hauses, die auch in allen drei Fällen als etwas Unselbständiges und nur an dem Hause Befindliches dargestellt wird. Indem ihr hoch sagt, legt ihr dem Hause diese Eigenschaft bei, ohne es mit einem anderen Hause zu vergleichen; indem ihr höher sagt, legt ihr einem Hause diese Eigenschaft bei, indem ihr es in Hinsicht auf dieselbe mit einem anderen Hause vergleicht; und indem ihr höchste sagt, legt ihr der Jacobi-Kirche dieselbe, noch immer als unselbständig gedachte Eigenschaft bei, indem ihr diese Kirche mit allen übrigen Häusern der Stadt in Hinsicht auf diese Eigenschaft vergleicht. Sprecht ihr aber: die Höhe des Hauses setzt mich in Erstaunen; so redet ihr zwar auch von dieser Eigenschaft, aber eure Vorstellung von derselben ist eine andere, denn ihr stellt sie euch nun als etwas Selbständiges vor, weil ihr nicht unmittelbar vom Hause, sondern nur von der Höhe des Hauses etwas aussagen wollt. — Weil wir nun bei den Ausdrücken Baumes und Bäume dieselbe Vorstellung unverändert beibehalten, so nennt man Baumes und Bäume nicht verschiedene Wörter, sondern man sagt, daß man hier noch dasselbe Wort vor sich habe, welches sich nur unter verschiedenen Formen darstelle. Ganz aus demselben Grunde betrachtet man hoch, höher und höchste nur als verschiedene Formen des Wortes hoch; dagegen nennt man Höhe ein anderes Wort als hoch, weil es, ungeachtet es dieselbe Eigenschaft bezeichnet, doch eine andere Vorstellung von derselben erweckt. Eine solche Abänderung eines Wortes, wodurch nicht neue Wörter, sondern nur neue Formen eines und eben desselben Wortes erzeugt werden, heißt eine Biegung (Flexion). Bloße Biegungsformen eines Wortes sind z. B. auch: grofs, gröfser, gröfserer, gröfsere, gröfste, gröfsten; — Hut, Hutes, Hute, Hüte, Hüten; — loben, lobe, lobest, lobt, lobte, lobtet, lobten, gelobt; — bringen, bringst, bringet, bringe, brachte, brachtet, brachten, brächte, brächten, gebracht u. s. w. — Durch die Ableitung (Derivation) werden also von einem Worte vermittelst kleiner Abänderungen und Zusätze neue Wörter gebildet; durch die Biegung (Flexion) werden von einem Worte mit Anwendung derselben Mittel neue Wortformen gebildet.

Neue Wörter können aber auch noch auf eine andere Art entstehen. Man denkt nämlich oft zwei Vorstellungen so mit einander verbunden, daß im Gemüthe daraus nur Eine Vorstellung wird; gewöhnlich ist dann eine derselben die Hauptvorstellung und die andere wird nur zu ihrer näheren Bestimmung hinzugedacht. Wo man dies in Gedanken thut, da verschmelzen auch oft beim Ausdrucke der Gedanken durch die Rede zwei Wörter zu einem einzigen Worte, und dies neue Wort heißt dann ein zusammengesetztes Wort (Compositum); das Verfahren in der Sprache, wodurch man solch ein neues Wort bildet, heißt Zusammensetzung (Composition) der Wörter. Bei dem Ausdrucke Kleiderspind habe ich zwar die Vorstellung von einem Spinde und von Kleidern im Sinne; aber die eigentliche Grundvorstellung ist doch die eines Spindes, bei welcher ich nur noch hinzudenke, daß es zur Aufbewahrung von Kleidern bestimmt ist; darum sind beide Wörter hier zu dem Einen neuen Worte Kleiderspind vereinigt. Ich kann übrigens dieselbe Vorstellung aber auch durch mehre Wörter ausdrücken, wenn ich z. B. sage: Spind für Kleider oder Spind zur Aufbewahrung von Kleidern. Zusammengesetzte Wörter sind auch: Stadtthor, Baumöl, Nähnadel, grossmüthig, ankommen, zugeben.

Es gibt also drei Arten von Veränderungen, welche mit den Wörtern vorgenommen werden können:

1) Ableitung oder Derivation.

2) Biegung oder Flexion.

3) Zusammensetzung oder Composition.

Welche Biegungen mit den Wörtern vorgenommen werden können, welche neue Wortformen dadurch entstehen und was diese bedeuten, kann man nur dann recht verstehen, wenn man die Wörter in dem Zusammenhange betrachtet, in welchem sie mit anderen Wörtern in der Rede stehen. Für jetzt wollen wir daher die Lehre von der Biegung der Wörter noch übergehen und sie dem dritten Haupttheile des Sprachunterrichtes, der Redebildungslehre, vorbehalten. In der Wortbildungslehre werden nur die Ableitung und die Zusammensetzung in Betracht kommen, da nur durch diese neue Wörter entstehen; und die Wortbildungslehre wird uns von hier aus in zwei Haupttheile zerfallen, die Lehre von der Ableitung und die Lehre von der Zusammensetzung.

Erster Haupttheil.

Die Lehre von der Ableitung oder Derivation.

Erster Abschnitt.

Allgemeine Vorbegriffe.

7.

L. Ihr habt vorhin von Eigenschaftswörtern und Zeitwörtern neue Hauptwörter abgeleitet. Der umgekehrte Fall kann aber eben sowohl stattfinden. Wenn ich z. B. spreche: das Haus des Vaters, so gebe ich ein gewisses Verhältniß zwischen dem Hause und dem Vater an, daß nämlich das Haus dem Vater gehört oder daß der Vater Besitzer des Hauses ist, ein Besitzverhältniß. Obgleich nun dadurch über die eigenthümliche Beschaffenheit des Hauses gar nichts bestimmt wird, wie wenn ich das Haus gross, bequem, grün etc. nenne; so kann ich mir doch dieses Verhältniß des Hauses zum Vater in Gedanken als eine Eigenschaft des Hauses vorstellen, und wenn ich dies thue, wie man Aehnliches denn sehr oft thut, so sage ich: das väterliche Haus, und bilde so aus dem Hauptworte Vater ein neues Eigenschaftswort väterlich. — Eben so sagt man statt: das Schloß des Königs auch: das königliche Schloß.

Wenn ich mir von jemand vorstelle, daß er Fische fängt, so habe ich hier eine Handlung (fangen) im Sinne, welche sich auf einen Gegenstand (Fische) bezieht, und welche nicht gedacht werden kann, ohne zugleich ihren Gegenstand mitzudenken. Eine Handlung wird durch ein Zeitwort bezeichnet; und da hier die Vorstellung der Handlung die Hauptvorstellung ist, und durch die Rücksicht auf den Gegenstand nur näher bestimmt wird, so bildet man zur Bezeichnung derselben ein neues Zeitwort, welches aber von dem Namen des Gegenstandes abgeleitet ist, nämlich fischen statt Fische fangen von Fisch. — So kleiden statt Kleider anlegen von Kleid.

Auf ähnliche Weise kann man sich eine Eigenschaft im Entstehen oder Vergehen, im Zunehmen oder Abnehmen, oder überhaupt im Zustande einer Veränderung begriffen vorstellen, und wenn man dies dann auch durch die Sprache ausdrückt, so erhält man dadurch Zeitwörter, welche von Eigenschaftswörtern abgeleitet sind, z. B. grünen statt grün werden von grün, röthen statt roth machen von roth.

Umgekehrt kann die Fähigkeit zu einem Handeln oder Leiden, oder die Möglichkeit des Handelns, Leidens oder eines gewissen Zustandes, als etwas Beharrliches an dem Gegenstande, also als eine Eigenschaft desselben, gedacht werden; und dadurch entstehen Eigenschaftswörter, welche von Zeitwörtern abgeleitet sind, z. B. biegsam von biegen, beweglich von bewegen, brauchbar u. s. w.

Endlich lassen sich auch noch von Hauptwörtern neue Hauptwörter (Gärtner von Garten, Steinchen von Stein), von Eigenschaftswörtern andere Eigenschaftswörter (süslich von süs, völlig von voll), und von Zeitwörtern andere Zeitwörter (kränkeln von kranken, fällen von fallen) ableiten und es entstehen dadurch noch drei neue Arten der Ableitung.

Wenn wir also nur die drei Wörterklassen berücksichtigen, welche bisher (nach Ausschluß des Artikels) Gegenstand unserer Betrachtung und Unterredung gewesen sind, so finden zwischen ihnen neun verschiedene Arten der Ableitung statt. — Ich will es zu einem Gegenstande der Uebung und Selbstbeschäftigung für euch machen, euch für jede dieser 9 Arten der Ableitung einen beträchtlichen Vorrath von Beispielen aufsuchen zu lassen, weil wir eines solchen für unsere nachfolgenden Untersuchungen bedürfen, und damit euch durch Sprachübungen dieser Art das Gebiet und der Inhalt unserer Sprache recht bekannt werde. — Von Hauptwörtern können also abgeleitet werden neue Hauptwörter, Eigenschaftswörter und Zeitwörter. — Von Eigenschaftswörtern können abgeleitet werden Hauptwörter, Eigenschaftswörter und Zeitwörter. — Von Zeitwörtern können abgeleitet werden Hauptwörter, Eigenschaftswörter und Zeitwörter. — Sucht nun in Stunden der Selbstbeschäftigung für jede dieser neun Arten der Ableitung Beispiele auf, so viel ihr deren auffinden könnt. Jedoch merkt dabei noch mehr auf die Verschiedenheit der Mittel, welche zur Ableitung gebraucht werden, als auf die Anzahl der abgeleiteten einzelnen Wörter. Wenn ihr daher eine zu große Menge abgeleiteter Wörter findet, welche alle auf eben dieselbe Weise gebildet sind, so schreibt blos eine gewisse Anzahl derselben (etwa 6—8) auf, übergeht alle übrigen ähnlich gebildeten, und seht euch nach einem neuen Mittel der Ableitung und nach Beispielen dafür um!

Die Kinder lösen die Aufgabe nun etwa auf folgende Art:

1) Von Hauptwörtern werden andere Hauptwörter abgeleitet.

Glas, Glaser; Schloſs, Schlösser; Stadt, Städter; so auch Krieger, Seiler, Gürtler (statt Gürteler), Nadler; Pforte, Pförtner; Gärtner, Glöckner — Berg, Gebirge; Gefilde, Gestirn, Gebüsch, Gesträuch — Knochen, Knöchel; Arm, Aermel; Stange, Stängel — Fürst, Fürstinn; Freundinn, Königinn, Bettlerinn — Haus, Häuschen; Söhnchen, Steinchen, Väterchen, Füſschen — Buch, Büchlein; Knäblein, Bächlein, Bettlein, Mägdlein — Reuter, Reuterei; Schäferei, Färberei; Ziegel, Ziegelei; Bube, Büberei — Fürst, Fürstenthum; Königthum, Herzogthum, Priesterthum — Freund, Freundschaft; Dorfschaft, Grafschaft Herrschaft — Wald, Waldung; Holzung, Zeitung, Stallung, Mündung — Mensch, Menschheit; Gottheit, Christenheit, Mannheit. —

2) Von Hauptwörtern werden Eigenschaftswörter abgeleitet.

Mensch, menschlich; königlich, männlich, jährlich, täglich — Fluſs, flüssig; steinig, sandig, salzig, wässerig, blutig — Stein, steinicht; bergicht, grasicht, öblicht, kupfericht — Preuſsen, preuſsisch; spanisch, berlinisch, biblisch, musikalisch; Zank, zänkisch; neidisch, bäurisch, weibisch, himmlisch, irdisch — Frucht, fruchtbar; lastbar, kostbar, ehrbar, zinsbar — Tugend, tugendhaft; ernsthaft, fehlerhaft, herzhaft, fieberhaft — Seide, seiden; flächsen, golden, wollen, hären, eichen, elsen — Holz, hölzern; bleiern, zinnern, hörnern, knöchern, silbern — Mühe, mühsam; sittsam, gewaltsam, friedsam, tugendsam — Leben, lebendig.

3) Von Hauptwörtern werden Zeitwörter abgeleitet.

Fisch, fischen; Holz, holzen; krebsen, schiffen, häuten, kränzen, rauchen, träumen, pflügen, dämmen, haaren; — Nagel, nageln; hageln, segeln, riegeln, nebeln, siegeln — Ruder, rudern; federn, ackern, zuckern, wässern —

Blatt, Blätter, blättern; Bild, Bilder, bildern —

Fleisch, zerfleischen —

Laub, belauben; beflügeln, besiegeln —

Kohle, verkohlen; versalzen —

Herr, herrschen —

Schnee, schneien; Schweiſs, schwitzen; Nest, nisten.

4) Von Eigenschaftswörtern werden Hauptwörter abgeleitet.

stark, Stärke; Güte, Gröſse, Länge, Kürze, Höhe, Fläche, Kälte, Tiefe, Dicke, Wärme, Röthe, Bläue; heiſs, Hitze — klein, Kleinheit; Schmalheit, Dünnheit, Ebenheit, Trockenheit — eitel, Eitelkeit; Sauberkeit, Magerkeit, Bitterkeit, Folgsamkeit — leicht, Leichtigkeit, Festigkeit, Süſsigkeit, Lebhaftigkeit — finster, Finsterniſs Wildniſs, Fäulniſs —

heilig, Heiligthum; Reichthum.

theuer, Theurung —

jung, Jüngling; Frischling — arg, Aerger.

5) Von Eigenschaftswörten werden andere Eigenschaftswörter abgeleitet.

schwarz, schwärzlich; röthlich, bläulich, kränklich, schwächlich, süſslich, länglich, rundlich, zärtlich —

böse, boshaft; wahr, wahrhaft.

recht, richtig; voll, völlig.

lang, langsam. — — recht, gerecht; treu, getreu.

6) Von Eigenschaftswörtern werden Zeitwörter abgeleitet.

krank, kranken; trocknen (st. trockenen), grünen — krank, kränken; stärken, schwächen, nässen, glätten, krümmen, wärmen — lauter, läutern; säubern, äuſsern — nöthig, nöthigen — rein, reinigen —

faul, faulenzen — — klug, klügeln; frömmeln.

dünn, verdünnen; vertiefen, verjüngen, verfälschen —

hell, erhellen; erhöhen, ermatten, erkranken, erwarmen und erwärmen, lustig, belustigen; beseligen, beschuldigen, befremden.

7) Von Zeitwörtern werden Hauptwörter abgeleitet.

backen, Bäcker; Jäger, Weber, Diener, Mahler, Dichter, Bohrer —

freuen, Freude; Begierde, Bürde, Gelübde —

erlauben, Erlaubniſs; Verhältniſs; Erkenntniſs, Ereigniſs — achten, Achtung; Uebung, Stellung, Handlung, Besorgung — wachsen, Wachsthum; Irrthum.

betteln, Bettelei; Grübelei, Frömmelei, Schmeichelei — wissen, Wissenschaft — — laufen, Lauf; Haſs, Stoſs, Spiel, Fall — gehen, Gang; Stand, Flug, Bruch, Riſs, Wurf, Hieb — sehen, Gesicht; Gefühl, Gehör, Geruch, Geschmack, Geschichte.

8) Von Zeitwörtern werden Eigenschaftswörter abgeleitet.

eilen, eilig; gehörig, näschig, beiſsig, stöſsig — sterben, sterblich; dienlich, schicklich, tauglich, schrecklich — folgen, folgsam; lenksam, aufmerksam, sparsam, biegsam — schätzen, schätzbar; zahlbar, dehnbar, theilbar, brauchbar — schwatzen, schwatzhaft; plauderhaft, schmeichelhaft, dauerhaft —

Anm. Von jedem Zeitworte können auf eine im Ganzen nach festen Regeln bestimmte Weise zwei Eigenschaftswörter gebildet werden, von denen das eine sich überall auf end, das andere auf t oder en endigt, z. B. von loben die Wörter lobend und gelobt, von treiben die Wörter treibend und getrieben. Da aber diese beiden Wörter noch manches von der Natur des Zeitwortes an sich behalten, so betrachtet man sie nicht als reine Eigenschaftswörter, sondern als Formen der Zeitwörter, von welchen sie herkommen, und nennt sie Mittelwörter oder Participien.

9) Von Zeitwörtern werden andere Zeitwörter abgeleitet.

sinken, senken; schwemmen, sprengen, setzen, legen — trinken, tränken; drängen, wägen —

fallen, fällen; dämpfen, säugen —

stechen, stecken; beiſsen, beitzen; biegen, bücken; schwingen, schwenken; streichen, strecken; stehen, stellen.

spotten, spötteln; säuseln, kränkeln; bitten, betteln — rauchen, räuchern; einschläfern, steigern, folgern, nähern. verkünden, verkündigen; besehen, besichtigen; hören, horchen; scheuen, scheuchen; schlucken, schluchzen; schlagen, schlachten; drehen, drechseln; mahlen, malmen; schreiben, beschreiben; bedenken, besehen, besorgen, bewirken — brauchen, gebraucheu; gestehen, gerathen, gebieten, gewähren — fliehen, entfliehen; entdecken, entsprechen, entsagen —

finden, empfinden; empfangen, empfehlen —

bauen, erbauen; errichten, erschlagen, erfrieren, erheben — schliefsen, verschliefsen; versorgen, verschenken, versprechen — schneiden, zerschneiden; zerbrechen, zerfliefsen, zerstören.

8.

In dem Worte Tiefe gibt die Sylbe tief die eigentliche Bedeutung des Wortes an, denn sie benennt die Eigenschaft, welche bei diesem Worte gedacht wird; das e bedeutet an und für sich nichts, aber in Verbindung mit tief zeigt es hier an, daß die Eigenschaft als etwas Selbständiges gedacht werden soll, und macht das Wort zu einem abstracten Hauptworte oder Gedankennamen. — In dem Worte Schönheit gibt die Sylbe schön den Hauptbegriff an, und die Sylbe heit bestimmt diesen Begriff auf gleiche Weise näher, wie vorhin die Sylbe e. — In dem Worte Gestein benennt die Sylbe stein dasjenige Ding, welches bei diesem Worte gedacht werden soll und die Sylbe ge drückt daneben nur aus, daß mehre Dinge dieser Art in ein Ganzes vereinigt gedacht werden sollen. — Tief, schön und stein sind in den genannten drei Wörtern die Wortsylben; e, heit und ge sind Nebensylben oder Ableitungssylben; und zwar ist ge eine Vorsylbe, weil sie vor der Wortsylbe steht, e und heit sind Nachsylben, weil sie nach der Wortsylbe stehen.

Wenn man auf die Entstehung und Bedeutung der Wörter sieht, so theilen sich die Sylben, woraus sie bestehen, in Wortsylben und Nebensylben. Wortsylben sind solche Sylben, welche schon für sich eine Bedeutung haben, und auf welchen also in mehrsylbigen Wörtern die Bedeutung ruht. Nebensylben oder Ableitungssylben sind solche Sylben, die für sich nichts bedeuten, sondern sich nur an eine Wortsylbe anlehnen und die Bedeutung derselben näher bestimmen. Nach ihrer Stellung gegen die Wortsylbe theilen sich die Nebensylben in Vorsylben und Nachsylben.

In den vorhin aufgeführten Wörtern Tiefe, Schönheit und Gestein kommen die Wortsylben tief, schön und Stein sonst auch als eigene Wörter vor, und darum ist an ihnen für sich klar, daß sie etwas und was sie bedeuten. Dies ist aber lange nicht immer der Fall; man kann aber doch aus der Betrachtung des ganzen Wortes erkennen, auf welchem Theile eigentlich die Bedeutung des Wortes ruht, und welche Theile dagegen die Bedeutung nur näher bestimmen. Bei dem Zeitworte folgen z. B. erkenne ich aus der Vergleichung mit anderen Zeitwörtern, daß die Sylbe en nur die Bestimmung hat, dieses Wort zu einem Zeitworte zu machen, da sich alle Zeitwörter auf en oder n endigen, und daß sie für sich selbst weiter gar keinen Inhalt hat; die Bedeutung des Wortes folgen ruht also lediglich auf der Sylbe folg, obgleich es sonst gar kein eigenes Wort folg gibt. Will man die Geneigtheit zu folgen als eine Eigenschaft an einem Dinge betrachten und das Wort also zu einem Eigenschaftsworte machen, so läßt man die Sylbe en weg und hängt der übrigbleibenden Wortsylbe folg die Nebensylbe sam an, so daß das Eigenschaftswort folgsam entsteht. Wenn vor das Wort folgen noch die Vorsylbe ver gesetzt wird, so entsteht ein anderes abgeleitetes Zeitwort verfolgen, welches denselben Begriff mit einer kleinen Abänderung in der

Bedeutung bezeichnet. Durch Weglassung der Nachsylbe en und Anhängung einer anderen Nachsylbe ung wird aus dem Zeitworte ein Hauptwort Verfolgung, welches die Handlung verfolgen als etwas Selbständiges darstellt. Alle diese Wörter folgen, folgsam, verfolgen, Verfolgung haben eine und eben dieselbe Wortsylbe folg und erhalten dadurch das Gemeinsame in ihrer Bedeutung, welche durch die Sylben en, sam, ver und ung nach der Beschaffenheit der einzelnen Wörter abgeändert und näher bestimmt wird.

Aus diesem Beispiele und den dazu gegebenen Erläuterungen ergibt sich über das Auffinden der Wortsylbe folgende Regel:

Jedes einsylbige Wort ist eine Wortsylbe. — In einem mehrsylbigen Worte findet man die Wortsylbe, wenn man das Wort durch Biegung oder Ableitung verändert (also entweder andere Formen des Wortes angibt oder neue Wörter davon bildet). Derjenige Theil des Wortes, welcher bei diesen Veränderungen bleibt, und gleichsam den Kern bildet, woran sich das Uebrige im Worte nur anhängt, ist die Wortsylbe.

Die Wortsylbe bleibt aber bei den Biegungen oder Ableitungen, welche mit dem Worte vorgehen, nicht immer unverändert. Sie verändert sich vielmehr häufig, und dies geschieht am häufigsten in ihrem Laute, seltener in der letzten Lautbestimmung. Vater, väterlich; groſs, Gröſse, vergröſsern; biegen, bücken; sehen, Gesicht; hoch, Höhe, erhöhen. — Wenn ein Laut sich leicht und oft in einen anderen bestimmten Laut umwandelt, so nennt man diesen anderen Laut einen verwandten Laut; insbesondere aber nennt man die Zwischenlaute ä, ö, ü die Umlaute der reinen Laute a, o u, und den Doppellaut äu den Umlaut des Doppellautes au; die Laute a, o, u und au heißen dagegen die Grundlaute der ihnen entsprechenden Umlaute ä, ö, ü und äu.

Hier nehme der Lehrer viele Uebungen im Aufsuchen der Wort- und Nebensylben vor, und fahre damit so lange fort, bis er sich überzeugt hat, daß die Kinder zur deutlichen Einsicht darüber gelangt sind und mit Sicherheit jedes ihnen aufgegebene Wort nach Wort- und Nebensylbe abzutheilen wissen. In den nachfolgenden Beispielen bezeichnen die lateinischen Buchstaben die Wortsylben und die deutschen die Nebensylben. —

Bsp. Dien-en, Dien-er, Dien-st, be-dien-en, ver-dien-en, Be-dien-te, Be-dien-ung, Ver-dien-st, ge-dien-t — — kund, kund-ig, Kund-schaft, Kund-schaft-er, er-kund-ig-en, ver-künd-ig-en, Ver-künd-ig-ung— brech-en, Bruch, brach, ge-broch-en, ver-brech-en, Ver-brech-er, zer-brech-en, zer-broch-en — — Ver-wahr-nng; Be-kleid-ung, Wahr-haft-ig-keit, Ver-änd-er-ung, Be-trag-en, Ge-lüb-de, Er-wied-er-ung, be-treib-en u. s. w.

Obige Beispiele zeigen zugleich auch, wie man bei der Abtheilung der Wörter nach ihrer Entstehung oder Abstammung die Sylben gewöhnlich nicht eben so trennt, wie es bei der Aussprache geschieht, sondern wie man sehr oft eine Lautbestimmung, welche bei der Aussprache zur nachfolgenden Sylbe gezogen wird, hier noch zur vorhergehenden Sylbe hinzunehmen muß. Der Grund hievon liegt darin, daß die meisten deutschen Wortsylben (wie auch die meisten einsylbigen Wörter) sich auf Lautbestimmungen endigen, die meisten Nachsylben aber mit Lauten anfangen. Wenn nun solche mit Lauten beginnende Nachsylben den Wörtern angehängt werden, so ist es jedem Sprechenden natürlich, die Endbestimmung zur nachfolgenden Sylbe hinüberzuziehen und so dieselbe mit der vorhergehenden Sylbe näher zu verbinden. Wir unterscheiden also künftig zweierlei Sylbenabtheilung, deren Unterschied sich in folgenden Beispielen darstellt:

Sylbenabtheilung

nach der Abstammung.	nach der Aussprache.
ver-künd-ig-eu	ver-kün-di-gen.
Be-schreib-ung-en	Be-schrei-bun-gen.
Ge-birg-e	Ge-bir-ge.
leb-end-ig-er	le-ben-di-ger.
Reut-er-ei	Reu-te-rei.
ver-gold-et-e	ver-gol-de-te.

Da wir auch beim Schreiben, namentlich beim Abbrechen der Zeilen, von einer dieser beiden Arten der Sylbenabtheilung Gebrauch machen müssen, so werden wir hier die Gründe abzuwägen haben, welche für eine und für die andere sprechen und uns danach für eine derselben eutscheiden müssen.

Die Sylbenabtheilung nach der Abstammung hängt unstreitig tiefer mit dem Wesen der Sprache zusammen, da sie denjenigen, der davon Gebrauch machen will, fortwährend nöthigt, auf die Entstehung und weitere Ausbildung der Wörter sorgfältig zu merken. Wenn sie allgemein eingeführt würde, so würde unstreitig richtige und deutliche Erkenntniß der Muttersprache dadurch sehr gefördert werden, und dies wäre als ein sehr großer Gewinn zu betrachten. Auf der anderen Seite läßt sich aber mit Gewißheit behaupten, daß bei weitem die größere Zahl der Menschen, die unserem deutschen Volke angehören, jetzt diejenige Sprachkenntniß noch nicht besitzen, um diese Sylbenabtheilung überall oder auch nur in der Regel richtig anzuwenden; ja es ist kaum zu erwarten, daß ein solcher Grad von Bildung für die Sprache je ganz allgemein verbreitet werden möchte. Dazu kommt, daß über die Anwendung dieser Sylbenabtheilung im Einzelnen oft Zweifel und Ungewißheit entstehen können, da uns die Entstehung und allmähliche Ausbildung der Wörter nicht immer hinreichend bekannt sind, um uns darüber fest entscheiden zu können. Man kann mit eben so gutem Fuge Ge-sicht-er als Gesich-ter abtheilen, da das Wort, nach seiner Entstehung betrachtet, eigentlich viertheilig ist: Ge-sich-t-er und man eben sowohl den zweiten und dritten, als den dritten und vierten Theil zu einer Sylbe verbinden kann. Wer das Wort allmählig von allemahl ableitet, muß all-mähl-ig, wer dasselbe Wort von allgemach ableitet, muß all-mählich (statt allgemächlich) abtheilen u. s. w. Endlich ist nicht zu leugnen, daß diese Sylbenabtheilung dem Lesenden sein Geschäft erschwert und ihn in einzelnen Fällen zu einer falschen Aussprache verleiten kann. Wer das Wort holen so vor sich sieht, daß am Ende der vorangehenden Zeile hol und am Anfange der folgenden Zeile en steht, der wird geneigt sein, die erste Sylbe höl d. h. mit gestoßenem o zu lesen, da Sylben, die sich auf ein Bestimmungszeichen endigen, in der Regel mit gestoßenem Laute ausgesprochen werden, und erst indem er seine Aufmerksamkeit zugleich auf das Ende der einen und den Anfang der folgenden Zeile richtet, kann er erkennen, daß er hier die Sylbe mit gedehntem Laute zu lesen habe.

Wenn auf der einen Seite die Sylbenabtheilung nach der Abstammung mehr mit dem Wesentlichen der Sprache in Verbindung steht und mehr auf das Innere der Sprache, auf Sinn und Bedeutung, hinweiset; so entspricht die Sylbenabtheilung nach der Aussprache auf der andern Seite mehr dem Wesen der Schrift, und da hier nur davon die Rede ist, von welcher Sylbenabtheilung beim Schreiben Gebrauch gemacht werden soll, so wird uns dies den Hauptgrund geben, uns für die letztere zu entscheiden. Die Schrift ist ein Abbild der hörbaren Rede, und wenn sie ein treues Abbild derselben sein soll, so muß sie die Rede so abbilden, wie sie sich dem Ohre des Hörenden darstellt, d. h. der Aussprache gemäß. Was ich jetzt niederschreibe, ist dazu bestimmt, daß ein anderer es lese, d. h. so ausspreche, wie es nach allgemeinem Gebrauche in mündlicher Rede gesprochen wird, und daher muß ich es ihm möglichst vor das Auge so hinstellen, wie es von ihm gesprochen werden soll. Da nun hinzukommt, daß diese Sylbenabtheilung im Allgemeinen faßlicher und sicherer ist und viel seltener zu Zweifeln Anlaß gibt, so werden wir uns unbedenklich für die Sylbenabtheilung nach der Aussprache entscheiden und für unsere Schreibübungen, insofern sie die wirkliche Rede darstellen sollen und zu Mittheilungen unserer Vorstellungen und Gedanken bestimmt sind, davon stets Gebrauch machen. Dabei soll aber auch die Sylbenabtheilung nach der Aussprache von uns nicht vernachläßigt werden; sondern wir wollen bei allem Sprachunterrichte und für den Zweck gründlicher Sprachkenntniß dieselbe recht oft berücksichtigen und uns recht fleißig darin üben. Nur in Einem Falle hat der allgemeine Schreibegebrauch für die Beibehaltung der Sylbenabtheilung nach der Abstammung entschieden, nämlich bei zusammengesetzten Wörtern, wo man die nahe Verbindung derjenigen Buchstaben, welche zur Darstellung eines Wortes gehören, für etwas so Wichtiges erkannt hat, daß man, um diesen Zweck zu erreichen, sich über kleine Abweichungen von der herrschenden Aussprache hinweggesetzt hat, z. B. hier-in, dar-auf, wor-über, her-ein, be-ob-ach-ten u. s. w. Für diesen nur selten vorkommenden Fall wollen auch wir dem allgemein eingeführten Schreibegebrauche, selbst wider die herrschende Aussprache, treu bleiben.

Um ein mehrsylbiges Wort dem Ohre und dem Verstande als Ein ungetheiltes Ganze erkennbar zu machen, ist es nicht genug, daß man die mehren Sylben, welche zu dem Worte gehören, so kurz hinter einander spricht, daß bei dem Uebergange von einer Sylbe zur anderen keine merkbare Pause entsteht. Das Hauptmittel, um ein mehrsylbiges Wort in der Rede als ein Ganzes darzustellen, besteht darin, daß man in jedem solchen Worte eine Sylbe vor den übrigen mit so verstärkter Stimme ausspricht, daß die übrigen

Sylben gegen diese Hauptsylbe gleichsam ihre Selbständigkeit verlieren und sich an sie nur anzulehnen oder zu stützen scheinen. Von dieser Sylbe sagt man: sie hat den Accent, sie ist die Accentsylbe; auch: sie hat den Ton, sie ist betont. Die übrigen Sylben sind accentlos oder unbetont. Bei einsylbigen Wörtern kann man natürlich von einem Accente nicht reden, da in ihnen sich keine Sylbe vor andern hervorheben läßt. Der Accent (Wortaccent) ist also das Hervorheben einer Sylbe vor den übrigen in einem mehrsylbigen Worte.

L. Damit ihr euch im Erkennen des Accentes übt, so gebt mir die Accentsylbe in folgenden Wörtern an: Schóenheit, fléissig, versórgt, bedénklich, Séligkeit, Ziegeleí! K. th.

L. Jetzt will ich mit Fleiß euch Wörter blos sylbenweise vorsprechen, ohne eine Sylbe durch den Accent hervorzuheben. Sprecht ihr dann solche zusammengehörige Sylben sogleich hinterher als ein Wort aus, zeichnet die Accentsylbe recht deutlich vor den übrigen Sylben aus, und gebt dann an, welche Sylbe den Accent hat: Ver-díenst, Fréun-de, ge-spráe-chig, Ver-sú-chun-gen! K. th.

Es ist ein eigenthümlicher Vorzug der deutschen Sprache, daß sie immer die Wortsylbe durch den Accent vor anderen Sylben auszeichnet und dadurch stets die Aufmerksamkeit des Hörenden auf den Theil des Wortes hinrichtet, welcher zum Verstehen desselben der wichtigste ist. Wenn daher in einem Worte nur Eine Wortsylbe enthalten ist, so hat sie den Accent, und wird als Accentsylbe sehr leicht vor den übrigen Nebensylben, welche accentlos sind, erkannt. Ausnahmen von dieser Regel gibt es sehr wenige, z. B. das Wort offenbár (st. óffenbar), lebéndig (st. lébendig) und die Nachsylbe ei.

Es gibt aber auch Wörter mit zwei und noch mehren Wortsylben. Da nämlich jedes zusammengesetzte Wort aus mehren verbundenen einfachen Wörtern besteht, jedes Wort aber nothwendig eine Wortsylbe enthalten muß, so müssen zusammengesetzte Wörter mehre Wortsylben enthalten, vor welchen, zwischen welchen und nach welchen Nebensylben stehen können, als: Ge-müths-krank-heit; Ver-ein-ig-ungs-punct; ab-er-gläub-isch; Kupf-er-berg-werk-e. — Hier genüge vorläufig über das Setzen des Accentes in zusammengesetzten Wörtern die Regel, daß der Hauptaccent gewöhnlich auf der Wortsylbe des ersten Theiles der Zusammensetzung ruht, daß aber auch die Wortsylbe des zweiten Theiles gewöhnlich noch einen geringeren Accent oder einen Nebenaccent hat. In der Lehre von der Zusammensetzung soll noch bestimmter darüber geredet werden.

L. Als Aufgabe zur Selbstbeschäftigung nehmt einen bestimmten Abschnitt aus euerm Lesebuche (z. B. Fibel oder Erstes Uebungsbuch Nr. 17 der Lesestücke), hebt alle mehrsylbigen Wörter heraus und schreibt jedes derselben zweimal auf, indem ihr das erstemal die Sylben nach der Aussprache, das zweitemal nach der Abstammung theilt!

K. schreiben: ha-be, hab-e — eine, ein-e — will-kühr-li-che, will-kühr-lich-e — Be-we-gung, Be-weg-ung — an-dern, and-er-n — kom-men, komm-en — ge-wach-sen, ge-wachs-en u. s. w.

9.

Das Wort Freundlichkeit ist ein abgeleitetes Wort, denn es ist durch Hinzufügung der Nachsylbe keit aus dem Worte freundlich gebildet; freundlich ist also das Stammwort und Freundlichkeit ist das abgeleitete Wort. — Nun ist aber freundlich selbst wieder durch Hinzufügung der Sylbe lich aus Freund gebildet, und ist daher in Beziehung auf Freund ein abgeleitetes Wort, und Freund ist sein Stammwort. — Das Wort freundlich heißt also in der Zusammenstellung mit Freundlichkeit ein Stammwort, aber in der Zusammenstellung mit Freund ein abgeleitetes

Wort. Ihr seht aus diesem Beispiele, daß ein und eben dasselbe Wort ein Stammwort und ein abgeleitetes Wort heißen kann, je nachdem man es mit dem einen oder dem anderen Worte zusammenstellt. — Wenn wir aber durch Weglassung der Sylbe lich bis auf das Wort Freund zurückgekommen sind, so können wir die Ableitung mit Bestimmtheit nicht weiter fortsetzen, und daher nennt man das Wort Freund ein Wurzelwort, weil die Wörter freundlich, Freundlichkeit, so wie auch Freundschaft und freundschaftlich aus ihm gleichsam hervorwachsen, wie Stamm, Aeste, Zweige aus der Wurzel eines Baumes. Man könnte zwar vielleicht noch sagen, Freund komme her von freuen, da ein Freund eine Person ist, über deren Nähe man sich freut, und wenn von freuen die Nachsylbe en weggelassen werde, so bleibe die Sylbe freu als die eigentliche letzte Wurzel aller dieser Wörter übrig; aber diese Ableitung ist doch zu undeutlich und zu unsicher, als daß sie als völlig erwiesen betrachtet werden könnte. Wo ein solcher Fall künftig eintritt, wollen wir ein solches Wort künftig doch als ein Wurzelwort betrachten, und zu dem Ende folgende Erklärung aufstellen:

Ein Wurzelwort ist ein Wort, welches sich von keinem anderen Worte ableiten läßt, und welches überhaupt keine deutliche Spur einer schon geschehenen Ableitung an sich trägt.

L. Macht nun die Anwendung von dem bisher Gesagten auf folgende Wörterreihen, so daß ihr mir von jedem einzelnen Worte sagt, was es in Beziehung auf die anderen Wörter der Reihe ist: Fleiss, fleissig, befleissigen — rein, reinlich, Reinlichkeit — Bild, bilden, bildlich, Bildung, bildsam, Bildsamkeit — Herr, herrlich, herrschen, beherrschen, Beherrschung — Schlaf, schlafen, schläfern, schläfrig, Schläfrigkeit u. s. w.

K. Fleiss ist ein Wurzelwort — fleissig ist in der Zusammenstellung mit Fleiss ein abgeleitetes Wort, aber in der Zusammenstellung mit befleifsigen ein Stammwort — befleifsigen ist ein abgeleitetes Wort — u. s. w.

L. Das Wort Lebhaftigkeit kommt her von lebhaft, und lebhaft von leben. Leben kann nicht ein Wurzelwort genannt werden, weil es noch mit der Ableitungssylbe en verbunden ist und also eine deutliche Spur einer schon geschehenen Ableitung an sich trägt. Wird diese Nachsylbe auch weggelassen, so bleibt leb übrig, eine Verbindung von Buchstaben, welche für sich allein noch kein Wort bildet. Hier kommt man durch die fortgesetzte Ableitung also nicht auf ein Wurzelwort, wie bei Freundlichkeit, sondern nur auf eine Wortsylbe, welche aber in allen hievon abgeleiteten Wörtern zum Grunde liegt, und daher die Wurzel aller dieser Wörter heißt: leb-en, leb-haft, Leb-haft-ig-keit, er-leb-en, be-leb-en, ge-leb-t, leb-end-ig, Leb-end-ig-keit u. s. w. — Dieser Fall, daß man durch fortgesetzte Ableitung zwar nicht auf ein Wurzelwort, aber doch auf eine Wortsylbe kommt, welche die Wurzel enthält, tritt sehr häufig ein. In jeder Wortsylbe ist die Wurzel enthalten, aber darum sind Wortsylbe und Wurzel nicht ganz einerlei. Das Wort erkenntlich muß ich unbedenklich nach der Abstammung eben so theilen, wie nach der Aussprache: er-kennt-lich, und muß keent für die Wortsylbe, er und lich für Nebensylben erklären. Aber kennt ist nicht die Wurzel des Wortes, weil das t schon durch eine Ableitung hinzugekommen ist, und die Wurzel des Wortes ist nur kenn, wie die Zusammenstellung mit dem Worte kenn-en zeigt. Aehnlich verhält es sich mit den Wörtern: sich-t-bar, bäu-r-isch, be-gün-st-ig-en (von gönn-en), er-kun-d-ig-en (von kund, und dieses von kennen), be-schäf-t-ig-en, be-träch-t-lich u. s. w.

Da Wurzelwörter von keinen anderen Wörtern abgeleitet sein und überhaupt keine deutliche Spur einer schon geschehenen Ableitung an sich tragen sollen, so sind sie als die ältesten und ursprünglichsten Theile der Sprache zu betrachten, und also in der Regel einsylbig, da die ersten hörbaren Ausdrücke für innere Vorstellungen beim Ursprunge der Sprache einfache, kurze und mit Einem Stimmansatze ausgesprochene Töne gewesen zu sein scheinen. Alle Wörter, an welchen Ableitungssylben gefunden werden, können nicht mehr für Wurzelwörter gelten. Nur von sehr wenigen Wörtern läßt sich annehmen, daß sie sogleich vom Ursprunge der Sprache an zweisylbig gebraucht worden sind, wie dies z. B. mit den Wörtern Kukuk und Kibitz der Fall gewesen sein mag, mit welchen man offenbar den Ton, welchen diese Vögel hören lessen, nachgeahmt und diese nachgeahmten Töne dann wieder als Namen für die Vögel selbst gebraucht hat.

10.

L. Wir wollen uns jetzt einen beträchtlichen Vorrath von Wurzelwörtern jeder Art aufsuchen.

I. Sucht Wurzelwörter unter den Hauptwörtern auf!

Zuerst denkt euch wiederum Gegenstände, welche hier im Hause, in der Stadt, im Garten, auf dem Felde u. s. w. sind; wählt aus den Namen derselben nur diejenigen einsylbigen aus, welche ihr unbezweifelt für Wurzelwörter erkennt, und schreibt sie auf! Nachher schreibt auch alle diejenigen Wurzelwörter auf, welche euch sonst noch beifallen!

K. schreiben auf: Wand, Thür, Tisch, Bank, Haus, Dach, Holz, Brett, Lehm, Kalk, Glas, Stuhl, Spind, Topf, Hof, Stadt, Dorf, Vieh, Pferd, Rind, Schaf, Schwein, Feld, Berg, Thal, Wald, Meer, See, Fluss, Bach, Luft, Storch, Mond, Stern — Ei, Rock, Kleid, Knopf, Blut, Ding, Herr, Herz, Heu, Stroh, Korn, Riem, Strick, Milch, Maus, Aal, Arm, Fuss, Bär, Reh, Baum, Bein, Blei, Zinn, Brust, Brief, Eis, Fass, Fisch, Lied, Lehm, Topf, Rohr, Ross, Sack, Rad, Ring, Mohn, Moos, Netz, Napf, Laub u. s. w.

II. Sucht eben so Wurzelwörter unter den Eigenschaftswörtern auf! Benennt die Eigenschaften an Dingen, die im Garten, im Hause, auf dem Felde, im Wasser, am Himmel 2c. sind; wählt diejenigen unter den Eigenschaftswörtern aus, welche ihr für Wurzelwörter erkennt, und schreibt sie zuvörderst auf! dann schreibt auch noch alle diejenigen auf, welche ihr sonst noch finden könnt!

K. schreiben: groſs, klein, hoch, dick, gut, schlecht, blau, grün, gelb, weiſs, schwarz, schwer, leicht, breit, neu, alt, flach, dünn, dürr, eng, dicht, warm, kalt, ächt, laut, schnell, stark, krank, schwach, stumpf, steil, voll, leer u. s. w.

III. Sucht auf gleiche Art Wurzelwörter unter den Zeitwörtern auf!

Die Kinder werden wahrscheinlich keine aufzufinden vermögen.

L. Ihr sucht vergeblich nach reinen Wurzelwörtern in dieser Wörterklasse. Das Zeitwort soll Bewegungen und Veränderungen darstellen, welche an den Dingen vorgehen, und darum ist es selbst der beweglichste und veränderlichste unter allen Sprachtheilen; es findet sich fast nie unter einer einfachen und bleibenden Form, sondern ist fast immer mit gewissen äußeren Merkmalen verbunden, welche die Beziehung auf den Gegenstand bezeichnen, von dem es Bewegung und Veränderung angibt. In der Regel ist daher das Zeitwort schon mit Biegungssylben oder doch mit einzelnen Buchstaben verbunden, welche eine schon geschehene Biegung anzeigen, und die meisten Zeitwörter kommen gar nicht ohne solche Zeichen der Biegung vor, z. B. hör-en, hör-e, hör-est, hör-st, hör-et, hör-t, hör-te, hör-test, hör-ten, hör-tet, hör-end, ge-hör-t. Man kann daher bei solchen Zeitwörtern wohl von einer Wurzel des Wortes (hier hör) reden, sie erscheinen aber nicht als wahre einsylbige Wurzelwörter, weil sie noch immer Zeichen schon geschehener Veränderungen an sich tragen. — Nur die kleinere Anzahl von Zeitwörtern [erscheinen unter gewissen besonderen Umständen als Wurzelwörter, nämlich dann, wenn damit etwas Vergangenes ausgesagt wird, oder wenn man jemandem einen Befehl ertheilt, indem man ihn zugleich anredet, z. B. geben, (er) gab, gib; — werfen, (er) warf, wirf; — helfen; (er) half, hilf; — sehen, sah, sieh; — riechen, roch; — sitzen, saſs; — schreiben, schrieb. — Beim Ursprunge der Sprache, wo man die Zeitwörter zuerst gebrauchen mochte, um Erscheinungen oder Ereignisse, die man bemerkt hatte, also Vergangenes, einander mitzutheilen, oder um einem andern zuzurufen, daß er etwas thun solle, hat man wahrscheinlich eher gesagt: er gab und gib als geben, eher half und hilf als helfen, eher sah und sieh als sehen d. h. man hat eher die Handlung so benannt, daß sie sich auf einen bestimmten Gegenstand bezog und von demselben etwas aussagte, ehe man sich dieselbe für sich allein, ohne Beziehung auf einen bestimmten Gegenstand vorstellte und benannte; und aus diesem Grunde erscheint das Zeitwort in den angeführten beiden Fällen in seiner ursprünglicheren Form, und daher auch in einer einfacheren Gestalt. Die vorhin angeführten Beispiele zeigen zugleich, daß der Laut in der Wurzel sich nach dem verschiedenen Gebrauche, den man von dem Zeitworte macht, verändert, ohne daß man in solchen Fällen jetzt noch angeben kann, welcher Laut als der erste und ursprüngliche zu betrachten sei. Alle diese Abänderungen der Zeitwörter müssen aber schon zu den Biegungen gezählt werden; zur deutlichen Einsicht über den Zusammenhang und die Bedeutung derselben könnt ihr hier noch gar nicht gelangen, da es euch noch an den nöthigen Vorbegriffen und Vorkenntnissen dazu fehlt, und die ausführlichere Belehrung darüber wird erst in der Lehre von der Redebildung vorkommen. Um in dieselbe nicht vorgreifen zu dürfen, wollen wir die Zeitwörter für jetzt nur immer in derjenigen Form nehmen, in welcher man sie ausspricht, wenn man blos den Begriff des Zeitwortes angibt, ohne ihn auf einen Gegenstand zu beziehen und von einem Gegenstande damit etwas auszusagen, z. B. fallen, spielen. — Zwar werden wir dabei nicht auf eigentliche Wurzelwörter treffen; aber wir wollen diejenigen Zeitwörter an deren Stelle angeben, welche außer der Nachsylbe en, welche sich an allen Zeitwörtern findet und denselben ihre eigenthümliche Form gibt, keine andere deutliche Spur einer schon früher geschehenen Ableitung an sich tragen. Sucht solche Zeitwörter jetzt auf!

K. schreiben: Binden, bitten, bleiben, dienen, dulden, fahren, folgen, fliessen, giessen, helfen, leiten, merken, stehen, scheiden, sterben, hören, leben, wohnen, schaffen, brauchen, dienen, drehen, eilen, finden, fliehen, gehen, glauben u. s. w.

L. Werdet ihr auch das Zeitwort schlachten hieher rechnen?

K. Nein! denn es ist von schlagen abgeleitet.

L. Richtig! die ursprüngliche Wurzel ist schlag, und da sich diese in schlacht verändert hat, so ist hier eine schon früher geschehene Ableitung zu erkennen. Derselbe Fall ist bei trachten von tragen, fürchten von Furcht und dies von fahren (Gefahr). Auf eine ähnliche Art ist spötteln von spotten, kränkeln von kranken, räuchern von rauchen etc. abgeleitet, wobei nur noch das e der Ableitungssylbe en des Wohlklanges wegen herausgefallen ist. Ueber Ableitungen dieser Art wird nachher in der Lehre über die Bildung der Zeitwörter von Zeitwörtern ausführlicher gesprochen werden.

Noch eine Erscheinung verdient hier näher betrachtet zu werden. Von vielen Zeitwörtern ist die Wurzel als ein Hauptwort vorhanden, z. B. laufen, Lauf; hassen, Hass; landen, Land; spielen, Spiel. Nicht immer kann man in solchen Fällen mit Bestimmtheit annehmen, daß das Hauptwort früher gewesen und das Zeitwort erst aus dem Hauptworte entstanden sein müsse, vielmehr ist oft das Umgekehrte wahrscheinlicher. So ist z. B. mit der höchsten Wahrscheinlichkeit zu vermuthen, daß man früher die Handlung des Laufens von einem Menschen oder einem Thiere gedacht und ausgesagt hat (z. B. der Hund läuft, lief), ehe man sich diese Handlung als etwas Selbständiges vorstellte und bezeichnete (der Lauf des Hundes), daß man das Wort also früher als Zeitwort und erst später als Hauptwort gebraucht hat. So weit man die Sache nach dem gegenwärtigen Zustande der Sprache noch beurtheilen kann, mag man sich die Entstehung solcher Wörter etwa so vorstellen. Ursprünglich sagte man lauf, indem man damit den Begriff einer als unselbständig gedachten Handlung bezeichnete; das Wort war also seiner Bedeutung nach ein Zeitwort. Dasselbe Wort gebrauchte man dann aber auch, wenn man von dieser Handlung, als von einem selbständig gedachten Dinge, reden wollte, indem man den Unterschied zwischen Zeitwort und Hauptwort damals überhaupt noch nicht deutlich aufgefaßt hatte. Mit der Zeit bildete sich für die Zeitwörter eine eigenthümliche Form durch Anhängung der Sylbe en an alle Zeitwörter, und nach der Aehnlichkeit mit den übrigen Zeitwörtern erhielt auch dieses Wort die Nachsylbe en und wurde nun laufen ausgesprochen. Das Wort in seiner ursprünglichen Form Lauf wurde nun zur Bezeichnung dieser Handlung als eines Gedankennamens (des abstracten Begriffs dieser Handlung) gebraucht und wurde also zu einem Hauptworte. Zeitwort und Hauptwort sind also neben einander und nicht gerade eines aus dem anderen entstanden; oder vielmehr: wenn man auf das Innere, auf Sinn und Bedeutung, sieht, so muß das Zeitwort als früher gedacht werden und das Hauptwort ist aus dem Zeitworte entstanden; wenn man aber nur auf die äußere Form der Wörter sieht, so ist das Wort lauf früher da gewesen und man kann sagen: das Wort laufen ist aus dem Worte lauf entstanden, obgleich es unrichtig ist zu sagen: das Zeitwort laufen ist aus dem Hauptwort Lauf entstanden, da letzteres Wort in jenem Zeitpunkte noch nicht Hauptwort, sondern seiner Bedeutung nach noch Zeitwort war. — Bei denjenigen, welche nach der kurz vorher gemachten Bemerkung dann als einsylbige Wurzelwörter erscheinen, wenn etwas Vergangenes damit ausgesagt wird, ist es merkwürdig, daß die damit in Verbindung stehenden Gedankennamen, welche den Begriff des Zeitwortes als etwas Selbständiges darstellen, in der Mehrzahl dieser Wörter mit jener Vergangenheitsform übereinstimmen, als: beifsen, bifs, Bifs — treiben, trieb, Trieb, wachsen, wuchs, Wuchs — hauen, hieb, Hieb — stehen, stand, Stand — schreiten, schritt, Schritt, und es scheint sich damit die früher gemachte Bemerkung zu bestätigen, daß jene Vergangenheitsform älter sei, als diejenige Form des Zeitwortes, womit man jetzt den Begriff desselben ausdrückt, ohne ihn auf einen bestimmten Gegenstand zu beziehen, also bifs älter als beifsen u. s. w. — — In anderen Fällen läßt sich der Begriff eines Zeitwortes nicht füglich denken, ohne den Begriff des verwandten Hauptwortes vorauf zu denken, und in solchen Fällen muß man unbedenklich das Hauptwort als das frühere Wort oder als das Stammwort annehmen, aus welchem sich das Zeitwort erst entwickelt hat. Dieses findet fast allemal dann statt, wenn das verwandte Hauptwort nicht ein Gedankennamen, sondern ein Sachnamen ist, z. B. Fisch, fischen d. h. Fische fangen; Schiff, schiffen, d. h. mit dem Schiffe fahren; Haar, haaren, d. h. Haare verlieren u. s. w. — Da aber in beiden Fällen die Form des Hauptwortes die einfachere ist, so pflegt man beide Fälle nicht immer genau zu unterscheiden, sondern überall solche Hauptwörter, wenigstens diejenigen, welche den unveränderten Laut haben und bei denen auch keine andere Verschiedenheit in der Wortsylbe stattfindet, als die Stammwörter zu betrachten, aus welchen die Zeitwörter erst abgeleitet sind. Auch wir werden vielleicht zuweilen jenem Sprachgebrauche folgen, da wir in der Wortbildungslehre die Entstehung der zusammengesetzteren aus den einfacheren Wortformen zum Hauptgegenstande unserer Betrachtung machen; jedoch wollen wir es möglichst vermeiden, zu sagen, daß die Zeitwörter laufen, hassen und spielen aus den Hauptwörtern Lauf, Hafs und Spiel entstanden sind, wenn wir auch mit Recht behaupten, daß die Wörter laufen, hassen und spielen die Wörter lauf, hafs und spiel zu Stammwörtern haben.

11.

Der Lehrer läßt entweder die §. 7 aufgeführten neun Arten der Ableitung noch einmal durchmachen, oder wenn früher schon die dazu erforderlichen Beispiele in der gehörigen Anzahl und Mannigfaltigkeit aufgesucht und niedergeschrieben sind, dieselben noch einmal überblicken und durch Vergleichung der verschiedenen Bearbeitungen dieser Aufgabe vervollständigen, und fährt dann etwa auf folgende Art fort.

L. Vergleicht bei einer jeden Art dieser Ableitungen die abgeleiteten Wörter mit den Stammwörtern und macht euch deutlich, welche Veränderungen dabei mit den Wörtern vorgehen! Dann gebt mir für jede dieser neun Arten an, welche Mittel gebraucht werden, um die Ableitung zu Stande zu bringen!

Die Kinder geben nun unter fortwährender Anleitung des Lehrers etwa Folgendes an:

1) Bei der Ableitung der Hauptwörter von Hauptwörtern gebraucht man:
   die Nachsylben er, e (Gebirge), el, inn, chen, lein, ei, thum, schaft, ung, heit.
   Die Vorsylbe ge (Gebüsch).
   In vielen Fällen wird dabei der Laut der Wortsylbe in seinen Umlaut (Gärtner, Gesträuch), oder in einen verwandten Laut verwandelt.
2) Eigenschaftswörter von Hauptwörtern.
   Nachsylben: lich, ig, icht, isch, bar, haft, en, em. Ver-

wandlung des Lautes der Wortsylbe in seinen Umlaut (männlich, jährlich) oder in einen verwandten Laut (irdisch).

3) Zeitwörter von Hauptwörtern.
Nachsylbe en (fischen) oder der bloße Buchstabe n — zuweilen in Verbindung mit den
Vorsylben be, ver, und zer.
Verwandlung des Lautes in seinen Umlaut (kränzen, pflügen), oder in einen verwandten Laut (nisten, schneien, schwitzen).

4) Hauptwörter von Eigenschaftswörtern.
Nachsylben: e, heit, keit, igkeit, niſs, thum, ung, ling, er (Aerger).
Verwandlung des Lautes in seinen Umlaut (Röthe) oder in einen verwandten Laut (Hitze).

5) Eigenschaftswörter von Eigenschaftswörtern.
Nachsylben: lig, sam, haſt, ig (völlig).
Vorsylbe ge (gerecht, getreu).
Verwandlung des Lautes in seinen Umlaut (kränklich, zärtlich) oder in einen verwandten Laut (richtig von recht, wenn nicht von richten).

6) Zeitwörter von Eigenschaftswörtern.
Nachsylbe en (grünen) oder der bloße Buchstabe n — zuweilen in Verbindung mit den Nachsylben el (klügeln), ig (reinigen), enz (faulenzen) — zuweilen auch in Verbindung mit den
Vorsylben: ver, er und be.
Verwandlung des Lautes in seinen Umlaut (wärmen), oder in einen verwandten Laut (hitzen).

7) Hauptwörter von Zeitwörtern.
Nachsylben: er, de, niſs, ung, thum, ei, schaft, t (Geschäft) oder te (Geschichte)
Vorsylbe ge. — Damit ist oft verbunden die
Verwandlung des Lautes der Wortsylbe in seinen Um-

laut Läufer) oder in einen verwandten Laut (Begierde).

Außerdem werden oft Hauptwörter aus Zeitwörtern gebildet durch Wegwerfung der Sylbe en, entweder mit Beibehaltung der unveränderten Wortsylbe (Lauf), oder mit mannigfacher Verwandlung des Lautes (Wuchs, Riss, Bruch, Stich, Hülfe), zuweilen auch mit gleichzeitiger Verwandelung der Nachbestimmung in der Wortsylbe (Hieb, Gang). — Vgl. hiebei §. 10.

8) Eigenschaftswörter von Zeitwörtern.

Nachsylben: ig, lich, sam, bar, haft und bei Bildung der Mittelwörter: end, et oder t, und en.

Vorsylbe ge- nur zur Bildung der Mittelwörter.

Verwandlung des Lautes in seinen Umlaut (stössig, näschig), und bei Mittelwörtern auf en in mannigfache andere Laute (gebunden, getrieben, geworfen, gegangen etc.).

9) Zeitwörter von Zeitwörtern.

Nachsylben, welche zwischen die Wortsylbe und die Ableitungssylbe en treten: el, er, ig.

Vorsylben: be, ge, ent, emp, er, ver, zer.

Veränderung des Lautes in seinen Umlaut (fällen) oder in andere Laute (tränken, senken, bücken, wecken).

Veränderung der Nachbestimmungen in der Wurzel, wobei auch häufig einzelne Buchstaben eingeschoben werden (stecken, stellen, horchen, malmen, schlachten).

L. Durch welche verschiedenen Mittel wird also die Ableitung bewirkt?

K. 1) Durch Hinzufügung von Nachsylben.

2) Durch Hinzufügung von Vorsylben.

3) Durch Veränderungen in der Wortsylbe — am häufigsten des Lautes in der Wortsylbe — nicht selten aber auch der Lautbestimmungen, vorzüglich der Nachbestimmungen.

4) Durch Verbindung mehrer unter diesen Mitteln.

L. Stellt hienach nun die verschiedenen Mittel zusammen, welche zur Bildung
der Hauptwörter
der Eigenschaftswörter und
der Zeitwörter angewandt werden!

R. Es dienen

1) zur Bildung der Hauptwörter:

die Nachsylben: e, en, er, el, inn, lein, chen, ling, ung, heit, keit (igkeit), schaft, ei, thum, niſs, t (st, ft, cht), te und de.

L. Hiezu kommen noch folgende Nachsylben, die wir bisher bei Ableitungen noch nicht gefunden haben: at, uth, end, sal, sel, ich und ig, ing, icht, erich oder rich, sam und same, itz und einige andere, die sich nur an einzelnen Wörtern finden.

die Vorsylbe ge.

Veränderungen in der Wortsylbe, welche entweder nur den Laut, oder die Nachbestimmungen, oder beide zugleich betreffen.

2) zur Bildung der Eigenschaftswörter:

die Nachsylben: en, ern, ig, icht, isch, lich, sam, bar, haft, end, et oder t.

die Vorsylben be und ge.

Veränderungen in der Wortsylbe, wie sie vorher bei den Hauptwörtern bezeichnet sind.

3) zur Bildung der Zeitwörter:

Nachsylben: vor allen die Nachsylbe en, welche jedem Worte seine eigenthümliche Form als Zeitwort gibt, und in Verbindung mit dieser noch die Nachsylben el, er, ig und enz — so wie die einzelnen Buchstaben ch, m, t, sch, st — oft in Verbindung mit manchen Veränderungen der Wortsylbe.

die Vorsylben: be, ge, ent (emp, ant), er, ver, zer.

mannigfache Veränderungen der Wortsylbe.

L. Wir wollen jetzt diese angegebenen Mittel der Ableitung für jede der drei Wörterklassen einzeln durchgehen, und an vielen Beispielen, so weit es angeht, uns deutlich zu machen suchen, wie ein jedes die Bedeutung der Wörter abändert oder näher bestimmt, und was dadurch für den Zweck der Sprache bewirkt wird. In drei auf einander folgenden Abschnitten wollen wir von der Bildung der Hauptwörter, der Eigenschaftswörter und der Zeitwörter reden.

Anhang. Ueber die Vorsetzsylben un, ur, miss und erz.

Auch die Sylben un, ur, miss und erz werden vielen Wörtern vorgesetzt und dadurch neue Wörter gebildet; aber ob dieselben unter die Vorsylben oder unter die Wortsylben zu zählen sind, darüber herrscht unter den Sprachlehrern selbst eine Verschiedenheit der Ansicht. Wenn dieselben den bloßen Vorsylben beizuzählen sind, so sind die durch sie gebildeten Wörter abgeleitete Wörter; wenn sie aber zu den Wortsylben gehören, so sind eben diese Wörter als zusammengesetzte Wörter zu betrachten. Zur näheren Beurtheilung der Sache mögen folgende Bemerkungen dienen. — Un ist gewiß nur eine durch immer kürzere Aussprache entstandene Abkürzung des Verhältnißwortes (der Präposition) ohne, welche noch als besonderes für sich bestehendes Wort vorkommt. Da dieselbe einen Mangel oder das Nichtvorhandensein einer Sache anzeigt, so hat man sie bei Hauptwörtern und Eigenschaftswörtern gebraucht, um die Abwesenheit dessen anzuzeigen, was jedes dieser Wörter bezeichnet, oder um den Begriff desselben zu verneinen, und dabei ist durch Abkürzung der Aussprache der gedehnte Laut in einen verwandten gestoßenen Laut übergegangen. Die Entstehung aus dem Worte ohn zeigt sich ganz klar darin, daß man in einigen Wörtern noch jetzt in eben dem Sinne ohn spricht und schreibt, in welchem sonst un gesetzt wird, z. B. Ohnmacht und ohnmächtig, daß in anderen aber der

Schreibgebrauch zwischen ohn und un gleichsam noch schwankt, z. B. ohngeachtet und ungeachtet, ohngefähr und ungefähr, ohnlängst und unlängst, obgleich die letztere Schreibart sich immer mehr als die allgemeine feststellt. Bei dieser noch so nahe liegenden Erinnerung an die Entstehung dieser Sylbe kann dieselbe jetzt noch mehr für eine Wortsylbe als für eine bloße Ableitungssylbe gelten. — Ur, miſs und erz sind ehedem für sich bestehende besondere Wörter gewesen, und wenn gleich sie nach und nach aufgehört haben, dies zu seyn, so liegt doch auch bei ihnen die Erinnerung an diesen ihren früheren Zustand noch zu nahe, als daß man sie jetzt schon Vorsylben nennen könnte; und die mit ihnen, so wie die mit un, gebildeten Wörter werden wir daher eher Zusammensetzungen als Ableitungen nennen können. — Bestätigt wird diese Meinung insbesondere noch dadurch, daß die Sylben ur, miſs und erz nach der allgemeinen Regel für die zusammengesetzten Wörter überall den Accent haben, da doch die Vorsylben allemal accentlos sind, z. B. Úrsache, Úreltern, Úrsprung, úrbar — míſsverstehen, míſsrathen, Míſsgeburt, míſsgestaltet — Érzbischof, Érzengel, érzböse, érzverdorben u. s. w. Nur bei un schwankt der Accent, wie folgende Beispiele zeigen: úntreu, únordentlich, úngehorsam, únverständlich, únklug, Únsinn — unweit, unláengst, ungláublich, unbedénklich, unveréinbar u. s. w. Hienach könnte man vielleicht sagen, daß diese Sylbe jetzt im Uebergange begriffen sei, aus einer Wortsylbe zu einer bloßen Nebensylbe herabzusinken, und daß sie wahrscheinlich die Natur einer solchen immer mehr annehmen, also auch den Accent verlieren werde, jemehr sich ihr Ursprung aus dem Worte ohne allmählich verdunkelt. — Um diese vier Sylben auf einer Seite von den unbezweifelten Wortsylben und auf der anderen von den Vorsylben zu unterscheiden, wollen wir sie Vorsetzsylben nennen.

Zweiter Abschnitt.

Bildung der Hauptwörter.

12.

Vorbemerkung.

Zur Bildung der Hauptwörter werden nach dem Vorhergehenden als Ableitungsmittel angewandt: Nachsylben, Vorsylben und Veränderung der Wortsylbe. Ueber jedes dieser Ableitungsmittel soll jetzt im Einzelnen gesprochen werden; und da über Wortbildungen durch bloße Veränderung der Wortsylbe sich am wenigsten Allgemeines sagen und nach Regeln bestimmen läßt, so soll über dieses Mittel der Ableitung zuerst geredet werden, nachdem erst eine kurze Rückerinnerung an die Wurzelwörter unter den Hauptwörtern, als die Grundlage aller Wortgebilde, voraufgegangen ist.

13.

Wurzelwörter unter den Hauptwörtern.

L. Ihr habt schon vorhin (§. 10) eine beträchtliche Anzahl von Wurzelwörtern aufgesucht. Wir wollen die Sammlung dieser Wurzelwörter jetzt möglichst zu vervollständigen suchen. Jeder suche der Wurzelwörter unter den Hauptwörtern so viele auf, als er nur irgend zu finden vermag, und ordne sie dann nach der Zahl der Vorbestimmungen und Nachbestimmungen. Dann wollen wir unsere

Sammlungen vergleichen und jeder die seinige aus dem Vorrathe der übrigen ergänzen!

Auf diesem Wege mag etwa folgende in ihren einzelnen Theilen alphabetisch geordnete Sammlung der Wurzelwörter unter den Hauptwörtern zu Stande kommen, worin wenigstens diejenigen aufgenommen sind, welche im Leben gewöhnlich und oft vorkommen.

R. schreiben: Die Wurzelwörter unter den Hauptwörtern enthalten:

I. keine Vorbestimmungen und keine Nachbestimmungen.

Ei und Au (letzteres jedoch nur in zusammengesetzten Eigennamen, als Raumersau, Sydowsau; da es sonst Aue lautet).

II. einfache Lautbestimmungen, und zwar

1) einfache Vorbestimmungen ohne Nachbestimmungen.

Bai (Meerbusen), Hai (Fisch), Heu, Sau, See, Tau, Thau, Gau, Wau (Kraut).

2) einfache Nachbestimmungen ohne Vorbestimmungen.

Aal, Aar, Aas, Asch (Napf), Eid, Eis, Ohm (Maaß Wein, auch statt Oheim), Oehr (Loch einer Nadel), Ohr, Uhr.

3) einfache Vorbestimmungen und einfache Nachbestimmungen.

Bach, Bahn, Bär, Bauch, Baum, Beil, Bein, Bier, Boot, Buch, Busch, Dach, Deich, Dieb, Fach, Faſs, Fisch, Fuſs, Gaul, Geiſs (Ziege), Haar, Hag (Zaun), Hahn, Hain, Hauch, Haus, Haut, Heer, Heil, Hof, Huf, Huhn, Hut, Jahr, Joch, Kahn, Kauz (Eule), Keil, Keim, Kiel, Kien, Kies, Kohl, Koch, Koth, Kuh *)

*) Das h am Ende wird hier als wirkliche Lautbestimmung und nicht als bloßes Dehnungszeichen betrachtet, weil es nothwendig zur Wurzel ge-

Laub, Lauch, Laus, Laut, Lehm, Lehn (oder Lehen, eine Art Gut), Leib, Laich, Leim, Lein, Lied, Loch, Lohn, Loos, Mahl, Maul, Maus, Meer, Mohn, Mohr, Moor, Muth, Niet, Noth, Nuſs, Pech, Pein, Rad, Rahm, Rain, Rauch, Reh, Reich, Reif, Reim, Reis (am Baume), Reiſs (Getreideart), Riem, Rieſs, Rohr, Roſs, Ruhr, Ruſs, Saal, Saum, Schaf, Schaar, Schaum, Schock, Schooſs, Schoſs (Abgabe), Seil, Seim, Sohn, Süd (Mittagsgegend), Tag, Teig, Teich, Thal, Theer, Theil, Thier, Thon, Ton, Thür, Tisch, Tod, Tuch, Vieh, Waid (Pflanze), Weg, Weh, Wein, Wohl, Zahl, Zaum, Zaun, Zeit, Zeug, Ziel.

III. mehrfache Lautbestimmungen, und zwar

1) mehrfache Vorbestimmungen ohne Nachbestimmung.

Blei, Brei, Frau, Klee, Knie, Pfau, Schlee (Dornart), Schlei (Fisch), Schnee, Spreu, Streu.

2) mehrfache Vorbestimmungen und einfache Nachbestimmungen.

Blech, Blut, Braut, Brief, Brod, Brüch (Sumpf — Brüch ist von brechen), Brut, Fleisch, Fleiſs, Flieſs, (Fell; auch Vlieſs geschrieben), Floh, Flöz (Gebirge), Fluth, Fries (in der Baukunst), Frohn (Dienst), Frosch, Glas, Glied, Graf, Gras, Greif, Greis, Gries, Kleid, Kloſs, Knauf, Krahn, Kram, Kraut, Kreis, Krieg, Krug, Pfad, Pfahl, Pfeil, Pflug, Pfuhl, Pfühl, Prahm (Fahrzeug), Qual, Schlauch, Schleim, Schmeer (Talg), Schmid, Schnur, Schrein, Schrot, Schwan, Schweif, Schwein, Schweiſs, Span, Speer, Spieſs, Spuck, Spuk, Spur, Staar, Stab, Stahl, Stadt, Staub, Steg, Steig, Stein, Stiel, Stier, Stör (Fisch), Strahl, Strauch, Strauſs, Stroh, Strom, Stuhl, Thran, Traum, Trog, Zweig.

---

hört und bei der Verlängerung des Wortes auch ausgesprochen wird. Aus dem gleichen Grunde gelten tt, ll, mm, nn, ff, ck, tz für doppelte Nachbestimmungen und nicht für bloße Stoßungszeichen.

3) mehrfache Nachbestimmungen ohne Vorbestimmung.

Acht, Alp, Amt, Arm, Art, Ast, Axt, Ernst, Erz, Obst, Ochs, Ort, Ost.

4) mehrfache Nachbestimmungen und einfache Vorbestimmungen.

Balg, Ball, Bank, Bann, Bars (Fisch), Bart, Bast, Berg, Bett, Bild, Bill (wovon billig), Birn, Bock, Bord, Born, (Brunn), Burg, Bursch, Dachs, Damm, Darm, Ding, Dill (Pflanze), Docht, Dolch, Dorf, Dorn, Dorsch (Fisch), Duft, Dunst, Feind, Feld, Fell, Fels, Filz, Fink, Forst, Fuchs, Fürst, Gans, Gast, Geist, Geld, Gold, Gott, Gurt, Hall, Halm, Hals, Hand, Hanf, Harz, Hecht, Heerd, Held, Helm, Hengst, Herbst, Herr, Herz, Hirn, Hirsch, Hirt, Holm, Holz, Horn, Horst, Hort, Huld, Hund, Kalb, Kamm, Karst (Harke), Kerl, Kern. Kind, Kinn, Kitt, Kopf, Korb, Korn, Kost, Lachs, Lamm, Land, Lärm, Lenz, Licht, List, Luchs, Luft, Lust, Magd, Malz, Mann, Mark, Mast, Milch, Milz, Mist, Mond, Mops, Mund, Nacht, Napf, Narr, Nest, Netz, Nord, Pelz, Pilz, Rand, Rang, Rast, Recht, Rind, Ring, Rock, Rofs, Rost, Rumpf, Sack, Saft, Salz, Sand, Sarg, Schacht (in Bergwerken), Schaft, Schalk, Schatz, Schelm, Schicht, Schiff, Schild, Schilf, Schopf (Zopf), Schöps, Schörl (Steinart), Schorf, Schuld, Schurz, Senf, Sims, Sinn, Sucht, Sumpf, Sund, Talg, Talk (Stein), Tand, Thurm, Topf, Torf, Tück (der Tück oder die Tücke), Volk (mit folgen verwandt), Wachs, Wall, Wald, Walm (in der Baukunst), Wams, Wand, Wanst, Welt, Werft, Werk, Werth, West, Wicht, Wild, Wind, Wirth, Wolf, Wort, Wulst, Wurm, Wurst, Wust, Zelt, Zinn, Zoll, Zopf (Schopf.) Zorn, Zunft.

5) mehrfache Vorbestimmungen und mehrfache Nachbestimmungen.

Blatt, Blitz, Block, Brett, Brust, Flachs, Fleck, Fracht,

Frack (Rock), Freund, Frist, Frucht, Glanz, Glimpf, Glück, Grand (grober Sand), Grimm, Grind, Groll, Grund, Klotz, Klump, Knecht, Knopf, Kraft, Krampf, Kranz, Krapp (Kraut), Krebs, Kropf, Pfand, Pferd, Pflock, Platz, Qualm, Quarg oder Quark, Quarz, Quast, Quell, Quirl, Schlamm, Schlund, Schmutz, Schrank, Schwall, Schwamm, Schwarm, Schwerdt, Spalt, Spatz, Speck, Specht, Sporn, Spund, Stall, Stamm, Stern, Stirn, Stock, Stoff, Stolz, Storch, Strand, Strang, Strick, Strumpf, Strunk, Sturm, Tropf, Trumpf, Trupp, Zweck, Zwerg, Zwirn, Zwist.

14.

Bildung der Hauptwörter durch Veränderungen in der Wortsylbe.

Nach §. 10. III. stehen viele Zeitwörter mit Hauptwörtern in einer solchen Verbindung, daß die Wortsylbe des Zeitwortes in dem entsprechenden Hauptworte in der Form eines Wurzelwortes erscheint. In welchem Sinne solche Hauptwörter als aus jenen Zeitwörtern entstanden und von ihnen abgeleitet gedacht werden können, und daß dies nur dann geschehen könne, wenn diese Hauptwörter Gedankennamen sind, die den Begriff des Zeitwortes als einen selbständig gedachten Gegenstand darstellen, nicht aber wenn die entsprechenden Hauptwörter Sachnamen sind, welche nothwendig eher gedacht werden müssen, ehe man den Begriff des Zeitwortes denken kann; dies ist dort bereits ausführlicher angegeben. — Hier möge dieser Gegenstand, über den sich keine feste Regeln angeben lassen, überhaupt nur erwähnt und die verschiedenen Verhältnisse, welche dabei stattfinden, übersichtlich geordnet werden.

I. Zuweilen stehen solche abstracte Substantive oder Gedankennamen neben Zeitwörtern, die überhaupt keine Veränderung der Wortsylbe zulassen (regelmäßige Zeitwörter), und sie bestehen dann entweder aus der ganz unveränderten Wortsylbe derselben, oder aus der Wortsylbe mit hinzugefügter Endung e. Im ersteren Falle sind sie Hauptwörter männlichen Geschlechts, als: bauen, der Bau; Brauch, Hafs, Spiel, Tausch, Preis, Lob; — im letzteren Falle sind sie Hauptwörter weiblichen Geschlechtes, als: ehren, die Ehre; Eile, Rede, Liebe, Frage, Folge.

II. Beachtungswerther sind hier jedoch noch diejenigen Zeitwörter, welche eine Veränderung der Wortsylbe verstatten (die unregelmäßigen Zeitwörter), und bei denen die Vergangenheitsform sich als ein einsylbiges Wurzelwort darstellt. Bei ihnen erscheint das mit ihnen zusammengehörige Hauptwort entweder auch als einsylbiges Wurzelwort, so daß eine bloße Umwandelung der Wortsylbe statt findet, und ist dann gewöhnlich männlich; — oder es ist mit der Wortsylbe noch eine Ableitungsendung oder eine Vorsylbe verbunden; dann sind diejenigen mit der Ableitungsendung e oder t weiblich, diejenigen mit der Vorsylbe ge sächlich. Abweichungen hiervon sind selten und können nur als Ausnahmen betrachtet werden. — In Hinsicht auf den Laut der Wortsylbe finden fünf verschiedene Fälle statt, wie folgende Uebersicht näher zeigen mag:

1) Der Laut bleibt unverändert, wie in der gewöhnlichen Form des Zeitwortes auf en. — Dann besteht das entsprechende Hauptwort

   a) aus der bloßen Wortsylbe des Zeitwortes:

   Männlich: Fall, Fang, Lauf, Preis, Quell, Rath, Ruf, Schein, Schlaf, Schlag, Schmelz, Schrei, Sinn, Sitz, Stofs, Streich, Streit, (Be)fehl, (Be)ginn.

   Sächlich: Grab.

   b) aus der Wortsylbe verbunden mit anderen Ableitungsmitteln:

   Männlich: Gewinn oder Gewinnst, Geruch.

   Weiblich: Blase, Gähre, Lüge, Pflege, Quelle, Reibe,

Rinne, Schlinge, Trage; Fahrt, Haft, Last (von laden).

Sächlich: Gefecht, Geflecht, Geheiss, Gerenn, Geschelt, Gespinnst.

2) Der Laut stimmt mit dem Laute der Vergangenheitsform (des Imperfects) im Zeitworte überein. — Das Hauptwort enthält

a) die bloße Wortsylbe:

Männlich: Biss, Griff, Kniff, Pfiff, Riss, Ritt, Schlich, Schliff, Schmiss, Schritt, Schnitt, Strich, Trieb; — Band, Drang, Klang, Sang (und Klang), Stank (gewöhnlich Gestank), Trank, Zwang; — Frost (st. Frorst), Spross; — Frass, (Dieb-) stahl; — Hieb; Soff; Stand; Wuchs; Brand.

Weiblich: That.

Sächlich: Maass, Schloss.

b) die Wortsylbe mit anderen Ableitungsmitteln:

Männlich: Gedanke, Gesang, Gestank.

Weiblich: Borste, Fuhre, Gabe, Grube, Lage, Sprache, Stiege, Schlange, Nahme (in Annahme); Fuhrt, Gruft, Schrift, Trift.

Sächlich: Gebot, Getriebe.

3) Der Laut stimmt mit dem Laute im Mittelworte der Vergangenheit (Particip) überein. — Das Hauptwort enthält

a) die bloße Wortsylbe:

Männlich: Bund, Fund, Schund, Schwung, Sprung, Trunk; Gang.

b) die Wortsylbe mit andern Ableitungsmitteln.

Weiblich: Flosse (am Fische), Flösse.

Sächlich; Floss.

4) Der Laut ist dem des Mittelwortes oder Participes ganz nahe verwandt, wobei besonders der Uebergang aus o in u sehr nahe liegt. — Das Hauptwort enthält

a) die bloße Wortsylbe.

Männlich: Bug, Flug, Fluſs, Guſs, Schuſs, Schluſs, Sud (in Absud), Trug, (Ver-)druſs, (Ver-)lust, Zug; — Bruch, (Aus-)drusch, Hub (von heben in Abhub, Aufhub), Schwur, Wurf, Schur, Spruch.

b) die Wortsylbe mit anderen Ableitungsmitteln:

Männlich: Genuſs, Geschwulst.

Weiblich: Hülfe, Mühle; Flucht, Geburt, Kunft (in Abkunft) Nunft (in Vernunft).

5) Es tritt ein eigenthümlicher, sonst nicht gewöhnlicher, Laut ein. —

Das Hauptwort enthält:

a) die bloße Wortsylbe:

Männlich: Stich, Tritt (übereinstimmend mit der Befehlsform stich, tritt).

Sächlich: Schmalz.

b) Die Wortsylbe mit anderen Ableitungsmitteln;

Weiblich: Geschichte, Wage — Brunst, Macht.

Sächlich: Geschöpf, Geschwür, Gesicht, Gewicht. Gift.

Die angeführten Beispiele zeigen, daß von manchen Zeitwörtern mehre solcher abgeleiteten und verschieden gebildeten Hauptwörter neben einander stehen, und dann gewöhnlich verschiedene Bedeutung erhalten haben, als: Band und Bund; Trank und Trunk; Grab, Grube und Gruft; Fahrt, Fuhrt und Fuhre; Sprache und Spruch; Streich und Strich. — Eben so zeigen dieselben, daß viele dieser Hauptwörter nicht Gedankennamen geblieben, sondern zu Sachnamen (concreten Substantiven) geworden sind, als. Grab, Schloſs, Maaſs, Mühle, Band, Griff, Schlange.

Bildung der Hauptwörter durch Nachsylben. §. 15—31.

15.

Nachsylbe e.

L. Sucht Hauptwörter auf, welche sich auf die Nachsylbe e endigen, und schreibt deren so viele auf, als ihr finden könnt! Ordnet sie dabei nach dem Geschlechte.

Anfänglich läßt hiebei der Lehrer in mündlicher Unterredung mit allen Schülern einen großen Vorrath solcher Wörter aufsuchen, und dann muß jeder für sich deren so viele aufschreiben, als er behalten hat. Wenn die Kinder späterhin schon mehr Uebung erworben haben, gibt er es ihnen als eine Vorbereitung auf, sich entweder zu Hause oder in der Schule während der Zeit der Selbstbeschäftigung einen Vorrath solcher Wörter zu sammeln und niederzuschreiben, wie sie zur nächstfolgenden Lehrstunde erfordert werden.

K. haben aufgeschrieben und lesen vor:

Männliche Hauptwörter: Löwe, Hase, Rabe, Erbe, Glaube, Schade, Zeuge, Junge, Käse, Bube, Knabe, Drache, Bothe, Pathe, Haufe, Falke, Affe, Gatte, Götze, Rappe, Jude, Pohle, Russe, Preuſse, Schwede u. s. w.

Weibliche Hauptwörter: Katze, Ente, Pute, Stute, Henne, Gemse, Eule, Lerche, Karpfe, Biene, Fliege, Blume, Nelke, Pflaume, Tanne, Fichte, Erde, Tinte, Reibe, Bahre, Hacke, Wiege, Pfeiſe, Rede, Sprache, Bitte, Lehre, Klage, Länge, Breite, Dicke, Tiefe, Härte, Güte, Gröſse, Milde, Röthe und viele andere.

Sächliche Hauptwörter: Bette, Auge, Erbe, Ende, Hemde.

L. Was bemerkt ihr in Hinsicht auf das Geschlecht dieser Wörter?

K. Bei weitem die meisten sind weiblichen Geschlechtes; — eine viel geringere Zahl sind männlich — und nur wenige sind sächlich.

L. Was möchtet ihr schon hieraus über die Bestimmung dieser Sylbe vermuthen?

K. Daß sie vorzugsweise dazu bestimmt sei, um Hauptwörter weiblichen Geschlechtes zu bilden und als solche zu bezeichnen!

L. Ueberblickt die männlichen und sächlichen Hauptwörter auf e noch einmal recht sorgfältig, und seht zu, ob ihr bei manchen nicht noch einen besonderen Grund auffinden könnt, warum ihnen das e angehängt ist! — Gebt die Buchstaben an, welche vor diesem e vorhergehen!

K. b, d, g, w, s — ff, pp, tt — ch, t, k, f u. s. w.

L. Was für Lautbestimmungen bezeichnen die fünf ersten Buchstaben?

K. Sanfte Lautbestimmungen, und zwar theils sanfte Schlüsse, theils sanfte Hauche.

L. Wie pflegt man solche Lautbestimmungen am Ende der Wörter zu sprechen?

K. Sanfte Lautbestimmungen pflegt man am Ende der Wörter gewöhnlich scharf auszusprechen, (wie wir schon beim Leseunterrichte gelernt haben).

L. Möchtet ihr aus diesem Umstande nicht eine Vermuthung entnehmen, warum man solchen Wörtern das e am Ende angehängt hat?

K. Vielleicht hat man die sanfte Aussprache dieser Endbestimmungen dadurch erhalten wollen, und hat ihnen zu dem Ende ein e angehängt, damit die Lautbestimmung nicht mehr am Ende, sondern zu Anfange einer Sylbe ausgesprochen werde.

L. Gewiß ist dies der richtige Grund. Einen ähnlichen Grund werdet ihr auffinden können, warum man Wörtern ein e angehängt hat, wenn die Buchstaben ff, pp, tt vorhergehen, wie **Affe, Rappe, Gatte, Bette.**

K. Bei diesen Wörtern hat man die doppelte Aussprache dieser Buchstaben erhalten wollen, die am Ende der Wörter gewöhnlich verloren geht; und daher hat man dieselben durch Anhängung eines e zweisylbig gemacht.

L. Nach dem Bisherigen hat also dieses e bei männlichen und sächlichen Hauptwörtern vorzüglich nur den Zweck, die richtige und ursprüngliche Aussprache gewisser Lautbestimmungen, insbesondere die sanfte und weiche, zu erhalten, und daher nennt man dieses e in solchen Fällen das mildernde e. — Selbst bei den Wörtern Bote, Pathe, Falk, läßt sich noch ein Grund angeben, der von der Förderung einer richtigen Aussprache entnommen ist. Jedes dieser Wörter endigt sich auf einen scharfen Schluß, und bei der Aussprache jedes scharfen Schlusses wird im Aufschlusse noch ein Ton gehört, der einem dumpfen gestoßenen e am ähnlichsten klingt; diesen allerdings hörbaren Ton mag man durch das angehängte e ursprünglich haben bezeichnen wollen; als nun solche Wörter aber erst mit einem e geschrieben wurden, sprach man bald dafür auch ein lautes gewöhnliches e aus. — Da nun das e in allen solchen Wörtern, wo es blos mildernd ist, keine eigentliche Bedeutung hat, sondern blos eine richtige Aussprache befördern soll, so können solche Wörter fast noch ganz als Wurzelwörter betrachtet werden, oder stehen denselben wenigstens noch ganz nahe

Wenn wir alle diese Wörter, bei denen das e blos mildernd ist, aussondern, so bleiben von den männlichen und sächlichen Hauptwörtern nur noch die Wörter Drache, Haufe und Götze nebst den Personnamen, welche männliche Personen nach ihren Ländern bezeichnen, Preuſse, Schwede etc. übrig, bei denen wir keinen besonderen Grund für die Anhängung des e aufgefunden haben; eine kleine Anzahl anderer Wörter mögen wir vielleicht nicht aufgefunden haben. Solche Wörter werden also als Ausnahmen von der Regel zu betrachten sein. — Wie wenig das e in männlichen und sächlichen Wörtern dieser Art wirklich bedeute, erhellt vorzüglich daraus, daß manche Wörter ohne dieses e und mit diesem e gebraucht werden, und dabei ganz ihren unveränderten Sinn behalten, als Ochs und Ochse, Hirt und Hirte, Fink und Finke. — Wo sich in Wörtern dieser Art das e nicht als mildernd erklären läßt, wird man immer mehr Grund haben, sich für die Abwerfung als für die Beibehaltung eines solchen e zu erklären. — Nur wenn man männliche Personen nach dem Volke benennt, welchem sie angehören, endigen sich viele solcher Hauptwörter auf e z. B. Däne, Russe, Preusse, Jude, Sachse, Türke, Asiate u. s. w. Doch gibt es auch eine beträchtliche Anzahl anderer, welche dann die Nachsylbe er annehmen, z. B. Spanier, Holländer, Europäer, Afrikaner, Würtemberger u. s. w.

L. Diese Bemerkungen werden euch noch mehr bestätigen, was ihr vorhin aussprachet, daß diese Sylbe sich am öftesten und am liebsten mit weiblichen Hauptwörtern verbindet. Auf diese, als auf die größere Zahl, wollen wir jetzt unser Augenmerk richten. — Ueberblickt diejenigen weiblichen Hauptwörter, welche ihr vorher gesammelt habt, noch einmal, und merkt darauf, ob ihr sie alle von andern Wörtern herzuleiten wißt, oder nicht!

K. Einige lassen sich von anderen Wörtern ableiten, andere nicht.

L. Gebt mir die Wörter an, welche jeder dieser beiden Arten angehören!

K. Es lassen sich

1) nicht ableiten: Ente, Henne, Biene, Eiche, Linde, Weide, Beere, Traube, Bohne, Erbse, Elle, Asche, Diele u. s. w.

2) ableiten: Fliege, Winde, Blume (von blühen), Leuchte, Trage, Walze — Rede, Sprache, Gabe, Lehre, Liebe — Reise, Schwere, Dicke, Länge, Härte, Fläche, Röthe, Kälte u. s. w.

L. Von was für Stammwörtern kommen die abgeleiteten her?

K. — theils von Zeitwörtern, theils von Eigenschaftswörtern.

L. Auf diejenigen Wörter, welche sich nicht ableiten lassen, wollen wir zuerst unsere Aufmerksamkeit richten. — Wenn ein Wort sich von keinem Stammworte herleiten läßt, dessen Bedeutung anderweitig bekannt ist, so hat man keine Gelegenheit, Stammwort und abgeleitetes Wort mit einander zu vergleichen, durch den Hinblick auf die Verschiedenheit beider zu ermitteln, was durch die Ableitungssylbe hinzugebracht oder in wieweit die Bedeutung des Stammwortes dadurch verändert sei, und auf diese Weise die Kraft und die Bestimmung der Ableitungssylbe mit Bestimmtheit zu erfahren. Dieser Fall tritt hier nun zwar ganz ein; habt ihr indessen nicht schon vorher etwas über die Bestimmung dieser Nachsylbe durch die bloße Betrachtung des gesammelten Wörtervorrathes ermittelt?

K. Ja! sie dient zur Bezeichnung des weiblichen Geschlechtes.

L. Außer dieser ihrer Bestimmung, daß sie Hauptwörter als weibliche kenntlich macht, werdet ihr an Hauptwörtern der angegebenen Art dieser Sylbe schwerlich noch eine besondere Bedeutung beilegen können. — Sucht nun diese Hauptwörter nach den Gegenständen, welche sie benennen, unter gewisse Abtheilungen zu bringen.

K. Es sind Benennungen

1) weiblicher Personen: Tante, Base, Muhme, Nichte, Wittwe (dem das männliche Wort Wittwer entspricht).

2) von Thieren, und zwar theils so, daß das natürliche weibliche Geschlecht dieser Thiere ausgedrückt wird: Stute, Färse, Katze, Ente, Pute, Henne, Ricke (weibliches Reh); — theils so, daß solche Wörter durch diese Endung nur als weibliche Hauptwörter

dargestellt werden, ohne daß der Name über das natürliche Geschlecht etwas angibt: Gemse (wobei eben sowohl ein männliches als ein weibliches Thier dieser Art gedacht werden kann), Ratte, Kröte; Eule, Lerche, Schwalbe, Krähe, Trappe; Quappe, Karpfe, Schmerle (auch der Schmerl), Forelle, Karausche; Biene, Fliege, Mücke, Ameise, Schnecke, Bremse.

3) von Bäumen: Eiche, Fichte, Tanne, Föhre, Weide, Birke, Buche, Linde, Espe, Esche, Lehne (Ahorn), Erle oder Else, Eibe — und die ausländischen: Ulme, Palme, Platane, Cypresse, Myrte, Kastanie.

4) von Blumen: Blume, Nelke — und die fremden: Rose, Tulpe, Viole, Lilie, Malwe, Anemone, Balsamine.

5) von Früchten: Beere, Birne, Pflaume, Zwetsche, Traube, Quitte, Bohne, Erbse, Brombeere etc. — und die fremden: Kirsche, Pfirsche, Feige, Granate, Melone, Citrone, Pomeranze, Orange.

6) von andern Dingen: Ecke, Elle, Egge, Asche, Bohle, Diele, Erde, Galle, Tinte, Achse, Farbe.

L. Jetzt nun zu denjenigen, welche sich ableiten lassen. Stellet zuförderst diejenigen zusammen, welche von Zeitwörtern abgeleitet sind, und gebt in kurzen Erklärungen an, wie ihre Bedeutung mit derjenigen des Stammwortes zusammenhängt.

K. Fliege ist der Name eines Thieres, welches fliegt und welches als weiblich gedacht wird, gleichsam, Eine (ein weibliches Wesen), die da fliegt. Schlange (mit dem Laute der Vergangenheitsform), Eine, die sich schlingt. — Winde ist der Name einer als weiblich gedachten Pflanze, die sich an andere Gegenstände in die Höhe windet, gleichsam, Eine die sich windet.

Viele andere solcher Wörter sind Benennungen derjenigen Werkzeuge, wodurch die Handlung, die das Stammzeitwort anzeigt, verrichtet wird. Diese Werkzeuge werden dabei gleichsam als weibliche Wesen vorgestellt, welche diese Handlung selbst vollbringen, als:

Reibe, gleichsam, Eine die da reibt.
Schlinge, — Eine die da schlingt.
Leuchte, — Eine die da leuchtet.
Darre, — Eine die da dörrt.

(Bemerkenswerth ist hier der Unterschied zwischen Schlange und Schlinge, beide von schlingen).

So auch: Spritze, Stampfe, Trage, Bahre (von dem im Niederdeutschen noch gebräuchlichen Worte bären d. h. tragen), Harke, Schelle, Walze, Pfeife, Feile, Wiege, Wippe, Knarre — und mit dem Laute der Vergangenheitsform: Flöfse (von fliefsen, flofs) — mit einem andern Laute: Wage (von wiegen, wägen).

Noch andere bilden Gedankennamen oder Abstracte von den Zeitwörtern, wovon sie abgeleitet sind, die aber leicht wieder in Sachnamen oder Concrete übergehen, als:

Lehre, die Handlung des Lehrens als selbständig gedacht, dann aber auch, das was man lehrt). — Rede, die Handlung des Redens als selbständig gedacht, dann auch, das was man redet). So auch Bitte, Habe, Klage, Frage, Sage, Folge, Eile, Weile — und mit dem Laute der Vergangenheitsform: Gabe und Sprache. — Gabe und Habe werden zu Concreten, wenn man damit benennt, was man gibt und was man hat.

L. Stellt nun auch diejenigen zusammen, welche von Eigenschaftswörtern abgeleitet sind! Gebt demnächst an, was hier die Nachsylbe e bewirkt und welche Veränderungen mit dem Stammworte vorgehen, wenn die Nachsylbe e hinzutritt!

K. Reife, Tiefe, Schwere, Dicke, Weite, Breite, Ferne, Helle, Milde, Länge, Härte, Schärfe, Glätte, Nähe, Fläche, Schwärze, Blässe, Wärme, Kälte, Gröfse, Blöfse, Höhe, Röthe, Güte, Säure, Nässe, Dürre, Kühle, Bläue — Hitze von heifs. — — In allen diesen und vielen anderen Beispielen werden durch das angehängte e Gedankennamen gebildet, welche Eigenschaften als etwas Selbständiges darstellen. Ueberall wo es angeht, verwandelt sich dabei der Laut in seinen Umlaut, zuweilen auch in einen verwandten Laut, z. B. heiſs, Hitze.

L. Nachdem wir so alle Hauptfälle, wo das e in Anwendung tritt, nach gewissen Abtheilungen geordnet haben, so faßt nun alles, was ihr über die Kraft und Wirkung dieser Nachsylbe kennen gelernt habt, so kurz als möglich zusammen, um danach das Ganze desto leichter überblicken zu können!

K. Die Nachsylbe e bildet die Wörter, an welchen sie hängt, in der Regel zu weiblichen Hauptwörtern, und hat oft außerdem gar keine weitere Bedeutung. Bei vielen, welche von Zeitwörtern herkommen, bezeichnet sie dieselben zugleich als Gedankennamen (Abstracte). Bei einigen anderen, welche auch von Zeitwörtern herkommen, stellt sie gewisse Dinge, vorzüglich Werkzeuge, gleichsam als weibliche Wesen dar, welche die Handlung vollbringen, die das Stammzeitwort ausdrückt. Bei denen, welche von Eigenschaftswörtern herkommen, bezeichnet sie diese Wörter zugleich als weibliche Hauptwörter und als Gedankennamen. — Bei männlichen und sächlichen Hauptwörtern dient sie in der Regel nur dazu, um die richtige Aussprache der Endbestimmungen zu erhalten, hat dann gar keine weitere Bedeutung und heißt das m i l d e r n d e e. Solche zweisylbige Hauptwörter sind fast noch als Wurzelwörter zu betrachten. Nur wenige Wörter machen davon eine Ausnahme, vorzüglich solche, welche männliche Personen nach dem Volke, dem sie angehören, benennen.

16.

Nachsylbe en.

L. Sucht der Hauptwörter, welche sich auf en endigen, so viele auf, als ihr finden könnt! Schreibt sie nieder und ordnet sie dabei nach dem Geschlechte!

K. schreiben auf und lesen nachher vor:

Männliche Hauptwörter: Balken, Ballen, Bissen, Boden, Bogen, Bolzen, Braten, Brocken, Brunnen, Degen, Faden, Felsen, Galgen, Garten, Graben, Groschen, Gulden, Hafen, Haken, Hamen, Hopfen, Husten, Kasten, Knochen, Knollen, Knorren, Knoten, Kragen, Kuchen, Laden Lappen, Leisten, Magen, Norden, Ofen, Nutzen, Osten, Pfosten, Pfropfen, Rachen, Rahmen, Rasen, Regen, Rechen (Harke), Riemen, Rocken, Roggen, Rogen, Rücken, Samen, Schatten, Schinken, Schlitten, Schuppen, Segen, Stecken, Süden, Tropfen, Wagen, Waizen, Westen, Zacken, Zapfen, und vielleicht noch einige andere.

Sächliche Hauptwörter. Becken, Eisen, Füllen, Kissen, Laken, Leben, Wesen, Zeichen — Verderben, Vermögen, Verhalten — Pohlen, Böhmen, Preufsen, Schweden, Sachsen u. s. w.

L. Was findet ihr über das Geschlecht dieser Hauptwörter zu bemerken?

K. Bei weitem die Mehrzahl derselben sind männlichen Geschlechtes; — Hauptwörter weiblichen Geschlechtes finden wir unter ihnen gar nicht; — das sächliche Geschlecht haben mehre, besonders Namen von Ländern.

L. Wißt ihr nicht in Beziehung auf einige andere noch einen besondern Grund anzugeben, warum sie sächlichen Geschlechtes sind?

K. Ja! das Wort Leben ist eigentlich ein Zeitwort, und alle Zeitwörter kann man durch Vorsetzung des sächlichen Artikels zu sächlichen Hauptwörtern machen. Eben dies findet statt bei den Wörtern Vermögen, Verderben, Verhalten.

L. Richtig! Manche solcher Wörter werden jetzt schon so allgemein als Hauptwörter gebraucht, daß man ihrer ursprünglichen Bestimmung, Zeitwörter zu sein, kaum noch gedenkt. Zu ihnen gehören außer den von euch angeführten auch noch die Wörter, Verbrechen, Vergehen, Betragen, Aussehen, und andere. Zu ihnen gehört auch noch das von euch unter den sächlichen Hauptwörtern mit aufgeführte Wort Wesen, welches ein im Hochdeutschen jetzt veraltetes Zeitwort ist, wofür wir jetzt sein gebrauchen, dessen Wurzel sich aber noch in den Wörtern abwesend, anwesend und gewesen findet. Im Niederdeutschen oder Plattdeutschen wird es aber auch noch jetzt gebraucht, wenn man z. B. sagt: Låt dat wesen — wo wir sprechen: Lass das sein!

L. Könnt ihr noch eine andere Abtheilung von Wörtern auf en bezeichnen, welche sächlichen Geschlechtes sind?

K. Die Wörter Pohlen, Böhmen, Preussen, Schweden; es sind Eigennamen von Ländern.

L. Wodurch wollt ihr nachweisen, daß sie Hauptwörter sächlichen Geschlechtes sind?

K. Wenn man vor ein solches Wort ein Eigenschaftswort setzt, so erhält es den sächlichen Artikel, als: das fruchtbare Böhmen, das kalte Schweden.

L. Wenn ihr jene Zeitwörter und diese Eigennamen von Ländern absondert, welche Wörter sächlichen Geschlechts bleiben euch dann noch übrig? — Was schließt ihr daraus über die Bestimmung dieser Nachsylbe?

K. Dann bleiben uns nur die sächlichen Wörter Becken, Eisen, Füllen, Kissen, Laken, Zeichen. — Diese Nachsylbe ist also vorzüglich für männliche Hauptwörter bestimmt.

L. Könnt ihr übrigens die vorhin aufgeführten Hauptwörter von anderen Stammwörtern herleiten, und dadurch noch eine anderweitige Bedeutung dieser Sylbe erkennen?

R. Nein! Außer Bissen (von beissen, Biss), Bogen (von biegen, bog), Gulden (von Gold), Braten und Graben (welche mit den Zeitwörtern braten und graben ganz gleich lauten) wissen wir die übrigen nicht abzuleiten, wir können Stammwort und abgeleitetes Wort nicht mit einander vergleichen, und daher keine andere Bedeutung dieser Sylbe ermitteln, als daß sie dazu dient, ihre Hauptwörter als männliche zu bezeichnen.

L. Auch diese Wörter stehen also den Wurzelwörtern noch ganz nahe, und sind ihnen nächst denen, die blos das mildernde e haben, unter den Hauptwörtern am nächsten verwandt; wir finden in ihnen fast durchgängig neue Wurzeln unserer Sprache. — Wie wenig aber diese Sylbe außer der Bezeichnung des männlichen Geschlechtes noch eine besondere Bedeutung habe, geht besonders daraus hervor, daß manche solcher Wörter mit und ohne diese Sylbe gebraucht werden, ohne daß sich dadurch in ihrer Bedeutung etwas verändert, als: Brunn (wofür in ältern Zeiten Born gesagt wurde) und Brunnen, Daum und Daumen, Fels und Felsen, Lärm und Lärmen, Gaum und Gaumen, Riem und Riemen, Streif und Streifen, Schreck und Schrecken.

Daß aber die Sylbe en eben so das männliche Geschlecht, wie e das weibliche Geschlecht, bezeichnet, erhellt besonders daraus, daß mehre Hauptwörter männlich oder weiblich sind, je nachdem sie die Sylbe en oder e haben, als: der Backen (Kinnbacken) und die Backe, der Karren und die Karre, der Kolben und die Kolbe, der Pfosten und die Pfoste, der Ranken und die Ranke, der Scherben und die Scherbe, der Zacken und die Zacke, der Zehen und die Zehe. — Nur einige männliche Hauptwörter machen eine Ausnahme und werden ohne Veränderung des Geschlechtes mit den Nachsylben en und e zugleich gebraucht, als: der Friede und Frieden, der Glaube und Glauben, der Haufe und Haufen, der Name und Namen, der Same und Samen, der Schade und Schaden. — In Haufen,

Namen und Samen ist wohl unbedenklich die Nachsylbe en vorzuziehen, weil sich bei ihnen kein Grund für die Anhängung des e angeben läßt; bei Friede, Glaube und Schade dagegen kann das e als ein milderndes betrachtet und daher beibehalten werden.

Faßt nun wieder kurz zusammen, was ihr über Kraft und Bedeutung dieser Sylbe bis hieher gelernt habt!

K. Die Nachsylbe en bildet männliche Hauptwörter und bezeichnet sie als männliche, ohne daß sie ihnen sonst noch in der Bedeutung etwas hinzufügt. Wenige dieser Hauptwörter lassen sich von bekannten Stammwörtern herleiten. — Sächliche Hauptwörter auf en sind entweder als Hauptwörter gebrauchte Zeitwörter oder Eigennamen von Ländern; außer diesen sind von uns nur fünf sächliche Hauptwörter mit dieser Endung aufgefunden worden, die als Ausnahmen betrachtet werden können.

Anhang. Einige wenige deutsche Hauptwörter endigen sich auf em, als Athem oder Odem und Brodem (warmer Dampf). Vielleicht ist diese Endung mit en ursprünglich eine und eben dieselbe und nur durch eine etwas veränderte Aussprache entstanden.

17.

Nachsylbe er.

L. Sucht eine beträchtliche Anzahl von Hauptwörtern auf, welche sich auf die Nachsylbe er endigen, und ordnet sie nach ihrem Geschlechte!

K. schreiben auf und lesen nachher vor:

1) Männliche Hauptwörter: Schüler, Fischer, Töpfer, Bildhauer, Mahler, Diener, Redner, Spanier, Holländer, Schlesier, Berliner, Kater, Widder, Taucher, Neuntödter, Bohrer, Hammer, Leuchter, Hirschfänger, Finger, Donner, Fehler, Schauder, Pfeiler, Eifer, Jammer, Schneider, Hutmacher u. s. w.

2) Weibliche Hauptwörter: Mutter, Tochter, Schwester, Feder, Kammer, Ceder, Mauer u. s. w.

3) Sächliche Hauptwörter: Vogelbauer, Futter, Wasser, Feuer, Leder, Geklapper, Gezwitscher, Geflister, Kupfer, Fenster, Fieber u. s. w.

L. Was bemerkt ihr in Hinsicht auf das Geschlecht dieser Wörter?

K. Bei weitem die meisten dieser Hauptwörter sind männlichen Geschlechtes. Der weiblichen und sächlichen gibt es in Verhältniß gegen die männlichen nur wenige.

L. Ueberblickt zuerst die männlichen Hauptwörter und sucht euch deutlich zu machen, was für Gegenstände dieselben bezeichnen, ob Menschen, oder Thiere, oder leblose Dinge, oder unselbständige Dinge! — Ordnet sie dann nach diesen vier Abtheilungen!

K. 1) Die meisten dieser männlichen Hauptwörter bezeichnen Menschen und zwar männliche Personen: Tischler, Seiler, Nadler, Weber, Töpfer, Kleidermacher, Europäer u. s. w.

2) Einige bezeichnen Thiere, als: Eber, Widder, Puter, Taucher, Spiesser, Honigsauger, Fliegenschnäpper u. s. w.

3) Einige bezeichnen leblose Dinge, als: Klopfer, Zünder, Wecker, Meilenzeiger, Trichter, Schleier, Anger, Pfeiler u. s. w.

4) Noch andere bezeichnen unselbständige Dinge und sind also Gedankennamen oder Abstracte, als: Hunger, Schlummer, Eifer, Jammer u. s. w.

L. Was haltet ihr nach diesen Beispielen für die erste und ursprüngliche Bestimmung dieser Nachsylbe?

K. Sie bezeichnet Personen (zuweilen auch Thiere) weiblichen Geschlechtes.

L. Was bemerkt ihr in Beziehung auf die Ableitung solcher Wörter?

K. Manche derselben lassen sich gar nicht ableiten,

z. B. Vater, Bruder, Schwester, Eber, Widder. — Andere lassen sich ableiten, und kommen dann entweder von Hauptwörtern oder von Zeitwörtern her.

L. Gebt mir Beispiele von solchen Wörtern an, die sich von Hauptwörtern ableiten lassen!

K. Tischler, Seiler, Riemer, Schlosser, Förster, Gärtner u. s. w.

L. Um die Kraft und Wirkung dieser Sylbe deutlich zu erkennen, muß man, wie schon früher erwähnt ist, Stammwort und abgeleitetes Wort mit einander vergleichen, und dies wird in der Regel am leichtesten dadurch möglich, daß man von dem abgeleiteten Worte eine ganz kurze Erklärung angibt, in welche man das Stammwort aufnimmt. — Gebt also jeder von einem solchen Hauptworte auf er eine ganz kurze Erklärung an, in welche auch das Stammwort aufgenommen ist! Was ist z. B. ein Tischler, ein Seiler, Riemer u. s. w.

K. Ein Tischler ist ein Mann, welcher Tische macht.
Ein Seiler ist ein Mann, welcher Seile macht.
Ein Riemer ist ein Mann, welcher Rieme macht.
Ein Schlosser ist ein Mann, welcher Schlösser macht.
Ein Gärtner ist ein Mann, welcher den Garten besorgt.
Ein Förster ist ein Mann, welcher die Aufsicht über die Forst führt.
Ein Kutscher ist ein Mann, welcher Kutschen fährt.
Ein Glaser ist ein Mann, welcher Glas bearbeitet u. s. w.

L. Jedes dieser Wörter bezeichnet also einen Mann, welcher eine Handlung verrichtet, die sich auf den Gegenstand bezieht, den das Stammwort anzeigt. Die Handlung kann aber nicht immer durch ein und ebendasselbe Wort angezeigt werden. — Wenn ihr von einem Manne geredet habt und dann noch mehr von ihm sagen wollt, ohne jedoch das Wort Mann zu wiederholen; welches Wort setzt ihr dann an dessen Stelle?

K. Das Wörtchen Er, z. B. Der Mann ist nicht mehr zu Hause; er ist vor das Thor gegangen.

L. Vielleicht mag aus diesem Wörtchen Er unsere Nachsylbe ursprünglich entstanden sein, so daß man die vorhin angegebenen Erklärungen allenfalls auch so fassen könnte; Ein Tischler ist ein Er (d. h. ein Mann), welcher Tische verfertigt. Ein Glaser ist ein Er, der da Glas bearbeitet, u. s. w. Daß das Wörtchen er dieser Nachsylbe ihren Ursprung gegeben haben mag, bestätigt sich auch durch den vielfältigen andern Gebrauch, den man von dieser Nachsylbe zur Bezeichnung des männlichen Geschlechtes macht, als: dies-er Knabe, ein vornehm-er Herr u. s. w.

Schreibt nun solcher Hauptwörter auf er, die von andern Hauptwörtern abgeleitet sind, so viele auf, als ihr nur finden könnt, und merkt dabei auf die Veränderungen, welche bei der Ableitung mit den Wörtern vorgehen!

K. Tischler, Fleischer, Schreiner, Seiler, Riemer, Schlosser, Wagner, Beutler, Gürtler, Sattler, Nadler, Fischer, Gärtner, Töpfer, Köhler, Förster, Glaser, Kutscher, Schiffer, Kärrner; Krämer, Krüger, Thürmer, Pförtner, Glöckner, Pfeifer, Pflüger, Schäfer, Schüler u. s. w.

In den meisten Wörtern ist dem Stammworte die Sylbe er geradezu angehängt: Seil, Seiler. — Endigt sich das Stammwort auf e, so fällt dieses e dabei weg: Kohle, Köhler. — Endigt sich das Stammwort schon auf die Ableitungssylbe el und en, so fällt das erste e heraus und der übrigbleibende Buchstabe wird mit der Nachsylbe in Eine Sylbe zusammengezogen, so daß die Endungen ler und ner entstehen: Gürtel, Gürtler statt Gürteler; Garten, Gärtner st. Gärtener. — Bei den Wörtern Kärrner, Pförtner, Glöckner, von Karre, Pforte und Glocke, ist die Endung ner geradezu angehängt. — Meistentheils verwandelt sich der Laut der Wortsylbe in seinen Umlaut; doch geschieht dies nicht immer, denn Wagner, Sattler, Nadler, Glaser, Kutscher und allenfalls Schlosser (welches jedoch auch Schlösser ausgesprochen wird), machen Ausnahmen. — Bei Tischler und Künstler ist die Endung ler angehängt.

L. Bei Kärrner, Pförtner und Glöckner, denen ich noch Büdner und Harfner beifüge, kann man sich etwa vorstellen, daß die Ableitung von der Mehrheit Karren, Pforten, Glocken, Buden und Harfen gemacht sei; wo man aber im Einzelnen das n zur Ableitungssylbe er hinzugenommen hat, und wo nicht, mag von zufälligen Umständen, insbesondere vom Wohllaute, abgehangen haben. — Um Tischler und Künstler aus Tisch und Kunst zu bilden, hat man sich wahrscheinlich erst Zeitwörter tischeln und künsteln zwischenliegend gedacht, wenn auch solche Zeitwörter sonst in der Sprache nicht gebraucht, sondern nur zum Behufe der Ableitung gedacht werden; von Kunst gibt es jedoch auch wirklich das Zeitwort erkünsteln.

Sucht jetzt Benennungen männlicher Personen auf, welche von dem Namen ihres Landes oder ihrer Stadt durch die Nachsylbe er gebildet sind!

K. Europäer, Holländer, Engländer, Berliner, Stettiner, Märker, Spanier, Amerikaner, Thüringer u. s. w.

L. Erklärt auch einige dieser Wörter!

K. Ein Europäer ist e i n E r (d. h. ein Mann) aus Europa.
Ein Holländer ist e i n E r aus Holland.
Ein Berliner ist e i n E r aus Berlin u. s. w.

L. Diese Wörter bezeichnen, wie ihr seht, nicht einen Mann, der in Beziehung auf den Gegenstand, den das Stammwort benennt, eine Handlung vollbringt, sondern vielmehr nur einen solchen, der zu diesem in einem gewissen Verhältnisse steht, welches wir ein Ursprungs- oder Herkunfts-Verhältniß nennen könnten.

Auf eine ähnliche Art verhält es sich mit der Sylbe er an vielen Eigennamen, die ursprünglich von Gattungsnamen abgeleitet sind. Sucht solche Namen auf!

K. Lindner, Eichner, Weidner, Fichtner, Buchner, Büchner, Elsner — Hübner u. s. w.

L. Ihr seht aus den angeführten Beispielen, daß beinahe von den Namen aller in unsern Wäldern am gewöhnlichsten vorkommenden Bäume solche Eigennamen abgeleitet sind. — Zur Zeit als die Familiennamen entstanden, bezeichnete man z B. mit dem Worte Lindner einen Mann, der eine große Linde besaß oder bei einer Linde wohnete, und der Name Lindner ist also der Bedeutung nach einerlei mit Lindemann; doch wurden beide Wörter mit der Zeit Benennungen zweier verschiedenen Familien. So auch Eichner und Eichmann, Weidner und Weidemann. — Auch hier ist also der Ausdruck eines gewissen Verhältnisses.

Sucht jetzt Benennungen männlicher Personen mit der Nachsylbe er auf, welche von Zeitwörtern abgeleitet sind!

K. Weber (von weben), Diener, Mahler, Spieler, Schwimmer, Dichter, Trinker, Arbeiter, Springer, Drechsler, Redner, Bildner, Läufer, Käufer, Schlächter, Näscher, Färber, Bäcker, Kämpfer, Mörder, Tänzer — Sänger, Ritter, Schnitter.

L. Wenn ihr von einfachen Zeitwörtern nicht mehre finden könnt, so werdet ihr noch eine bedeutende Zahl solcher hinzufügen können, die entweder von Zeitwörtern mit einer Vorsylbe oder von zusammengesetzten Zeitwörtern oder von Zeitwörtern, die erst bei der Ableitung mit einem andern Worte zusammengezogen werden, abgeleitet sind. Von ehren sagt man z. B. nicht ein Ehrer, aber von verehren bildet man Verehrer. Von hauen bildet man nicht Hauer, aber da man sagt: ein Bild (oder eine Bildsäule) hauen, so bildet man durch die Ableitung das zusammengesetzte Hauptwort Bildhauer. Solcher Beispiele sucht noch mehre auf!

K. Verehrer, Verächter — Ausleger, Vorleger — Bildhauer, Kupferstecher, Buchbinder, Glockengiesser, Seifensieder, Vogelsteller, Strumpfwirker, Uhrmacher, Leichenbitter — Vielschreiber, Liebhaber, Wahrsager — Fussgänger.

L. Erklärt auch einige solcher von Zeitwörtern abgeleiteten Hauptwörter!

K. Ein Weber ist ein Er (ein Mann), welcher webt.
Ein Diener ist ein Er, welcher dient.
Ein Glockengiesser ist ein Er, welcher Glocken giesst u. s. w.

L. Was bezeichnet hienach jedes dieser Wörter?

K. Jedes dieser Wörter bezeichnet einen Mann, welcher das, was das Zeitwort angibt, oft oder gewöhnlich thut.

L. Welche Veränderungen gehen mit diesen Wörtern bei der Ableitung vor?

K. In der Regel wird die Nachsylbe en des Zeitwortes blos weggelassen und dafür die Nachsylbe er gesetzt, welche das Wort zu einem Hauptworte macht. — Redner und Bildner, von reden und bilden, verbinden mit der Nachsylbe er noch ein n. — In der Wortsylbe verwandelt sich der Laut, wenn es angeht, gewöhnlich in seinen Umlaut; doch machen unter den einfachen Mahler, und unter den zusammengesetzten Bildhauer, Uhrmacher, Wahrsager und Liebhaber eine Ausnahme.

L. In Redner und Bildner mögt ihr es so ansehen, als wenn das n aus der Endsylbe des Zeitwortes mit hinüber genommen sey, und der Grund mag wohl in der Beförderung des Wohllautes liegen. — Woher kommen die Formen Sänger, Ritter, Schnitter — Fussgänger.

K. Hier ist die Ableitung, was sonst in der Regel nicht geschieht, von der einsylbigen und älteren Vergangenheitsform der Stammzeitwörter (sang, ritt, schnitt — gegang-en) gemacht.

L. Bemerkenswerth ist es hier noch, daß ihr auf diese Weise von reiten und schneiden zwei solcher Hauptwörter auf er erhaltet: Reiter und Ritter, Schneider und Schnitter. (Erklärt jedes dieser vier Wörter!) — Ursprünglich haben wahrscheinlich je zwei dieser Wörter, die zu verschiedenen Zeiten entstanden seyn mögen, dasselbe bedeutet. Da aber eine jede Sprache eine so unzählig große Menge von Gegenständen und Vorstellungen zu bezeichnen hat, so sucht man bald, wenn durch solche Umstände, wie hier angegeben sind, mehre ursprünglich gleichbedeutende Wörter neben einander entstanden sind, den vorhandenen Vorrath zu nutzen, und es knüpft sich dann an eine Verschiedenheit der Form auch eine Verschiedenheit der Bedeutung an. — Bei unseren ferneren Untersuchungen werden wir dies künftig noch oft bestätigt finden.

L. Jetzt sucht Benennungen von Thieren auf, die sich auf er endigen!

K. Eber, Widder, Puter, Kater, Ganser, Tauber — Taucher, Schröter, Hauer oder Keiler, Spiesser, Bullenbeisser, Baumläufer, Fliegenschnäpper, Honigsauger, Neuntödter, Steinbeisser, Menschenfresser; Bracher, Sander, Rogner, Milchner u. s. w.

L. Wenn ihr diese Wörter mit einander vergleicht, was für einen Unterschied bemerkt ihr in der Bedeutung und Bildung derselben?

K. Die ersten derselben von Widder bis Tauber sind Benennungen männlicher Thiere, und lassen sich nicht weiter ableiten; einige derselben aber entsprechen Benennungen weiblicher Thiere derselben Art, die sich dann (mit Ausnahme des Wortes Gans) auf e endigen: Kater, Katze; Puter, Pute; Tauber, Taube — Ganser, Gans.

Die Wörter Taucher, Schröter u. s. w. bis Menschenfresser bezeichnen Thiere, die ihrem natürlichen Geschlechte nach männlich oder weiblich sein können, deren Namen aber männliche Hauptwörter sind, weil man sie sich als männlich gedacht hat. Die Namen sind von Zeitwörtern abgeleitet, welche Handlungen ausdrücken, die diese Thiere gewöhnlich oder doch oft ausüben. — Die Namen Bracher (ein Vogel, der sich in der Brache oder im Brachfelde gewöhnlich zeigt), Sander (ein Fisch, der in Gewässern von sandigem Boden am häufigsten gesehen wird), Rogner und

Milchner oder Milcher (Fische, die entweder Rogen oder Milch enthalten) haben die vorhin angegebene Bedeutung, sind aber von Hauptwörtern abgeleitet.

L. Gebt jetzt Namen von leblosen Dingen an, welche sich auf er endigen!

K. Bohrer, Leuchter, Korkzieher, Klopfer, Zünder, Wecker u. s. w.

L. Erklärt mir wieder ganz kurz, was ein Bohrer, Leuchter etc. ist, indem ihr das Stammwort in die Erklärung aufnehmt!

K. Ein Bohrer ist ein Werkzeug, womit man bohrt. Ein Leuchter ist ein Werkzeug, womit man leuchtet u. s. w.

L. Indem ich nun ein solches Werkzeug einen Bohrer nenne, wie wird es hiebei dargestellt?

K. Gleichsam als ein männliches Wesen, welches jene Handlung selbst vollbringt.

L. Recht! Ein Bohrer ist gleichsam ein Er, der da bohrt; — ein Leuchter ist gleichsam ein Er, der da leuchtet. Unter §. 15. haben wir auf ähnliche Weise Benennungen von Werkzeugen gehabt, welche vermittelst der Nachsylbe e als weibliche Wesen dargestellt werden, die die von ihrem Stammworte benannte Handlung hervorbringen. — Sucht nun alle Benennungen solcher Werkzeuge auf, die ihr finden könnt, erst alle einfachen und dann alle zusammengesetzten!

K. Bohrer, Leuchter, Klopfer, Zünder, Wecker, Hammer (vom alten hammen d. h. schlagen), — Aufgeber, Bratenwender, Wasserbehälter. Weinheber, Nuſsknacker, Korkzieher, Zahnstocher, Hirschfänger, Mauerbrecher, Meilenzeiger, Sonnenmesser, Bettwärmer, Flintenkrätzer, Blitzableiter u. s. w.

L. Was für Sachnamen männlichen Geschlechtes, die sich auf die Nachsylbe er endigen, wißt ihr nun noch außerdem anzugeben?

K. Trichter, Schleier, Splitter, Finger, Donner, Pfeiler, Dünger, Anger, Eiter, Centner, Körper, Anker u. s. w.

L. Diese Wörter lassen sich nicht weiter ableiten, und daher läßt sich bei ihnen von der Sylbe er keine andere Bedeutung angeben, als daß durch sie diese Hauptwörter als männliche bezeichnet werden. Die drei letzten der angegebenen Wörter, Centner, Körper und Anker, stammen aus einer fremden Sprache, und über solche Wörter wollen wir nachher noch besonders reden.

Endlich sucht nun noch solche Hauptwörter auf er, welche unselbständige Dinge bezeichnen, also Gedankennamen auf er!

K. Fehler, Schimmer, Schauder, Wucher, Kummer, Hunger, Eifer, Schlummer, Jammer, Seufzer u. s. w.

L. In den meisten derselben ist die Endung er schon aus einem Zeitworte auf ern hergenommen, dessen Handlung sie als selbständig darstellen, und zu welchem sie sich verhalten, wie Fall zu fallen (§. 10.) z. B. eifern, Eifer. — Fehler und Seufzer sind von fehlen und seufzen. — Von einer weitern Bedeutung dieser Nachsylbe, außer der Bezeichnung des männlichen Geschlechtes, kann bei diesen Wörtern auch nicht die Rede sein.

Sucht nun auch alle Wörter auf er weiblichen und sächlichen Geschlechtes auf, deren Anzahl gegen die bisher gefundenen männlichen nur gering sein wird, und die daher als Ausnahmen zu betrachten sein werden. Schreibt aber nur solche auf, die ihr nach ihrem Ursprunge für ächt deutsche haltet; alle Wörter fremden Ursprungs auf er sondert von diesen ab!

K. Weiblich. Mutter, Tochter, Schwester, Feder, Otter, Natter, Leber, Mauer, Jungfer.

Sächlich: Vogelbauer, Futter, Fuder, Wasser, Feuer, Lager (von liegen in der Vergangenheitsform lag), und eine Anzahl sächlicher Hauptwörter mit der Vorsylbe ge, welche von Zeitwörtern auf ern herkommen, z. B. Geklapper (von klappern), Gezwitscher, Geschnatter, Geflister, Geflatter, Gewimmer u. s. w.

L. Das weibliche Wort Mauer ist wohl ursprünglich einsylbig gewesen, und in der Folge zur Erleichterung der Aussprache durch Einschiebung eines e zweisylbig geworden (im Plattdeutschen Muur, im Lateinischen mur-us). — Jungfer ist zusammengezogen aus Jungfrau, wie das männliche Junker aus Jungherr, und beide haben also eigentlich nicht die Nachsylbe er.

L. Endlich gibt es noch viele Hauptwörter auf er, welche aus einer fremden Sprache herkommen. Jede Sprache nimmt aus andern Sprachen Wörter auf, um Begriffe und Vorstellungen zu bezeichnen, wofür es ihr selbst noch an Namen fehlt; aber sie läßt dieselben dann gewöhnlich nicht unverändert, sonder wandelt sie insoweit um, daß sie den Ihrigen ähnlich werden. Da nun in der deutschen Sprache die Endung er eine der gewöhnlichsten Endungen ist, so hat man sehr viele fremde Wörter, die nur den Buchstaben r in ihrer Endung hatten, in Wörter mit der Nachsylbe er umgeändert und ihnen dadurch das Ansehen deutscher Wörter gegeben, oder wie man es zu nennen pflegt, ihnen das deutsche Bürgerrecht verliehen. Dabei hat man ihnen dann am gewöhnlichsten das Sprachgeschlecht gelassen, welches sie in der fremden Sprache hatten, und so sind auch viele Wörter weiblichen und sächlichen Geschlechtes, die sich auf er endigen, in die deutsche Sprache gekommen. —

Sucht jetzt solcher ausländischen Wörter so viele auf, als ihr nur finden könnt, und ordnet sie nach den drei Geschlechtern! Ich will dann jedesmal das Wort der fremden Sprache angeben, aus welchem das in die deutsche Sprache aufgenommene und abgeänderte Wort entstanden ist.

K. Männlich: Centner (L. fügt hinzu; centenarius), Kalender (calendarium), Alabaster (alabastrum), Pfeffer (piper), Ingwer (Zingiber), Salpeter (sal Petri), Zucker (saccharum), Puder (poudre), Koffer (coffre), Scepter (sceptrum), Körper (corpus, corpor-is), Anker (anchora) u. s. w.

Weiblich: Auster (ostrea), Viper (vipera), Fiber (fibra), Hyder (hydra), Kammer (camera), Ceder (cedrus), Kaper (capparis), Leier (lyra), Zither (cithara), Opera (opera), Ziffer (chiffre).

Sächlich: Kupfer (cuprum), Kloster (claustrum), Pflaster (emplastrum), Fieber (febris), Fenster (fenestra), Pulver (pulvis, pulver-is).

L. Ihr seht aus diesen Beispielen, daß man die verschiedenartigsten Endungen, als: arius, arium, rum, era, ris u. s. w. in die deutsche Endsylbe er verwandelt hat, wenn das fremde Wort überhaupt nur den Buchstaben r in seiner Endung hatte. Die so abgeänderten Wörter erhalten dadurch ganz das Ansehn deutscher Wörter und man kann von ihnen sagen, daß sie das volle deutsche Bürgerrecht erworben haben. In den meisten hat man zwar das Geschlecht beibehalten, welches sie in der fremden Sprache haben; doch gibt es auch hievon Ausnahmen, die zum Theil ganz willkührlich entstanden zu seyn scheinen, als: das Fenster, das Fieber, der Körper, der Anker u. s. w.

Jetzt faßt alles, was ihr über die Bedeutung und Bestimmung der Nachsylbe er zu sagen wißt, in gedrängter Kürze zusammen!

K. Die Nachsylbe er dient in ächt deutschen Wörtern ursprünglich zur Bildung solcher männlichen Hauptwörter, welche männliche Personen bezeichnen, und ist vielleicht aus dem Wörtchen er entstanden. Wenn das Stammwort ein Hauptwort ist, so bezeichnet es entweder den Gegenstand, worauf eine Handlung dieser männlichen Person gerichtet ist (Gärtner), oder einen Gegenstand, zu welchem diese männliche Person in einem gewissen Verhältnisse steht (Engländer, Stettiner, Lindner). Ist das Stammwort ein Zeitwort, so bezeichnet es die Handlung, welche diese männliche Person oft und gewöhnlich ausübt. — Nicht selten dient diese Endung zur Bildung von Thiernamen, welche entweder wirklich männliche Thiere bezeichnen oder männlich gedachte Thiere, welche diejenige Handlung verrichten, welche das Stammwort anzeigt. — Zuweilen dient sie zur Bildung solcher Namen von leblosen Dingen, wodurch gewisse Werkzeuge als männliche Wesen dargestellt werden, welche die Handlung vollbringen, die das Stammzeitwort angibt. — In einigen andern Fällen bildet sie theils Sachnamen, theils Gedankennamen, und hat darin keine andere Bedeutung, als daß sie solche Hauptwörter als männliche bezeichnet. — Nur selten findet sich diese Nachsylbe auch an weiblichen und sächlichen Hauptwörtern, welche dann als bloße Ausnahmen von der Regel zu betrachten sind. — — Bei Wörtern die aus einer fremden Sprache herstammen und dort in ihrer Endung ein r enthalten, dient diese Sylbe sehr häufig dazu, ihnen das Ansehn deutscher Wörter zu geben, und sie deutscher Biegungen fähig zu machen; dann wird aber das Geschlecht solcher Wörter nicht weiter berücksichtigt, und sie gehören fast eben so oft zum weiblichen und sächlichen als zum männlichen Geschlechte.

Anmerk. Da an diesen drei ersten Nachsylben hinreichend gezeigt zu seyn scheint, wie der Lehrer die Kinder auf entwickelndem Wege zur Einsicht in die Bedeutung einer Nachsylbe zu führen habe; so mag von jetzt an die Einkleidung des Vortrages in die Form einer Unterredung mit den Schülern aufhören, und der Inhalt des Vorzutragenden soll blos in derjenigen Reihenfolge der Sätze aufgestellt werden, welche für den Unterricht die angemessenste zu seyn scheint. Nur in einzelnen Fällen, und besonders zu Anfange der Abschnitte, wird noch zuweilen die Form einer Unterredung eintreten.

18.

Nachsylbe el.

Die Nachsylbe el mag in vielen Fällen ursprünglich aus der Nachsylbe er entstanden seyn und hat daher zwar mit ihr eine verwandte Bedeutung; es hat diese sich hier aber lange nicht so bestimmt entwickelt und festgestellt, als bei jener Nachsylbe. — Ueberhaupt sind die Buchstaben r und l nahe verwandt, wegen der Aehnlichkeit ihrer Bildung durch die Zunge; daher auch Kinder, welche die bei dem r erforderliche zitternde Bewegung der Zungenspitze nicht hervorzubringen vermögen, statt des r ein l zu sprechen pflegen. Beide Buchstaben kommen daher zuweilen auch in denselben Wörtern vor ohne Veränderung der Bedeutung, als: Mörsel und Mörser, Fächer und Fächel, Pardel und Parder, Marmor und Marmel, geränderte und gerändelte Dukaten, stammeln und stammern. In andern Fällen hat man, nachdem so zwei verschiedene ursprünglich gleichbedeutende Formen sich gebildet hatten, eine Verschiedenheit der Bedeutung daran angeknüpft, z. B. Knorren und Knollen, wandern und wandeln. — Auf diese Weise scheinen auch die beiden Nachsylben er und el in ihrer Bedeutung nach und nach immer weiter aus einander getreten zu seyn, und jetzt gibt es verhältnißmäßig nur noch eine geringe Anzahl von Wörtern, in welchen sich bei der jetzt stattfindenden Verschiedenheit die ursprüngliche Gleichheit noch nachweisen läßt.

Die Nachsylbe el findet sich jetzt

1) an Namen männlicher Personen, die aber dann fast alle zu Schimpfwörtern geworden sind, als: Schlingel, Flegel, Rekel, Tölpel, Lümmel, Bengel, Büttel, Rüpel, Nickel, Galgenschwengel. — Daher hat man auch Thiernamen, die sich auf diese Sylbe endigen, vorzugsweise zu Schimpfwörtern gewählt, als: Esel, Büffel, Ferkel,

Schweinigel, Gimpel; auch wohl Namen anderer Dinge, als Windbeutel. — Nur das Wort Weibel, welches als Personnamen ohne alle schlimme Nebenbedeutung gebraucht wird und bei uns sich in dem Worte Feldwebel erhalten hat, macht hievon eine Ausnahme.

2) an Namen von Thieren, die aber dann eben so oft männliche als weibliche Hauptwörter sind, nämlich

Männlich: die vorhin angeführten: Esel, Büffel, Igel, Gimpel — und außerdem: Hammel, Pudel, Aerpel, Vogel, Zobel, Schnäpel.

Weiblich: Drofsel, Amsel, Muschel, Hummel, Azel, Nassel.

Sächlich: Ferkel.

3) an Namen von leblosen Dingen und besonders von Werkzeugen; und hier zeigt sich in unserer Sprache ein merkwürdiger Beweis von der Wahrheit der vorhin aufgestellten Behauptung, daß, wenn irgendwo sich erst eine Verschiedenheit von Formen gebildet hat, wenn dieselben auch ursprünglich gleich gewesen seyn mögen, sich bald daran auch eine Verschiedenheit der Bedeutung anknüpft, indem man den vorhandenen Vorrath zur Bezeichnung verschiedener Vorstellungen benutzt. Es gibt nämlich eine beträchtliche Anzahl von Zeitwörtern, von deren jedem ein Hauptwort auf er und ein anderes auf el sich ableiten läßt. Dann bezeichnet das Hauptwort auf er eine männliche Person, welche die Handlung vollbringt, die das Stammwort angibt, das Hauptwort auf el aber ein Werkzeug, womit diese Handlung vollbracht wird; z. B.

Ein Klopfer ist ein Mann, welcher klopft.

Ein Klöpfel oder Klöppel ist das Werkzeug, womit geklopft wird.

Ein Schliefser ist ein Mann, welcher schliefst.

Ein Schlüssel ist ein Werkzeug, womit man schliefst.

Eben so unterscheiden sich: Stopfer und Stöpsel (anstatt Stöpfel), — Stecher (in Kupferstecher und Stachel oder Stichel (in Grabstichel) — Schläger und Schlägel — Decker und Deckel — Stöfser und Stöfsel — Werfer (etwa in Garbenwerfer) und Würfel, — Flieger (wenn man einen Vogel etwa einen Wolkenflieger nennte) und Flügel. Von denen auf el hängen mehre mit der Vergangenheitsform der Zeitwörter zusammen, als: Schlüssel, Würfel und Flügel; von stechen sind zwei Wörter auf el, von denen das eine, Stachel, mit der Vergangenheitsform, das andere, Stichel, mit der Befehlsform (stich) zusammenhängt.

Noch andere Namen von Werkzeugen auf el sind:

Männlich: Haspel, Nagel, Löffel, Scheffel, Knebel, Knüttel; Kittel, Meifsel, Kegel, Stiefel.

Weiblich: Geifsel, Hechel, Raspel, Angel, Gabel, Kugel, Schüssel, Fessel (von fassen).

4) Ehedem hat man durch diese Sylbe viele Verkleinerungswörter gebildet, zu deren Bildung der Buchstabe l überall viel gebraucht wird; in manchen Landschaften Deutschlands gebraucht man in der Sprache des gemeinen Lebens auch noch jetzt viele Verkleinerungswörter auf el. Manche dieser so entstandenen Wörter sind in der hochdeutschen Rede auch noch jetzt allgemein in Gebrauch, als: Bündel, ein kleines Bund; Mädel, eine kleine Magd; Stängel, eine kleine Stange; so auch: Büschel, Ringel, Gröschel, Kübel, Knöchel, Gürtel, Aermel. — Daß auch Mündel, Wiesel, Ferkel, Gipfel, Enkel, Hügel auf diese Art entstanden sind, ist zwar wahrscheinlich, läßt sich aber nicht mit Gewißheit darthun.

5) Manche Hauptwörter auf el sind Gedankennamen oder Abstracte, und gehören dann gewöhnlich mit Zeitwörtern auf eln zusammen. Wenn diese Hauptwörter keine Vorsylbe haben, so sind sie männlich, als: Frevel, Tadel, Handel, Kitzel, Wechsel, Schwindel, und verhalten sich zu ihren Zeitwörtern, wie sonst Hafs zu hassen, Lauf zu laufen nach §. 10. Wenn sie aber die Vorsylbe ge erhalten, so sind sie sächlich und zeigen gewöhnlich eine mehrmalige

Wiederholung einer Handlung, besonders eines Tones an, daher sie auch Wiederholungsnamen oder Iterative heißen, als: Gemurmel, Geriesel, Gewinsel, Getrommel, Gewimmel u. s. w.

6) In vielen Wörtern fremden Ursprunges ist die Nachsylbe el dadurch entstanden, daß man die ganze fremde Endung, wenn nur der Buchstabe l darin enthalten war, mit Beibehaltung dieses einzigen Buchstaben weggeworfen und sie in diese bekannte und gewöhnliche deutsche Endung verwandelt hat, so wie man nach §. 17. fremde Endungen, die nur den Buchstaben r enthielten, in die deutsche Nachsylbe er umgeändert hat. So ist diese Nachsylbe dann auch hier aus sehr verschiedenartigen fremden Endungen entstanden. Gewöhnlich hat man hier ebenfalls das Geschlecht beibehalten, welches jedes Wort in seiner Ursprache hatte, obgleich auch dabei Ausnahmen vorkommen:

Bsp. Männlich: Engel (angelus), Tempel (templum), Titel (titulus), Muskel (musculus), Artikel (articulus), Pinsel (penicellus), Zettel (schedula), Spiegel (speculum), Ziegel (tegula), Fenchel (foeniculum), Zirkel (circulus).

Weiblich: Bibel (biblia), Fabel (fabula), Tafel (tabula), Insel (insula), Formel (formula), Fistel (fistula), Regel (regula), Primel (primula), Kanzel (cancelli), Semmel (simila), Achsel (axilla), Pappel (populus), Mispel (mespilus).

Sächlich: Siegel (sigillum).

19.

Nachsylbe inn.

Diese Nachsylbe dient zur Bildung weiblicher Hauptwörter aus männlichen und bezeichnet überall das natürliche weibliche Geschlecht. Durch letzteres unterscheidet sie sich von der Nachsylbe e, welche größtentheils nicht das natürliche weibliche Geschlecht der Gegenstände, sondern nur das weibliche Sprachgeschlecht der Hauptwörter ausdrückt. Vgl. §. 15. — Es werden durch die Nachsylbe inn gebildet

1) vorzüglich Benennungen weiblicher Personen. Fast von allen männlichen Personnamen können dadurch weibliche gebildet werden, als: König, Königinn; Fürstinn, Hirtinn, Diebinn, Enkelinn, Feindinn, Nachbarinn u. s. w. Besonders können fast ohne Ausnahme von allen männlichen Personnamen auf er weibliche auf inn gebildet werden; wobei es merkwürdig ist, daß die Sylbe er, welche das männliche Geschlecht bezeichnet, dann nicht wegfällt, wie man wohl vermuthen möchte, sondern daß diese Sylbe bleibt und inn noch dazu angehängt wird, als: Mahler, Mahlerinn und nicht Mahlinn; Leser, Leserinn und nicht Lesinn; Dichterinn, Heuchlerinn, Träumerinn, Schnitterinn, Stettinerinn u. s. w. — (Hat die Sprache durch Beibehaltung dieses er vielleicht ausdrücken wollen, daß die Selbständigkeit des Menschengeschlechtes auf dem männlichen Geschlechte beruhe, und daß das weibliche Geschlecht nur in seiner Verbindung mit dem männlichen sein Bestehen habe?)

2) Benennungen einiger Thiere weiblichen Geschlechtes, vorzüglich jedoch nur bei größeren Thieren, oder bei solchen Thieren, bei denen der Geschlechtsunterschied wegen ihrer näheren Verbindung mit den Menschen mehr beachtet wird, als: Löwinn, Tiegerinn, Elephantinn, Bärinn, Eselinn, Wölfinn, Füchsinn, Luchsinn, Kameelinn (Jerem. 2, 24), Häsinn, Hündinn (statt Hirschkuh, wobei das entsprechende Wort zur Bezeichnung des männlichen Thieres nicht mehr im Gebrauche ist), und einige andere Thiernamen. — Die meisten Thiernamen leiden jedoch diese Umwandelung nicht, und dann muß das natürliche Geschlecht durch die Zusätze Männchen und Weibchen, Er und Sie, männlich und weiblich bezeichnet werden.

In Absicht auf die Bildung solcher abgeleiteten Wörter auf inn ist noch Folgendes zu bemerken:

Wenn das Stammwort auf e endigt, so wird dieses e weggeworfen, und die Endung inn unmittelbar an die Wortsylbe angehängt, als: Türke, Türkinn; Zeuge, Zeuginn; Bube, Bübinn.

Manche der so umgebildeten Wörter erhalten den Umlaut, als: Gräfinn, Göttinn, Schwägerinn, Köchinn, Närrinn, Thörinn, Bäuerinn; — andere nicht, als: Sachsinn, Mahlerinn, Einladerinn.

Wenn das männliche Personwort von einem Zeitworte auf ern herstammt und sich daher auf erer endigt, so fällt des Wohllautes wegen das eine er weg, als: Zauberer, Zauberinn statt Zaubererinn; Wucherer, Wucherinn st. Wuchererinn; Plauderinn, Lästerinn. — Wem die so gebildeten Wörter nicht gefallen, der muß sie ganz vermeiden und sich durch eine anderweitige Umschreibung ihres Sinnes zu helfen suchen.

Da übrigens bei der Verlängerung solcher Wörter auf inn (Freundinn, Freundinnen) das n allemal doppelt gehört wird, so muß es nach dem deutschen Schreibegebrauch auch am Ende der Wörter stets doppelt gesetzt werden.

Nach einem sonst ziemlich allgemeinen Gebrauche hing man diese Nachsylbe auch an Eigennamen, wenn man weibliche Personen bezeichnen wollte, z. B. die Schulzinn, die Baumanninn; bei uns (in Pommern) wird diese Nachsylbe beim Sprechen im gemeinen Leben gewöhnlich so abgekürzt, daß sie wie en klingt, z. B. die Schulzen, Baumannen, Weissen. Dieser Gebrauch der Nachsylbe ist jetzt völlig veraltet und muß daher vermieden werden, indem man durch anderweitige Zusätze das Geschlecht andeutet, wo es erforderlich ist, z. B. Frau Schulz, Jungfrau Baumann, Emilie Weiss u. dgl.

Anhang. In mehren Fällen werden die beiden Geschlechter durch besondere Wörter bezeichnet, und zuweilen ist dann neben zweien solcher Wörter noch ein drittes vorhanden, welches dann gebraucht wird, wenn man das Geschlecht unbezeichnet lassen will, als: Vater, Mutter (Eltern) — Sohn, Tochter (Kind). — Bruder, Schwester (Geschwister, welches jedoch wie Eltern nur in der Mehrheit gebraucht wird) — Oheim, Base oder Tante — Vetter, Muhme — Neffe, Nichte, — Herr, Frau — Knecht, Magd (Gesinde) — Junker — (aus Jungherr zusammengezogen), Fräulein. — — —

Hengst, Stute (das Pferd) — Stier oder Bulle, Kuh und Färse (das Rind, was aber jetzt gewöhnlich in veränderter Bedeutung gebraucht wird) — Bock, Ziege — Widder oder Schafbock, Schaaf (ist ein sächliches Hauptwort, womit man aber theils das natürliche weibliche Geschlecht dieser Thierart, theils die ganze Thierart, wenn man das Geschlecht unbestimmt lassen will, bezeichnet). — Eber oder Beier, Sau oder Bache (das Schwein) — Hirsch, Hirschkuh oder Hindinn — Rehbock, Ricke, — Gänserich oder Ganser, Gans — Täuberich oder Tauber, Taube — Enterich oder Aerpel, Ente — Hahn, Henne (das Huhn). —

20.

Nachsylbe lein.

Diese Nachsylbe, welche vielleicht aus dem Worte klein selbst ihren Ursprung haben mag, dient zur Bildung von Verkleinerungswörtern oder Diminutiven aus Hauptwörtern. Merkwürdig ist überhaupt der Gebrauch des Buchstaben l zur Bildung von Verkleinerungswörtern, der nicht blos im Deutschen bei Hauptwörtern (el und lein), Eigenschaftswörtern (lich) und Zeitwörtern (el, säuseln) wiederkehrt, sondern sich auch in andern Sprachen findet (z. B. im Lateinischen libellus, lunula), und der auf ein Naturverhältniß hindeutet, indem vielleicht der unkräftigere mildere Klang des l gegen den volleren und rauheren Klang des r ihn zur Bezeichnung des Kleinen geeignet machte. — Die Nachsylbe lein wird aber zur Bildung solcher Verkleinerungswörter viel seltener gebraucht, als die folgende Nachsylbe chen; mehrentheils gebraucht man bei uns die auf lein gebildeten Verkleinerungswörter nur in der höheren, oder in der scherzhaften und etwas tändelnden Rede, als: Kindlein, Männlein, Fräulein, Kämmerlein, Söhnlein, Blümlein.

Die so gebildeten Wörter erhalten dann allemal den Umlaut, gleichsam als wenn der höhere und spitzere Ton dieses Lautes auch noch dazu beitragen sollte, die Verkleinerung anschaulicher zu machen. — Knäblein, Röselein, Büchlein, Sträufslein, Väterlein, Mütterlein, Zünglein u. s. w.

Von Wörtern auf e und en wird diese Endung vorher abgeworfen, als; Fähnlein, Knäblein, Fünklein, Häuflein, Gärtlein, Knöchlein, Kästlein.

Endigt sich das Stammwort auf die Ableitungssylbe el, so fällt das eine l weg, als Vögelein (nicht Vögellein), Kügelein, Engelein. Gehört aber das l zur Wurzel, so gebraucht man lieber die Verkleinerungssylbe chen, als: Seelchen (nicht Seellein), Mäulchen, Stühlchen, Schnällchen.

Uebrigens sind alle Verkleinerungswörter, sowohl auf lein als auf chen, sächlichen Geschlechtes. An kleinen Gegenständen wird das Geschlecht, auch wenn es da ist, oft nicht erkannt, und sie erscheinen für die menschliche Beobachtung daher als geschlechtlos; und so scheint man auch diese Umwandelung des Sprachgeschlechtes der Wörter als ein Mittel gebraucht zu haben, um den Begriff der Kleinheit in der Sprache äußerlich nachbildend darzustellen.

21.

Nachsylbe chen.

Diese Nachsylbe dient, wie die vorige zur Bildung von Verkleinerungswörtern oder Diminutiven aus Hauptwörtern, und kann fast bei allen Hauptwörtern angewandt werden, deren Bedeutung den Begriff der Verkleinerung überhaupt nur zuläßt. Man bildet solche Verkleinerungswörter in doppelter Absicht, theils um den Gegenstand, welchen das Stammwort benennt, als einen kleinen zu bezeichnen, als: Steinchen, Häuschen, Stöckchen, Blümchen; — theils um in Hinsicht auf ihn auf eine vertrauliche, liebkosende oder auch wohl scherzhafte Weise zu reden, da man kleine Gegenstände, welche dabei nur nicht zu tief unter dem ihrer Art gewöhnlichen Maaße stehen, und welche zugleich wohlgebildet sind, in der Regel mit Wohlgefallen betrachtet. Daher gebraucht man solche Verkleinerungswörter auf chen vorzüglich in liebkosender Anrede, als: Väterchen, Brüderchen, Seelchen, Herzchen, Freundchen u. s. w. In der vertraulichen Rede werden ganz besonders Vornamen von Kindern, die man anredet, mit dieser Nachsylbe umgebildet, als: Carlchen, Gustchen, Carolinchen etc. — wobei leicht noch andere Abkürzungen und Umänderungen, wodurch der Name nicht selten ganz entstellt wird, vorgenommen werden, als Lottchen statt Charlotte, Lieschen st. Louise oder auch statt Elisabet.

Auch die mit dieser Nachsylbe gebildeten Verkleinerungswörter erhalten, wo es angeht, allemal den Umlaut, um die Verkleinerung dadurch noch mehr zu veranschaulichen, als: Faſs, Fäſschen; Stöckchen, Männchen, Wäldchen, Stündchen u. s. w. — Nur Vornamen erhalten bei Annahme dieser Sylbe bald den Umlaut, bald nicht, als: Hänschen, Fränzchen, Klärchen, Röschen, Dörtchen, — Carlchen, Hannchen, Malchen, Lorchen, Lottchen, Julchen.

Die Nachsylben e und en werden vor Anhängung der Sylbe chen abgeworfen, als; Katze, Kätzchen; Bübchen, Entchen, Stübchen, Fähnchen; — Garten, Gärtchen, Kästchen, Häkchen, Läppchen u. s. w. — Manche Wörter auf en gestatten jedoch diese Umbildung gar nicht, z. B. Ofen, Laden u. a. — Ableitungssylben von bestimmterer Bedeutung bleiben auch bei Anhängung der Sylbe chen, als: Beutelchen, Schüsselchen, Becherchen. — Aus Magd wird Mädchen (vom alten Maid oder Mäd), wobei aber der Begriff der Verkleinerung ganz verloren gegangen ist.

Endigt sich das Stammwort auf die Kehlbestimmungen g oder ch, so gebraucht man zur Vermeidung des durch das Zusammenkommen zweier so ähnlich gebildeten Lautbestimmungen entstehenden Uebellautes lieber die Nachsylbe lein, als: Krüglein (nicht Krügchen), Büchlein, Bächlein, Strichlein. In der vertraulichen Sprechart hängt man dem Stammworte auch wohl erst die Sylbe el an, die an sich schon eine Verkleinerung anzeigt (§. 18.), und fügt dann noch die Sylbe chen hinzu, wodurch dann eine noch größere Verkleinerung ausgedrückt wird, als: Büchelchen, Sächelchen, Dingelchen, Sprüchelchen.

Bei den Hauptwörtern, welche die Mehrheit auf er bilden, wird zuweilen die Mehrheit noch besonders verkleinert, als: Häuschen und Häuserchen, Kräutchen und Kräuterchen, Bändchen und Bänderchen, Ländchen und Länderchen, Körnchen und Körnerchen; doch geschieht auch dies mehrentheils nur in der vertraulichen Sprechart und darf in der edlern Sprechweise nicht nachgeahmt werden, wenn es nicht absichtlich zur Nachbildung der ersteren geschieht.

Wenn diese Verkleinerungsform nicht wohl angewandt werden kann, weil dadurch ein Uebellaut oder eine Zweideutigkeit entstehen würde, so muß man sich lieber durch Umschreibung vermittelst des hinzugefügten Wortes klein helfen. Statt Oefchen oder Oefenchen sagt man des

Uebellautes wegen lieber kleiner Ofen; statt Bärchen der Zweideutigkeit wegen lieber kleiner Bär, da sonst leicht eine Verwechselung mit Beerchen von Beere entstehen könnte.

Auch die Verkleinerungswörter auf chen sind aus dem §. 20. am Schluße angeführten Grunde alle sächlichen Geschlechtes.

22.

Nachsylbe ling.

Auch diese Nachsylbe scheint ursprünglich zur Bildung von Verkleinerungswörtern gedient zu haben, und mag aus der Sylbe lein, die sonst lin gesprochen wurde, entstanden sein. Noch jetzt bezeichnen die Hauptwörter, welche sich auf diese Sylbe endigen, größtentheils entweder kleine oder junge Gegenstände, welche das an sich haben, was das Stammwort anzeigt, oder Personen und Sachen, deren Namen mit einem gewissen Nebenbegriffe des Fehlerhaften, und daher Tadelnswerthen und Verächtlichen angeführt werden, da kleine Gegenstände, deren Größe unter dem für ihre Art sonst gewöhnlichen Maaße steht, dadurch für ihre eigentliche Bestimmung oft unbrauchbar werden, und daher nicht selten mit Verachtung und Geringschätzung betrachtet werden. Nur in wenigen Wörtern ist der Begriff der Verkleinerung gar nicht mehr erkennbar. — Zu den Hauptwörtern auf ling gehören hienach:

1. Wörter, welche etwas bezeichnen oder ursprünglich bezeichnet zu haben scheinen, was von Natur klein oder jung ist.

1) Menschen, also kleine oder junge Menschen, als: Jüngling, Zögling, Lehrling, Pflegling, Zwilling, Drilling, Täufling, Säugling, Fündling, Siechling und Sterbling (beide von Kindern gebraucht, die kränkeln und deren Tod daher wahrscheinlich ist), Liebling (ursprünglich auch wohl von Kindern gebraucht).

2) Thiere, kleine oder junge Thiere, als: Spätling, Jährling (von Schaafen, die ein Jahr alt sind), Erstling (eigentlich von Früchten, dann auch wohl von Menschen gebraucht), Frischling (junges wildes Schwein), Nestling (ein junger Vogel, der noch im Neste sitzt), Aestling (ein junger Vogel, der schon von einem Aste zum andern fliegen kann), Hänfling, Sperling; Gründling, Breitling, Stecherling oder Stichling (kleine Fische); Schmetterling, Aemmerling (Vogel), Bückling (geräucherter Häring — vielleicht statt Bökelling von pökeln oder bökeln, weil sie vor dem Räuchern in Salzwasser gelegt werden).

3) Pflanzen, junge Pflanzen oder Pflanzentheile als: Wildling, Sprölsling (auch auf Menschen übertragen), Schöfsling, Schnittling, Setzling, Herling (wahrscheinlich statt Herbling, junge herbe Weintraube), Schierling.

4) Kleine leblose Dinge, als: Häckerling (geschnittenes Stroh, von hacken), Vierling und Sechsling (kleine Geldstücke im Werthe von 4 oder 6 Pfennigen), Kiesling (kleiner Kieselstein), Däumling (Bedeckung des Daumes an Handschuhen), Füfsling (Bedeckung des Fufses an Strümpfen) — Rautling (eine Art Viereck in der Raumlehre, sonst Rhomboide genannt).

II. Wörter, welche ihren Gegenstand mit dem Nebenbegriffe des Fehlerhaften und daher Tadelnswerthen benennen, und daher auch den Verkleinerungswörtern beigezählt werden können. Weichling, Wollüstling, Schwächling, Sonderling, Höfling, Neuling, Emporkömmling, Dichterling, Wettling, Wüstling, Süfsling, Feigling, Kärgling, Miethling.

Manche solcher Wörter hangen mit Zeitwörtern auf eln zusammen, welche an sich schon eine Verkleinerung anzeigen und den Nebenbegriff des Fehlerhaften und Tadelnswerthen in sich schließen, als: Andächtling von andächteln d. h. eine falsche oder erheuchelte Andacht beweisen, Frömmling von frömmeln d. h. auf eine verstellte und erheuchelte Art sich fromm darstellen, Witzling (der Witz zeigen will, ohne es in Wahrheit zu vermögen), Klügling, Schwindling.

III. Wörter, in welchen der Begriff der Verkleinerung oder der Nebenbegriff des Fehlerhaften und Tadelnswerthen, der ursprünglich vorhanden gewesen sein mag, entweder ganz oder doch fast ganz verloren gegangen ist, und die daher jetzt nur noch eine Person oder einen Gegenstand bezeichnen, an welchem dasjenige vorhanden ist oder vorgeht, was das Stammwort anzeigt, als: Günstling, welcher die Gunst eines andern genießt, nicht selten mit einem Nebenbegriff des Tadels, wodurch auf einer Seite partheiische Vertheilung der Gunst, auf der andern Erwerbung der Gunst durch unrechte Mittel angedeutet wird. — Fremdling, ein Mensch, der aus der Fremde gekommen ist, im uneigentlichen Sinne oft mit dem Nebenbegriffe des Tadels, wenn man z. B. von jemandem sagt: er ist ein Fremdling in einer Sache. — Frühling, die frühe Zeit des Jahres. — Ferner: Ankömmling, Abkömmling, Nachkömmling, Flüchtling.

Alle Wörter auf ling sind männlichen Geschlechts, und daher ist diese Sylbe auch häufig zur Bildung deutscher Familiennamen benutzt worden, z. B. Dörfling, Gundling.

23.

Nachsylbe ung.

Durch diese Nachsylbe können von sehr vielen Zeitwörtern Hauptwörter gebildet werden, deren jedes den Begriff des Zeitwortes als einen selbständig gedachten Gegenstand darstellt. Ihre ursprüngliche Bestimmung scheint gewesen zu seyn, ein Handeln in Beziehung auf einen als leidend gedachten Gegenstand selbständig darzustellen, z. B. Erziehung der Kinder, Erbauung der Stadt; nächstdem bezeichnete man damit auch das durch eine solche Handlung bewirkte z. B. Rechnung, Pachtung; endlich hat man sie auch zur abstracten Bezeichnung eines jeden Zustandes, der durch ein Zeitwort ausgedrückt wird, angewandt, z. B. Entstehung, Verwesung.

Bei der Bildung dieser Hauptwörter wird vom Stammzeitworte die Nachsylbe en weggelassen und dafür ohne weitere Veränderung ung angehängt. Nur in sehr wenigen Fällen geht zugleich eine Veränderung des Lautes vor, z. B. nähren, Nahrung (wobei der ungewöhnliche Uebergang des ä in a bemerkenswerth ist); lohnen, Löhnung. Sehr oft kann man von einem Zeitworte, so lange es einfach ist, diese Ableitung nicht machen; aber zusammengesetzt oder mit einer Vorsylbe versehen verstattet es dieselbe sehr wohl. So können z. B. von den Wörtern, leben, hören, sehen, stehen zwar nicht die Hauptwörter Lebung, Hörung, Sehung, Stehung gebildet werden, wohl aber von den Zeitwörtern beleben, anhören, vorsehen, entstehen die Hauptwörter Belebung, Anhörung, Vorsehung, Entstehung. — Derselbe Fall tritt bei folgenden Hauptwörtern ein: Bearbeitung, Verarbeitung, Beantwortung, Bedienung, Verehrung, Erbauung, Abdankung, Verfolgung, Verfluchung, Genugthuung, Loslassung, Urbarmachung, Vergebung, Eingebung, Wahrnehmung und bei vielen anderen. Sogar von den Hülfszeitwörtern haben, werden und sein, für welches letztere sonst das jetzt veraltete Zeitwort wesen gebraucht wurde, bildete sich in der Zusammensetzung Handhabung, Menschwerdung und Verwesung. — Manche Zeitwörter geben so in der Zusammensetzung sehr viele Hauptwörter auf ung; z. B. von setzen, wovon man Setzung nicht leicht sagt, kommen folgende zusammengesetzte und abgeleitete Hauptwörter auf ung her: Besetzung, Versetzung, Entsetzung, Ersetzung, Zersetzung, Absetzung, Ansetzung,

Aussetzung, Fortsetzung, Zusammensetzung, Zeichensetzung u. a. m.

Noch jetzt werden vermittelst der Nachsylbe ung oft neue Hauptwörter gebildet, und zuweilen werden dadurch ganze Wortverbindungen in ein einziges Hauptwort verwandelt, z. B. Auseinandersetzung, Schadloshaltung, Gütervertheilung u. a.

Einige wenige Hauptwörter auf ung kommen nicht von Zeitwörtern her, als: Waldung von Wald, Holzung von Holz, Stallung von Stall, Mündung von Mund (wenn nicht vom Zeitworte münden, z. B. der Fluß mündet sich ein); Theurung vom Eigenschaftsworte theuer, Niederung vom Eigenschaftsworte nieder.

Alle Hauptwörter auf ung sind weiblich, mit Ausnahme des einzigen Hornung (Name des Monates Februar), dessen Ableitung dunkel ist, und bei welchem auch schon die ungewöhnliche Lage des Accentes auf der letzten Sylbe darauf hindeutet, daß es auf eine andere Art entstanden sey.

24.

Nachsylbe heit.

Vermittelst dieser Nachsylbe werden Gedankennamen (Abstracte) von Eigenschaftswörtern gebildet, welche Eigenschaften als selbständige Dinge darstellen, z. B. Klugheit, Schönheit u. s. w. — Die Ableitung geschieht durch bloße Anhängung dieser Sylbe an die Eigenschaftswörter, ohne daß anderweitige Veränderungen mit diesen Wörtern vorgehen. — Die Hauptwörter auf heit kommen her

1) am häufigsten von Eigenschaftswörtern, und zwar
   a) größtentheils von solchen Eigenschaftswörtern, welche Wurzelwörter sind, als: Klug-heit, Schönheit, Freiheit, Kühnheit, Falschheit, Blindheit, Grobheit, Hoheit (st. Hochheit oder Hohheit), Klarheit, Einheit, Kleinheit, Schlau-

heit, Leerheit, Faulheit, Feinheit, Krankheit, Tollheit,

b) seltener von Eigenschaftswörtern, die schon Ableitungssylben haben, als: Sicherheit; Dunkelheit; Albernheit, Schüchternheit, Nüchternheit, Lüsternheit, Trockenheit, Seltenheit, Gesundheit. — Diese Beispiele zeigen, daß sie sich am häufigsten noch mit der Nachsylbe en verbindet.

c) häufig von Mittelwörtern oder Participien (§. 7. n. 8 Anm.), als: Gewogenheit, Ergebenheit, Verlegenheit, Verworrenheit, Besonnenheit, Unverdrossenheit, Verschwiegenheit, Erfahrenheit, Beschaffenheit; Verzagtheit, Gewandtheit, Geneigtheit.

2) einige wenige von Hauptwörtern, wenn die wesentlichen Eigenschaften eines Dinges als etwas selbständiges bezeichnet werden sollen, als Gottheit, Menschheit, Mannheit, Narrheit, Schalkheit, Thorheit, Kindheit, Christenheit.

3) von einem Zeitworte das einzige Wissenheit mit seinen beiden Zusammensetzungen Allwissenheit und Mitwissenheit (wie es scheint statt Wissendheit).

Alle diese Hauptwörter auf heit sind weiblich.

Wie der einer jeden Sprache inwohnende besondere Bildungstrieb jederzeit dahin strebt, verschiedene Formen, die sich gebildet haben, auch zu benutzen, um verschiedene Vorstellungen daran zu knüpfen und dadurch jedes Wort gleichsam eigenthümlich zu beleben, zeigt sich auch hier an einigen Beispielen. Die beiden Wörter Höhe und Hoheit bezeichnen ursprünglich gewiß einerlei, da die Nachsylben e und heit bei Eigenschaftswörtern gleiche Bestimmung und Bedeutung haben; jetzt gebraucht man Höhe mehr im eigentlichen Sinne von der Ausdehnung nach oben, Hoheit mehr im uneigentlichen Sinne bei der Anwendung auf geistige

Dinge und Verhältnisse, z. B. Hoheit der Mienen, der Gesinnungen. Weniger erkennbar ist diese Verschiedenheit jetzt in den Wörtern Schwäche und Schwachheit; aber ein Auseinandertreten derselben nach ihrer Bedeutung ist doch auch bei ihnen jetzt schon spürbar.

25.

Nachsylbe keit (igkeit).

Sie dient wie die vorhergehende zur Bildung von Gedankennamen aus Eigenschaftswörtern, und ist vielleicht nur durch eine härtere Aussprache der Sylbe heit entstanden: heit, cheit, keit. Beide sind von völlig gleicher Bedeutung und über die Anwendung der einen oder der anderen scheint nur der Wohllaut entschieden zu haben; jedoch ist die Anzahl der Wörter auf keit beträchtlich größer als die derer auf heit; auch leitet erstere ganz ausschließlich von Eigenschaftswörtern ab, da wir mit der Sylbe heit auch einige Ableitungen von Hauptwörtern gefunden haben. Jetzt ist bei der Ableitung Folgendes zu beachten:

1) An Wurzelwörter wird keit nie unmittelbar angehängt, weil dadurch gewöhnlich ein unangenehmes Zusammentreffen harter Lautbestimmungen eintreten würde. Wenn von einem Eigenschaftsworte, das ein Wurzelwort ist, eine Ableitung auf keit gemacht werden soll, so wird vorher noch die Sylbe ig eingeschoben, und dadurch die Härte, welche sonst entstehen würde, gemildert. Da man das Beieinanderseyn der beiden Sylben igkeit auch sonst schon in der Sprache gewohnt ist, weil viele Eigenschaftswörter sich auf ig endigen, deren Abstracte dann mit keit gebildet werden (Billigkeit, Freudigkeit), so hat man zur Milderung der Härte gerade diese Sylbe ig gewählt, welche in diesem Falle bedeutungslos und nur des Wohlklanges wegen da ist. — Leicht-ig-keit, Dreist-ig-keit, Frömm-ig-keit, Festigkeit, Mattigkeit, Feuchtigkeit u. a. — Wenn das Stammwort

sich auf ein milderndes e endigt, so fällt dieses vorher weg, als: blöde, Blödigkeit; Müdigkeit, Bangigkeit. —. Von los bildet man zwar nicht Losigkeit, wohl aber die zusammengesetzten Wörter Schlaflosigkeit, Sorglosigkeit, Gottlosigkeit u. a.

2) An die Eigenschaftswörter auf er und el wird die Sylbe keit ohne weitere Veränderung angehängt, als: Bitterkeit, Tapferkeit, Munterkeit, Sauberkeit, Lauterkeit; Uebelkeit, Eitelkeit. — Welche von diesen Wörtern keit annehmen, wie die vorhergehenden, und welche dagegen heit annehmen, wie Sicherheit und Dunkelheit, wird lediglich durch den Sprachgebrauch bestimmt.

3) An die Eigenschaftswörter auf ig, lich, bar und sam wird keit ebenfalls ohne weitere Veränderung angehängt, wie folgende Beispiele zeigen:

ig - Flüssigkeit, Heiligkeit, Billigkeit, Ueppigkeit, und die blos in der Zusammensetzung gebräuchlichen: Barmherzigkeit, Vollblütigkeit, Halsstarrigkeit, Freigebigkeit u. a.

lich - Fröhlichkeit, Gründlichkeit, Vertraulichkeit, Häſslichkeit, Freundlichkeit u. a.

bar - Brauchbarkeit, Dienstbarkeit, Kostbarkeit, Strafbarkeit, Fruchtbarkeit, Untheilbarkeit, Unzerstörbarkeit.

sam - Achtsamkeit, Arbeitsamkeit, Aufmerksamkeit, Grausamkeit, Furchtsamkeit, Langsamkeit, Sparsamkeit, Biegsamkeit.

4) An die Eigenschaftswörter auf haft wird erst die Nachsylbe ig angehängt und dann keit hinzugesetzt, ebenfalls um das übeltönende Zusammentreffen der harten Lautbestimmungen t und k zu verhüten, als: Herzhaftigkeit, Gewissenhaftigkeit, Ernsthaftigkeit, Standhaftigkeit, Dauerhaftigkeit.

5) Eigenschaftswörter auf en nehmen nie keit, sondern immer nur heit an, als: Seltenheit, Ebenheit. Dagegen nehmen Eigenschaftswörter auf bar, ig, lich, sam und haft nur keit an. — Von Eigenschaftswörtern mit den

Nachsylben isch und icht lassen sich weder Hauptwörter auf heit noch auf keit bilden; denn Frischheit und Dichtheit können nicht hieher gezählt werden, da die Endungen isch und icht in ihnen nicht Nachsylben sind, sondern zur Wurzel gehören.

Manche Eigenschaftswörter verstatten beide Ableitungen, aber die dadurch entstandenen Hauptwörter haben dann gewöhnlich verschiedene Bedeutungen, als: Kleinheit und Kleinigkeit, Feuchtheit und Feuchtigkeit, Süſsheit und Süſsigkeit, Neuheit und Neuigkeit, Fettheit und Fettigkeit, Mattheit und Mattigkeit.

L. Gebt mir den Unterschied zwischen jeden zwei dieser Wörter nach ihrer Bedeutung an, und was ihr daraus für Folgerungen ziehen möchtet!

K. Kleinheit bezeichnet die Eigenschaft, daß etwas klein ist; Kleinigkeit bezeichnet gewöhnlich eine kleine Sache. —

Neuheit bezeichnet die als selbständig gedachte Eigenschaft, daß etwas neu ist; Neuigkeit bezeichnet neue Nachrichten, Gerüchte u. dgl. — Feuchtheit bezeichnet die als selbständig gedachte Eigenschaft, daß etwas feucht ist; Feuchtigkeit bezeichnet oft zwar eben dasselbe, oft aber auch Dinge welche feucht sind, als feuchte Dünste, wenn man z. B. sagt: es ist viel Feuchtigkeit in der Luft. — Aehnlich ist es mit Süſsheit und Süſsigkeit (das Kind liebt Süßigkeiten d. i. süße Dinge); mit Fettheit und Fettigkeit (ich kann Fettigkeiten d. i. fette Speisen nicht ertragen). Hienach bezeichnet man mit den Hauptwörtern auf heit die Eigenschaften selbst, wenn sie als selbständig gedacht werden; mit den Hauptwörtern auf keit bezeichnet man oft aber auch Dinge, welche diese Eigenschaft an sich tragen und machte sie dadurch wieder zu Sachnamen. — Nur Mattheit und Mattigkeit scheinen jetzt noch fast ganz gleichbedeutend zu sein.

L. In anderen Fällen können zwar auch von ein und

eben derselben Wurzel Gedankennamen auf heit und keit abgeleitet werden; aber es geschieht, indem zugleich noch andere Nachsylben, welche eigentlich die Verschiedenheit der Bedeutung bewirken, an diesen Wurzeln hangen. Dahin gehören schon die Hauptwörter Einheit und Einigkeit, welche sich eben so unterscheiden, wie die Eigenschaftswörter ein und einig; ferner: Zartheit und Zärtlichkeit, Schwachheit und Schwächlichkeit, Wahrheit und Wahrhaftigkeit, Mannheit und Männlichkeit, Menschheit und Menschlichkeit, Reinheit und Reinlichkeit u. s. w.

Uebt euch darin, euch die Unterschiede dieser Wörter deutlich zu machen, indem ihr, wie vorher, kurze Erklärungen von ihnen angebt!

26.

Nachsylbe schaft.

Diese Sylbe ist offenbar aus dem Worte schaffen entstanden, steht daher einer Wortsylbe noch sehr nahe, und hat bei der Aussprache auch einen halben Accent. Durch sie werden Hauptwörter von anderen Hauptwörtern, in seltenen Fällen von Eigenschaftswörtern, gebildet, welche theils Gesammtnamen oder Collective, theils Gedankennamen oder Abstracte sind.

1) Gesammtnamen, durch welche eine Vielheit von Gegenständen als ein Ganzes dargestellt wird. Um diese Bedeutung der Sylbe festzuhalten, mögen wir an ihren Ursprung aus dem Worte schaffen, wenn es so viel heißt als anordnen, denken, in welchem Sinne es 1. Cor. 7, 17 heißt: „So schaffe ich es in allen Gemeinden." — Bürgerschaft (viele Bürger zu einem Ganzen geordnet), Sippschaft (viele Sippen d. h. Verwandte zu einem Ganzen geordnet), Gesellschaft, Brüderschaft, Verwandtschaft, Judenschaft, Priesterschaft, Kaufmannschaft, Geräthschaft, Baarschaft, Wissenschaft, Mannschaft — Dorfschaft (alle

Einwohner eines Dorfes als ein Ganzes gedacht), Grafschaft (alles was einem Grafen zugehört als ein Ganzes), Herrschaft, Statthalterschaft, Völkerschaft, Erbschaft.

2) Gedankennamen (Abstracte), durch welche die wesentlichen Eigenschaften einer Person oder einer Sache als ein einziges selbständiges Ding dargestellt werden. Um die Sylbe schaft in dieser Bedeutung festzuhalten, mögen wir hier an ihren Ursprung aus dem Worte schaffen denken, wenn dies so viel heißt als hervorbringen oder machen, als:

Freundschaft (alles dasjenige an einem Menschen, was ihn zu einem Freunde macht), Gastfreundschaft (diejenigen Eigenschaften eines Menschen, wodurch er ein Gastfreund wird), Feindschaft, Vormundschaft, Befehlshaberschaft, Meisterschaft, Knechtschaft, Unterthanschaft, Kindschaft, Pilgerschaft, Wanderschaft, Gemeinschaft, Eigenschaft, Endschaft, Bereitschaft, Bürgschaft.

Nicht selten werden solche Hauptwörter in beiden angegebenen Bedeutungen gebraucht, z. B. die Kaufmannschaft erlernen; er gehört zur Kaufmannschaft. Eben so die Wörter Freundschaft (Freundschaft ist ein köstlicher Schatz — er gehört zu meiner Freundschaft), Herrschaft, Jüngerschaft, Bekanntschaft, Wirthschaft, Verwandtschaft.

Die Wörter auf schaft sind alle weiblich. Von dem Worte Gesellschaft läßt sich durch Hinzufügung der Nachsylbe er ein neues männliches Personwort, Gesellschafter, bilden.

27.

Nachsylbe ei.

Diese Nachsylbe, welche die Stelle der griechischen Endung eia, der lateinischen Endung ia und der französischen Endung ie vertritt, scheint fremden Ursprungs und aus jenen fremden Endungen entstanden zu sein, worauf auch schon die bei deutschen Nachsylben ganz ungewöhnliche Lage des

Accents hindeutet. Sie scheint zuerst gebraucht worden zu sein, um vermittelst ihrer fremde Wörter in die deutsche Sprache aufzunehmen, und ist nachher nach der Aehnlichkeit mit den so gebildeten Wörtern auch Wörtern deutschen Ursprungs angehängt worden. Wir unterscheiden daher bei unserer Betrachtung dieser Sylbe die fremden Wörter von den Wörtern deutschen Ursprunges.

1) Bei der Aufnahme fremder Wörter in die deutsche Sprache vermittelst dieser Sylbe ist man sich nicht überall gleich geblieben; denn in manchen Fällen hat man die ursprünglich französische Endung ie auch in die Deutsche Sprache herübergenommen, weil bei der allgemeinen Verbreitung der französischen Sprache solche Wörter, wenn sie auch aus andern Sprachen herstammen, doch zunächst durch jene Sprache zu uns gekommen sind, als: Philosophie, Phantasie, Melancholie; — in anderen Fällen hat man ihnen im Deutschen die Endung ei gegeben, als: Tyrannei, Polizei, Sakristei. In seltenen Fällen gebraucht man noch beide Endungen, als Melodie und Melodei, wo jedoch erstere Form gewöhnlicher ist. Jetzt kommt bei fremden Wörtern die Endung ei besonders noch vor bei den Namen

1) einiger Aemter: Dekanei, Propstei, Vogtei;

2) einiger Länder: Tartarei, Bulgarei, Lombardei, Wallachei;

3) einiger Pflanzen: Salvei, Saturei, Ackelei, Polei.

2) In ächt deutschen Wörtern folgt die Endung ei in den meisten Fällen auf die Nachsylbe er, ziemlich häufig jedoch auch auf die Nachsylbe el wegen der nahen Verwandtschaft dieser beiden Sylben (§. 18.). Solche Wörter sind theils von den Personnamen auf er, theils von Zeitwörtern auf ern und eln abgeleitet. Nur das Wort Wüstenei kommt von dem Eigenschaftswort wüste oder allenfalls von dem Hauptworte Wüste, in welchem auch keine der Nachsylben er und el vorhergeht. — Die Hauptwörter auf ei bezeichnen

1) eine Handlung oder ein Gewerbe, als: Färberei (von Färber und dieses von färben), Bäckerei, Jägerei, Spinnerei, Gerberei, Ziegelbrennerei, Zuckersiederei, Druckerei, Stückgiefserei, Fischerei, Gärtnerei, Meierei, Scharfrichterei. Die meisten dieser Wörter bezeichnen dann zugleich den Ort oder die Werkstätte, wo dieses Gewerbe betrieben wird;

2) eine fehlerhafte Handlung oder Eigenschaft, die mit Tadel ausgesprochen wird, also Gedankennamen, als: Buhlerei, Balgerei, Hurerei, Gleifsnerei, Fresserei, Pfuscherei, Prahlerei, Träumerei, Abgötterei, Wortklauberei, Vielwisserei, Beutelschneiderei, Kleinigkeitskrämerei.

Wörter von anderer Bedeutung sind: Stuterei, ein Ort, wo viele Stuten zur Pferdezucht gehalten werden, — Reuterei, das Gesammt aller Reuter, also ein Gedankennamen, — Sklaverei, der Zustand, worin ein Sklave lebt.

Wie sehr diese Sylbe gleichsam geneigt sei, sich mit der Sylbe er zu verbinden, zeigt sich insbesondere darin, daß wenn Stammwörter, unter ihnen auch Personnamen, diese Sylbe noch nicht haben, dieselbe vorher erst ganz bedeutungslos angehängt wird, als: Dieb-er-ei, Schelmerei, Geckerei, Spitzbüberei. — Endigt sich aber das Stammwort auf el, so wird die Nachsylbe ei unmittelbar daran angehängt, als: Ziegelei, Teufelei, Windbeutelei, Flegelei.

Wenn von Zeitwörtern auf eln und ern Personwörter mit der Endung eler und erer herkommen, so macht man die Ableitung nicht von diesen Personwörtern, sondern unmittelbar von den Zeitwörtern, nachdem man von diesen erst den Buchstaben n weggelassen hat. — Heuchelei, Kuppelei, Schmeichelei, Bettelei, Gaukelei, Grübelei, Tändelei, Klügelei, Witzelei, Frömmelei, Andächtelei, Deutelei, — Plauderei, Plapperei, Lästerei u. s. w.

Auch die Hauptwörter auf ei sind alle ohne Ausnahme weiblich; denn Ei, Blei, Klei, Brei, Schrei gehören gar nicht hieher, weil bei ihnen die Endung ei zur Wurzel gehört. — Unter allen deutschen Nachsylben ist ei die einzige, welche regelmäßig den Accent hat, als: Fischeréi, Heucheléi, Zuckersiederéi.

28.

Nachsylbe thum.

Diese bildet größtentheils Gedankennamen oder Abstracte, welche eine Herrschaft, eine Würde oder einen Besitz anzeigen und zuweilen in Gesammtnamen übergehen. Die meisten kommen von Hauptwörtern, einige von Eigenschaftswörtern und Zeitwörtern her. — Besitzthum, Kaiserthum, Königthum, Herzogthum, Fürstenthum, Bisthum oder Bischofthum, Priesterthum (Besitzungen oder auch Würde eines Kaisers, Königs, Herzogs, Fürsten, Bischofs und Priesters), Märtyrerthum (Würde eines Märtyrers), Pabstthum, Heldenthum, Meisterthum, Alterthum, Christenthum, Judenthum, Heidenthum, Wittwenthum; — Eigenthum, Heiligthum, Reichthum; — Irrthum, Wachsthum.

Alle diese Wörter sind sächlich, ausgenommen Reichthum, Irrthum und Wachsthum, welche männlich sind; das letzte wird jedoch auch als sächlich gebraucht.

29.

Nachsylbe nifs.

Sie dient vorzüglich zur Bildung von Gedankennamen, durch welche Handlungen und Eigenschaften als selbständige Dinge dargestellt werden. Zuweilen sind solche Wörter in etwas veränderter Bedeutung wieder zu Sachnamen geworden.

Bei weitem die größere Anzahl dieser Wörter kommt von Zeitwörtern her, und zwar so, daß ihre Form theils mit der gewöhnlichen Form des Zeitwortes auf en (dem

Infinitiv) übereinstimmt, wobei jedoch dieses en oder n wegfällt, als: Betrübniſs, (von betrüben), Erlaubniſs (von erlauben); Befugniſs, Bildniſs, Aergerniſs, Fäulniſs (von faulen), Hinderniſs; — theils mit der Form der Mittelwörter oder Participien, als: Geständniſs (von gestehen, gestanden), Gedächtniſs, Vermächtniſs. — Wenn im erstern Falle die Wurzel des Zeitwortes sich auf ein n endigt, so wird zuweilen des Wohllautes wegen ein t eingeschoben, als: Erkenntniſs, Bekenntniſs.

Einige wenige kommen von Eigenschaftswörtern her, als: Wildniſs, Finsterniſs, Geheimniſs.

Zu Sachnamen oder Concreten sind geworden: Gefängniſs, Behältniſs, Bildniſs.

Die Wörter auf niſs sind theils weiblich, theils sächlich; aber bei manchen ist das Geschlecht noch nicht fest bestimmt. Man sagt z. B. die und das Verderbniſs, die und das Erkenntniſs.

Folgende werden am gewöhnlichsten weiblich gebraucht: Verdammniſs, Empfängniſs, Fäulniſs, Finsterniſs, Wildniſs, Erlaubniſs, Bewandtniſs, Kenntniſs, Erkenntniſs (die geistige Thätigkeit des Erkennens und daher das, was man erkannt hat), Betrübniſs, Besorgniſs, Befugniſs, Bedrängniſs, Bekümmerniſs, Ersparniſs.

Dagegen werden folgende gewöhnlich als sächlich gebraucht: Aergerniſs, Bildniſs, Bündniſs, Gedächtniſs, Verderbniſs, Bedürfniſs, Gefängniſs, Erforderniſs, (Leichen-) Begängniſs, Gleichniſs, Erkenntniſs (der richterliche Ausspruch), Begräbniſs, Behältniſs, Verhältniſs, Verhängniſs, Geheimniſs, Hinderniſs, Bekenntniſs, Verlöbniſs, Vermächtniſs, Geständniſs, Verständniſs, Einverständniſs, Miſsverständniſs, Verzeichniſs, Zeugniſs, Erzeugniſs, Begegniſs, Ereigniſs, Ergebniſs.

30

Nachbestimmung t als Ableitungsmittel (st, ſt, cht — te).

Der Buchſtabe t wird häufig zur Bildung von Hauptwörtern aus Zeitwörtern gebraucht, welche dann theils Gedankennamen, theils Sachnamen ſind. Solche Hauptwörter ſind: Fahrt d. h. das Fahren, alſo ein Gedankennamen; Fuhrt d. h. ein Ort, wo man durchfährt, alſo ein Sachnamen; beide von fahren, letzteres von der Vergangenheitsform; — Naht von nähen — Maht in Vormaht und Nachmaht von mähen — Draht von drehen, — Saat von säen — Gerücht vom veralteten Zeitworte ruchen — Geschäft von schaffen — Faust von fassen. — Bei dieſer Ableitung kommen noch folgende Abänderungen vor:

1) Vor dem t wird zuweilen noch ein s eingeſchoben, ſo daß die Endung st entſteht, als: Dien-st von dienen, Gun-st von gönnen, Kunst von können, Durst von dörren, Schwulst von schwillen in der Vergangenheitsform schwoll, Angst vom veralteten angen, Gewinst von gewinnen, Gespinst von spinnen, Verlust ſt. Verlurst von verlieren in der Vergangenheitsform verlor, Frost ſt. Frorst von frieren in der Vergangenheitsform fror, Last von laden mit Weglaſſung des d.

Ob die Wörter Ernst, Herbst und Hengst auch auf ähnliche Art von veralteten Zeitwörtern entſtanden ſind, läßt ſich jetzt nicht mehr beſtimmen.

2) Wenn die Wurzel des Stammwortes ſich auf m endigt, ſo wird ein f zuweilen eingeſchoben und das m verwandelt ſich dann wohl in n, als: Vernunft von vernehmen in der Vergangenheitsform vernommen; Kunft in Ankunft und Abkunft von kommen. — Wenn die Wurzel des Stammwortes ſich auf b endigt, ſo verwandelt ſich daſſelbe als eine Lippenbeſtimmung in die verwandte Lip-

penbestimmung f, als: Trift von treiben, Gift und Mitgift von geben, Kluft vom veralteten klöben oder klauben, Gruft von graben in der Vergangenheitsform grub, Haft von haben, Schrift von schreiben.

3) Wenn die Wurzel des Stammwortes sich auf g oder h endigt, so verwandelt sich dieser Buchstabe in ch, als: Pflicht von pflegen; Bucht von biegen in der Vgghtsf. bog; Gewicht von wiegen; Gezücht von ziehen (zog) oder von zeugen; Macht von mögen; Tracht von tragen; Schlacht von schlagen; Flucht von fliehen in der Vgghtsf. floh; Sicht in Gesicht und Angesicht von sehen; Verzicht von verziehen oder verzeihen; Zucht von ziehen in der Vgghtsf. zog; Sucht wahrscheinlich von siechen; Gicht von gehen.

Ob Nacht, Knecht, Specht, Fracht und Frucht auf ähnliche Art von veralteten Zeitwörtern gebildet sind, ist jetzt nicht mehr bis zur Gewißheit auszumitteln. — Pracht kömmt wohl von einem veralteten Zeitworte pragen, wofür man jetzt prangen sagt. — Jagd und Jacht sind beide von jagen abgeleitet; ersteres, ein Gedankennamen, bezeichnet die Handlung des Jagens; letzteres, ein Sachnamen, ist der Namen eines jagenden d. h. eines schnell segelnden Schiffes.

Die Nachsylbe te, zur Bildung von Hauptwörtern gebraucht, findet sich nur in dem von geschehen abgeleiteten Worte Geschichte.

Von diesen Hauptwörtern auf t sind die meisten zwar weiblich, als: Naht, Fahrt, Gunst, Ankunft, Schrift, Schlacht; aber mehre derselben sind doch auch männlich, als: Draht, Dienst, Durst, Schwulst, Verlust, Frost. Diejenigen, welche die Vorsylbe ge haben, sind sächlich, als: Geschäft, Gespinnst, Gewicht.

31.

Einige andere Nachsylben, welche nur in wenigen Wörtern vorkommen.

Noch gibt es eine beträchtliche Anzahl von Nachsylben, welche nur in wenigen Wörtern vorkommen, deren Bedeutung daher nicht genau zu bestimmen ist, und vermittelst welcher sich aus diesem Grunde jetzt nicht mehr neue Wörter bilden lassen. Die vorzüglichsten dieser Sylben sind folgende:

1) de. Dadurch ist eine bedeutende Anzahl von Hauptwörtern aus Zeitwörtern gebildet, als: Freude von freuen; Zierde von zieren; Begierde von begehren; Bürde von bären, welches im Niederdeutschen noch vorkommt und tragen oder heben bedeutet; Behörde verwandt mit gehören; Gemälde von malen; Gebäude von bauen; Gebräude von brauen; Gelübde von geloben; Getreide vielleicht von tragen. — Heerde scheint von Heer abgeleitet; Gemeinde von gemein, wird auch Gemeine geschrieben. — Diese Wörter sind sächlich, wenn sie die Vorsylbe ge haben, ausgenommen Gemeinde, wo diese Vorsylbe aus dem Stammworte herübergenommen ist; die übrigen sind weiblich.

2) d. Dadurch sind aus Zeitwörtern gebildet: Brand von brennen in der Vgghtsf. brannte; Sold vom ziemlich veralteten sellen d. h. verkaufen, wovon noch Sellhaus und Sellmeister vorkommen.

3) ath oder at findet sich nur in wenigen Wörtern, nämlich in: Zierath, Heimath, Heirath oder Heurath und Monath. — Statt Zierath schreiben einige Zierrath und in diesem Falle wäre hier überhaupt nicht die Nachsylbe ath, sondern das Wort wäre wie Hausrath ein zusammengesetztes Wort und bedeutete Geräthe zur Zier. — Heimath vom Umstandsworte heim. — Heurath vielleicht von heuren kaufen, weil in den ältesten Zeiten die Braut von den Eltern

erkauft wurde. — Monath scheint nur eine Dehnung des Wortes Mond zu sein, welches man in ältern Büchern auch überall dafür findet.

4) uth — in den Wörtern Armuth und Wermuth. Ersteres ist unleugbar von arm abgeleitet; letzteres möchte vielleicht aus Wörmde d. h. Wurmkraut entstanden sein. — Das Wort Leumund (Nachrede) ist wahrscheinlich aus Leum-uth entstanden, wofür man auch Leumde gesagt haben mag, und wovon sich die Wurzel leum noch in dem abgeleiteten verleumden findet. — Anmuth scheint nicht eine Zusammensetzung aus an und muth zu sein; vielmehr scheint die Zusammenstellung mit den Wörtern von ähnlicher Bedeutung annehmlich und angenehm auf eine Ableitung vom Zeitworte annehmen hinzudeuten, so daß es in diesem Falle für Annehm-uth stände und wir in der Endung auch unsere Nachsylbe uth hätten.

5) end kommt vor in den Wörtern: Jugend, vielleicht statt Jungde von jung — Tugend von taugen — Abend und Elend, welche keine gewisse Ableitung verstatten.

6) sal leitet von Zeitwörtern ab, als: Labsal von laben, Drangsal, Schicksal, Scheusal, Irrsal, Trübsal. — Sie sind alle sächlich; nur Trübsal kann auch weiblich gebraucht werden.

7) sel, verwandt mit sal aber tonloser, leitet ebenfalls von Zeitwörtern ab, als: Räthsel, Häcksel, Ueberbleibsel, Einschiebsel, Anhängsel, Schabsel, Fegsel, Mengsel. Diese sind sächlich und größtentheils Gesammtnamen oder Collective. — Sprengsel und Stöpsel sind männlich.

8) ich und ig finden sich nur an wenigen Wörtern und bei manchen derselben ist die Schreibung ich oder ig zweifelhaft. Man schreibt etwa Bottich (wovon Böttcher), Kranich, Zwillich, Drillich, Lattich; — aber: Rettig, Zeisig, Honig, Käfig, Fittig, Essig, König, Pfennig.

9) ing findet sich: an Namen von einigen Ländern und Städten; Lothr-ing-en, Thür-ing-en, Tüb-ing-en, Memm-

ing-en; — an Namen von Personen: Carol-ing-er, Merow-ing-er, und mehren Eigennamen von Familien: Flemming, Schelling; — an einigen deutschen Gattungsnamen, als: Häring, Messing, Spilling (eine Art Pflaumen mit tiefer Spalte), Halsing (Halsband), Kimming (beim Böttcher), Dünn-ing-en (die Weichen am menschlichen Körper, wo die äußere Bedeckung dünn ist).

10) icht bildet Gesammtnamen sächlichen Geschlechtes, als: Kehricht (das Gesammt dessen, was ausgekehrt wird), Feilicht (die sämmtlichen kleinen Körner, welche abgefeilt sind), Spühlicht, Dickicht, und die in manchen Landschaften gebräuchlichen Wörter: Eichicht (ein Dickicht von jungen Eichen, ein Eichengebüsch), Weidicht, Dornicht, Geröhricht. — Nur das Wort Habicht (von haben) ist kein Gesammtnamen und ist männlich.

11) erich, abgekürzt rich, scheint aus den beiden Nachsylben er und ich zusammengezogen zu sein. — Fähnerich (der die Fahne trägt), Wütherich, Gänserich, Enterich, Täuberich, — Wegerich, Kleberich, Hederich (Kräuter) — Möstrich (Senf mit Most zubereitet). — In den Namen Friederich, Ulrich, Adalrich, Heinrich scheint aber die Sylbe aus reich entstanden zu sein, so daß jene Namen bedeuten: reich an Friede, an Huld, an Adel, an Hainen.

12) sam und same finden sich nur in wenigen Wörtern, nämlich in Gehorsam, Gewahrsam und Gerechtsame, welches letztere in der Regel wohl nur in der Mehrheit gebraucht wird.

13) itz in wenigen Wörtern: Kibitz, wo der Namen das Geschrei nachbildet — Stieglitz wahrscheinlich von steigen — Krünitz, ein Vogel, vielleicht statt Grünitz von seiner grünen Farbe — Haub-itz-e, eine Art kurzer Kanone, vielleicht wegen ihrer Gestalt von Haube abgeleitet — Antlitz von unbekannter Abkunft. — Zur Bildung von Eigennamen ist diese Nachsylbe vielfältig gebraucht worden, als Moritz aus Mauritius, Kaunitz u. s. w.

14) Noch gibt es einige andere Nachsylben, von denen einige nur an Einem, andere nur an zwei oder drei Wörtern vorkommen, wie folgende Beispiele zeigen:

et in Grummet (Nachmahd des Heugrases), Kummet (an Pferden).

isch in Harnisch.

old in Herold (von Heer) und Kobold.

iſs in Iltiſs, Kürbiſs, Hornisse. — Imbiſs ist zusammengesetzt aus in und beiſsen und enthält also nicht die Nachsylbe iſs.

od in Kleinod von klein.

ast in Morast von Moor. Hier hat ungewöhnlicherweise die Nachsylbe den Accent.

eim in Oheim.

eit in Arbeit.

nam in Leichnam, wenn dies anders eine Nachsylbe und nicht vielleicht eine Wortsylbe ist.

and in Heiland von Heil.

15) In Wörtern, die aus fremden Sprachen herkommen, finden sich häufig folgende Wortausgänge, die wie deutsche Nachsylben erscheinen:

al — Pennal, Pedal, Kanal.
ant — Infant, Commandant, Protestant.
ast — Pallast, Contrast, Gymnasiast.
at — Patronat, Magistrat, Pastorat.
ent — Student, Præsident, Referent.
ōn — Baron, Person.
iōn — Nation, Motion, Million, Religion.
anz — Monstranz, Ordonnanz.
ur — Natur, Cultur, Registratur.
īz — Justiz, Miliz.
īv — Substantiv, Adjectiv, Dativ, Præservativ.
īt — Credit, Chrysolith.
ār — Talar, Barbar, Commissar

und viele andere.

Man hat in solchen Wörtern einen oder einige Buchstaben, die sie in der fremden Sprache haben, weggelassen, oder man hat einige der letzten Buchstaben so umgeändert, daß die Endung des Wortes dadurch der Endung mancher deutschen Wörter wenigstens ähnlich geworden ist, und daß sie dadurch einigermaßen das Ansehn deutscher Wörter erhalten haben.

Da solche Wörter aus fremden Sprachen entlehnt sind, so kann die Hauptregel über das Setzen des Accentes, die nur für Wörter deutschen Ursprunges gegeben ist und nur für diese volle Gültigkeit hat, auf sie keine Anwendung finden; daher haben mehre dieser Sylben z. B. īv, ur, al u. a. regelmäßig den Accent.

Viele dieser Wörter lassen sich in dieser neuen Gestalt ganz nach den Regeln der deutschen Sprache behandeln und nehmen sowohl deutsche Biegungssylben als Ableitungssylben an, z. B. Magistrat, Magisträte — Student, Studenten, — Natur, Naturen, natürlich, Natürlichkeit. Von solchen Wörtern sagt man dann, daß sie das deutsche Bürgerrecht gewonnen haben.

32.

Bildung der Hauptwörter durch Vorsylben.

Von den sechs deutschen Vorsylben be, ent oder emp, ge, er, ver und zer wird nur ge zur Bildung deutscher Hauptwörter gebraucht. Zwar haben viele Hauptwörter auch andere Vorsylben; allein bei näherer Untersuchung zeigt sich fast überall, daß solche Hauptwörter von Zeitwörtern abgeleitet sind und daß sie diese Vorsylben schon von ihren Stammwörtern mit herübergenommen haben, so daß dieselben eigentlich zur Bildung von Zeitwörtern gedient haben; z. B. Bedürfniss, Empfindung sind in folgendem Gange der Ableitung entstanden: dürfen, bedürfen, Bedürfniss; finden, empfinden, Empfindung; die Vorsylbe trat also hinzu, da ein Zeitwort aus einem andern Zeitworte gebildet wurde. In manchen Fällen entspricht aber einem Hauptworte mit einer Vorsylbe ein anderes einfaches Hauptwort ohne diese Vorsylbe, und es gewinnt ganz den Anschein, als sei das erstere Hauptwort von dem letzteren abgeleitet, z. B. Verfall von Fall, Verlust von Lust; und doch beruht auch dies nur auf einer Täuschung. Im ersteren dieser Beispiele ist das Zeitwort fallen als das ursprüngliche Wort zu betrachten, wenn auch nicht der Form, doch dem Begriffe und der Bedeutung nach (vgl. §. 10). Aus fallen ist verfallen gebildet, und so wie sich zu fallen das abstracte Hauptwort fallen gesellt, so zu verfallen das abstracte Hauptwort Verfall. Im zweiten Beispiele scheinen sich Lust und Verlust eben so gegen einander zu verhalten; nur setzt verlieren ein einfaches veraltetes und ganz verloren gegangenes Zeitwort lieren voraus, aus welchem Lust st. Lurst eben so entstanden ist, wie Verlust st. Verlurst aus verlieren. — Nur sehr wenige Hauptwörter mit anderen Vorsylben als ge gibt es, in welchen sich der ähnliche Ursprung aus einem mit dieser Vorsylbe versehenen Zeitworte nicht nachweisen läßt, und diese sind dann als bloße Ausnahmen zu betrachten, auf welche hier keine weitere Rücksicht genommen werden darf. Besonders gibt es einige solche Hauptwörter mit der Vorsylbe be, z. B. Behuf, Bezirk, Bereich.

Nachsylbe ge.

Diese wird sehr häufig zur Bildung von Hauptwörtern gebraucht, hat aber nicht überall gleiche Einwirkung auf die Bedeutung.

1) In manchen Wörtern scheint sie gar keine eigentliche Bedeutung zu haben und nur aus einer schärfern Aussprache, mit einem Ansatze von der Kehle her, entstanden zu sein, wie wir dazu künftig auch bei Zeitwörtern und Eigenschaftswörtern noch Beispiele finden werden. So

scheint Genick mit Nacken (welches in der verwandten Englischen Sprache neck lautet) ursprünglich gleichbedeutend gewesen zu sein, und eine Verschiedenheit in der Bedeutung beider Wörter scheint noch jetzt im Ausbilden begriffen zu sein. Gehülfe von helfen, Gebiet und Gespenst mögen eben dahin gehören.

2) In anderen, die von Zeitwörtern abgeleitet und zum Theil noch mit besondern Ableitungsendungen versehen sind (Ge-spin-st, Ge-lüb-de), scheint sie etwas durch die vom Stammzeitworte benannte Handlung Gewirktes oder Zustandegebrachtes zu bezeichnen, als: Geschöpf (ein Ding, was geschaffen ist), Geschenk (eine Sache, die geschenkt ist), Gewebe, Gedicht, Gebäude, Gestell, Gewölbe, Gepräge, Gehäge, Gewächs, Geschichte, Geschäft, Gespinst, Gewinst, Gemälde (etwas durch das Malen Zustandegebrachtes), Gelübde (von geloben), Gebilde.

3) Am häufigsten aber dient sie zur Bildung von Gesammtnamen oder Collectiven, durch welche ein Mannigfaltiges oder eine Menge von Dingen in Einen Begriff zusammengefaßt und als ein Ganzes dargestellt wird. So bezeichnet Stern einen einzelnen Himmelskörper; aber Gestirn ist ein Haufen von Sternen, welche durch die Vereinigung in die Vorstellung eines Sternbildes als ein Ganzes aufgefaßt werden. Eben so verhält es sich mit den Wörtern: Gesträuch (eine Menge von Sträuchern als ein Ganzes gedacht), Gebüsch, Gebälk, Gebirge, Gefilde, Geschwister, Geäder, Gedärm, Gestüt, Gewölk, Geblüt, Gehölz, Gestein, Geripp, Gebein, Gewerk, Geräth (verglichen mit Hausrath), Geschirr, Gemüse, Gewürz, Gevögel, Gefieder, Geflügel, Gestade, Geschmeide, Getäfel, Gesinde, Gestäude, Gekröse; — Gefolge (eine Menge solcher, die da folgen), Gedränge, Gebiss, Geschlinge, Gewinde, Getreide (vielleicht von tragen) u. s. w. Die meisten dieser Wörter sind von Hauptwörtern abgeleitet, von denen aber zum Theil die Stammwörter veraltet sind, wie von Ge-

sinde, Gekröse; andere kommen jedoch auch von Zeitwörtern her.

4) Nahe hiemit verwandt ist es, wenn durch diese Vorsylbe Hauptwörter von Zeitwörtern gebildet werden, wodurch das Zusammenwirken Vieler in einer Handlung oder die mehrmalige Wiederholung und die längere Dauer einer Handlung, vorzüglich eines Tones, als etwas Selbständiges dargestellt wird, also eine Art von Gedankennamen, welche man Wiederholungsnamen oder Iterative nennt. — Geschrei (ein Schreien Vieler oder ein mehrmals wiederholtes und längere Zeit fortdauerndes Schreien), Gebrüll, Geheul, Getöse (ein vervielfachtes oder wiederholtes und fortdauerndes Tosen), Gesause; — besonders von Zeitwörtern auf ern und eln, als: Geklapper, Geflister, Gepolter; Gemurmel, Gewinsel, Geklingel.

Bei der Bildung dieser Gesammtnamen verwandeln sich die Laute a, o, u und au fast allemal in ihren Umlaut, als: Balken, Gebälk; Wolke, Gewölk; Mus, Gemüse; Mauer, Gemäuer. Das gedehnte e geht in ie über: Feder, Gefieder; — das gestoßene e in ein kurzes i: Stern, Gestirn. — Bei den Wiederholungsnamen findet diese Umwandlung der Laute aber gewöhnlich nicht statt, als: Getobe, Gesause, Geklapper, Gepolter, Gemurmel; nur Getöse von tosen macht eine Ausnahme. — Den Endbuchstaben b, d, g und dem sanften s wird das mildernde e (§. 15) hinzugefügt, als: Gewölbe, Gefilde, Gebirge, Gekröse. Wenn diese sanften Lautbestimmungen nicht voraufgehen, ist dieses e fehlerhaft, also nicht Gewölke sondern Gewölk, nicht Gehölze sondern Gehölz, nicht Gerippe sondern Gerippe; so auch Gedärm, Geräth. Nur in der etwas niedrigen Sprache des gemeinen Lebens werden von vielen Zeitwörtern solche Gesammtnamen oder Wiederholungswörter gebildet, die sich auf e endigen, als: Gebeifse, Gebelle, Gefahre, Gelaufe (das ist ein unerträgliches Gelaufe), Geziere. In der edlern Rede und Schriftsprache müssen dieselben vermieden werden, wenn man nicht etwa absichtlich die niedere Sprache des gemeinen Lebens nachahmen will.

Bei weitem die meisten Wörter mit der Vorsylbe ge sind sächlichen Geschlechtes, und daß sie dieses Geschlecht haben, läßt sich als Regel annehmen, von der aber, wie bei den meisten Regeln, Ausnahmen stattfinden. — Männlich sind: Geschmack, Geruch, Gehülfe, Gesell. — Weiblich sind: Geburt, Gewalt, Geduld, Geschichte.

Dritter Abschnitt.

Bildung der Eigenschaftswörter.

Vorbemerkung.

Auch bei der Bildung der Eigenschaftswörter kommen nächst den Wurzelwörtern die Veränderung der Wortsylbe, Nachsylben und Vorsylben in Betrachtung, und in dieser Folge soll hier über diese Ableitungsmittel gesprochen werden.

33.

Wurzelwörter unter den Eigenschaftswörtern.

Auch unter den Eigenschaftswörtern gibt es eine beträchtliche Anzahl von Wurzelwörtern (§. 10). Hier folgt eine ziemlich vollständige Aufzählung wenigstens der bekannteren und am meisten gebräuchlichen unter ihnen.

Die Wurzelwörter unter den Eigenschaftswörtern können enthalten:

I. weder Vorbestimmungen noch Nachbestimmungen. Dergleichen sind nicht vorhanden.

II. einfache Lautbestimmungen, und zwar

1) einfache Vorbestimmungen ohne Nachbestimmungen:

Lau, neu, scheu.

2) einfache Nachbestimmungen ohne Vorbestimmungen.

Dergleichen sind nicht vorhanden, wenn man nicht allenfalls den unbestimmten Artikel und das Zahlwort ein hieher zählen will.

3) einfache Vorbestimmungen und einfache Nachbestimmungen:

Baar, fahl, faul, feil, fein, gahr, geil, gut, heil, heifs, hoch, hohl, kahl, keusch, kühl, kühn, lahm, laut, leer, lieb, los, lafs (d. h. müde), rasch, rauh, roh *), reich, reif, rein, roth, schal, scheel, schief, schön, siech, süfs, taub, tief, wach, wahr, weich, weifs, weit, wohl, zahm (vielleicht zusammenhängend mit ziemen).

III. mehrfache Lautbestimmungen, und zwar

1) mehrfache Vorbestimmungen ohne Nachbestimmung:

Blau, frei, grau, schlau, treu (verwandt mit trauen).

2) mehrfache Vorbestimmungen und einfache Nachbestimmung:

Blach, bleich, blafs, brach (verwandt mit brechen), braun, brav, breit, flach, frech, frisch, froh (verw. mit freuen), früh, gleich, greis, grob, grofs, grün, klar, klein, klug, kraus, schmal, schwach, schwer, schwül, spät, stät (verw. mit stehen), steif, steil, traut (verw. mit trauen).

---

*) Auch hier gilt das h am Ende für eine wirkliche Lautbestimmung, weil es zur Wurzel gehört und bei der Verlängerung des Wortes gesprochen wird. Aus dem gleichen Grunde gelten nachher mm, nn, tt u. s. w. für doppelte Lautbestimmungen. Vgl. §. 13. Anmk.

3) **mehrfache Nachbestimmungen ohne Vorbestimmung:**

Alt, arg, arm, ächt, eng, ernst.

4) **mehrfache Nachbestimmungen und einfache Vorbestimmung.**

Bunt, derb, dicht, dick, deutsch, dumm, dumpf, dünn, dürr, falb, falsch, feind, feist, fern, fest, fett, feucht, ganz, gelb, gelt (d. h. unfruchtbar, vom Schaafvieh gebraucht), halb, hart, hell, hold (verw. mit Huld), hübsch, jung, kalt, karg, keck, kurz, lang, leicht, licht, link, matt, mild, morsch, nackt, nass, nett, recht, rund, sacht, satt, sanft, scharf, seicht, toll, voll, wälsch (d. h. fremde), warm, welk, werth, wild, wund, wüst, zart.

5) **mehrfache Vorbestimmungen und mehrfache Nachbestimmungen.**

Blank, blind, blond, dreist, frank, fremd, fromm, gramm, grell, knapp, krank, platt, schlaff, schlank (verw. mit schlingen), schlecht, schlimm, schnell, schroff, schwarz, spitz, stark, starr, stolz, straff, stumm, stumpf.

34.

Bildung der Eigenschaftswörter durch bloße Veränderungen der Wortsylbe.

Eigenschaftswörter und Zeitwörter bezeichnen beide das Unselbständige an den Dingen, und da es lediglich von unserer Vorstellung abhängt, ob wir in diesem Unselbständigen das Beharrliche und Bleibende, oder das Veränderliche und Vorübergehende, welches beides in jedem Unselbständigen vorhanden ist, vorzugsweise mit unsere Gedanken auffassen wollen, so stehen beide in ihrer Bedeutung so nahe, daß man hieraus schon zum Voraus vermuthen müßte, daß mancherlei Uebergänge aus einer Wörterklasse in die andere stattfinden werden. Dies bestätigt denn auch die Betrachtung der Sprache vollkommen und weiset schon in den Wurzeln auf manche Verwandtschaft zwischen Zeitwörtern und Eigenschaftswörtern hin. — In manchen Fällen stehen ein Eigenschaftswort und ein Zeitwort so neben einander, daß sich jetzt gar nicht mehr angeben läßt, welches als das frühere und als dasjenige gedacht werden müsse, dem das andere seinen Ursprung verdankt, z. B. froh und freuen, treu und trauen. — In anderen Fällen läßt sich entweder aus der äußeren Form oder aus dem Inhalte eine Andeutung entnehmen, daß das Zeitwort als das frühere zu denken sei, aus welchem das Eigenschaftswort später durch Veränderung der Wortsylbe entstanden ist, und diese Fälle sind es besonders, welche als eine Ableitung der Eigenschaftswörter von Zeitwörtern durch bloße Veränderung der Wortsylbe hieher gezählt werden können. Folgende Beispiele verdienen hier eine besondere Erwähnung:

brach von brechen, weil das Land mit dem Pfluge gebrochen wird, übereinstimmend mit der Vergangenheitsform brach — gäng (in gäng und gæbe) von gehen — flüg oder flügge von fliegen, verw. mit der Vrgghtsf. flog — glatt von gleiten, worüber die Hand oder ein anderes Ding leicht weg gleitet — kund von kennen, mit einem der Wurzel, die den Laut gewechselt hat, hinzugefügten d; kenn-en, kun-d — schlank von schlingen, übereinstimmend mit der Vrgghtsf. schlang — stät von stehen, übereinstimmend mit dem durch Veränderung der Wortsylbe eben daraus entstandenen Hauptworte Staat — zahm von ziemen, geziemen, dessen Vergangenheitsform in der ältern Zeit zäm und gezäm lautete — traut von trauen mit hinzugefügtem t.

35.

Bildung der Eigenschaftswörter durch Nachsylben.

Nachsylben e, el und er.

1) Nachsylbe e. — Ein e wird in der Regel nur solchen Eigenschaftswörtern hinzugefügt, bei denen man die richtige Aussprache der Endbestimmung in der Wurzel erhalten will, besonders also hinter den Buchstaben b, d, g und dem sanften s, welche sonst die scharfe Aussprache annehmen würden; auch geschieht es, wenn die Wurzel auf ein h ausgeht, welches sonst gar nicht hörbar gemacht werden könnte. Dieses e nennt man auch hier das mildernde e, und es tritt hier noch bestimmter hervor als bei den Hauptwörtern, daß es zur Erhaltung und Beförderung einer richtigen Aussprache der Endbestimmung da sei (vgl. §. 12.). — Derbe, falbe, herbe, mürbe, trübe; blöde, fremde, milde, müde, öde, schnöde, ge-rade, ge-schwinde, ge-linde, be-hende; bange, enge, feige, flügge, strenge, schräge, träge; böse, leise, lose, weise; frühe, jähe, nahe, zähe.

Solche Wörter sind, wenn sie nicht außerdem noch eine Vorsylbe haben, noch ganz als Wurzelwörter zu betrachten. Wie bedeutungslos dieses e sei, erhellt besonders daraus, daß manche Wörter mit und ohne dieses e in völlig gleichem Sinne gebraucht werden. Man sagt früh und frühe, mild und milde, eng und enge. — Auch wenn die Wurzel des Eigenschaftswortes sich auf eine doppelte Lautbestimmung endigt, spricht man solche Wörter bald mit bald ohne dieses e aus, z. B. dürr und dürre, dünn und dünne. Auch hier hat die Hinzufügung dieses e keinen andern Grund als die Erhaltung der richtigen Aussprache des Doppelbuchstaben.

2) Nachsylbe el. — el findet sich als Nachsylbe nur bei einigen wenigen Eigenschaftswörtern, deren Wurzel

nicht als ein besonderes Wort vorhanden ist, daher sich die Einwirkung dieser Sylbe auf die Bedeutung gar nicht bestimmen läßt. — Dunkel, édel, eitel, ékel, übel. — Statt einzel (von eins, wovon das s in das härtere z übergegangen ist) sagt man einzeln, wo noch eine zweite Nachsylbe en hinzugetreten ist, die ihr e aber verloren hat. — Mittel kommt in dieser Form nur noch in zusammengesetzten Wörtern vor, z. B. Mitteldiug, Mittelweg, mittelmäſsig; sonst nur in den Steigerungsformen mittler und mittelst.

3) Nachsylbe er. — er findet sich zwar in einer etwas größeren Anzahl von Eigenschaftswörtern als el; aber ihre Einwirkung auf die Bedeutung läßt sich theils wegen der immer nur geringen Anzahl dieser Wörter, theils weil sich diese Wörter fast alle nicht von Stammwörtern ableiten lassen, ebenfalls nicht bestimmen. — Bieder, bitter (vielleicht von beiſsen, plattdeutsch biten), düster, finster, hager, heiser, heiter, lauter, locker, mager, munter, sauber, sauer, schwanger, sicher, tapfer, theuer, wacker (von wachen).

In sauer und theuer gehört das r wahrscheinlich zur Wurzel, indem diese Wörter ursprünglich einsylbig gewesen sein mögen, saur und theur (im Niederdeutschen noch suur und dūr. — In den Eigenschaftswörtern ober, hinter und unter (welche stets nur vor Hauptwörtern stehen und daher stets Verbindungsendungen an sich haben, z. B. das obere Stockwerk) mag das er eigentlich wohl nur zur Bezeichnung der zweiten Steigerungsform (des Comparativ) dienen (unten, untere, unterste).

36.

Nachsylbe ig.

L. Sucht eine beträchtliche Anzahl von Eigenschaftswörtern auf, die sich auf ig endigen!

Die K. thun es, erst in mündlicher Unterredung mit

dem Lehrer, dann indem sie die gefundenen Wörter jeder für sich aufschreiben, oder auch, indem sie sich durch Aufsuchen und Niederschreiben solcher Wörter auf die nächstfolgende Stunde vorbereiten. Dann lesen sie vor:

Saftig, dornig, schmutzig, haarig, wollig, freudig, mehlig, fleischig, knotig, stöſsig, beiſsig, dortig, selig u. s. w.

L. Merkt zuerst auf die Stammwörter, von welchen solche Eigenschaftswörter auf ig herkommen! Was für Stammwörter sind es?

K. Die meisten kommen von Hauptwörtern her, einige aber doch auch von Zeitwörtern (näschig, beiſsig); und einige wenige kommen auch von andern Eigenschaftswörtern her (völlig).

L. Um die Kraft und Bestimmung dieser Sylbe zu erfahren, wollen wir jetzt jedes Eigenschaftswort dieser Art mit einem Hauptworte verbinden, und eine möglichst kurze Erklärung desselben angeben, indem wir jedesmal das Stammwort in die Erklärung mit aufnehmen. Was ist z. B. eine saftige Birn?

K. Eine saftige Birn ist eine Birn, welche Saft enthält.

L. Gebt mir auf diese Art mehre solche kurze Erklärungen von dergleichen Eigenschaftswörtern an.

K. Ein dorniger Stock ist ein Stock, an welchem Dornen sind.
Ein schmutziges Blatt ist ein Blatt, an welchem Schmutz ist.
Ein haariges Tuch ist ein Tuch, an welchem Haare sind.
Ein muthiger Mann ist ein Mann, welcher Muth besitzt.

u. s. w.

L. Was findet ihr nun in den erklärten Eigenschaftswörtern Gemeinsames? — Da diese Wörter in ihren Wurzeln und Wortsylben unter sich überall verschieden sind, und nur die Nachsylbe ig mit einander gemein haben, so muß die Betrachtung des Gemeinsamen in ihrer Bedeutung uns auf die Bestimmung dieser Nachsylbe hinführen. — Vergleicht hiebei wieder das abgeleitete Wort mit dem Stammworte! Was sagt das Wort saftig von dem Safte, das Wort dornig von den Dornen, das Wort muthig von dem Muthe aus, u. s. w.?

K. Das Eigenschaftswort saftig sagt von einem Dinge aus, daß Saft — dornig, daß Dornen — muthig, daß Muth — an ihm vorhanden ist — u. s. w. — Als das Gemeinsame in diesen Wörtern finden wir also, daß das Vorhandensein dessen, was das Stammwort benennt, dadurch angezeigt wird.

L. So findet ihr es wenigstens bei allen denen, welche von Hauptwörtern abgeleitet sind. — Merkt nun auch auf diejenigen, welche von Zeitwörtern herkommen! Gebt auch von ihnen ähnliche kurze Erklärungen an! Was ist ein stöfsiger Ochse, ein beifsiger Hund?

K. Ein stöfsiger Ochse ist ein Ochse, welcher gern und oft stöfst.
Ein beifsiger Hund ist ein Hund, welcher gern und oft beifst.
Ein näschiges Kind ist ein Kind, welches gern und oft nascht, u. s. w.

L. Könnt ihr diese Erklärung wohl auf einen Ausdruck zurückführen, welcher dem vorher bei den Hauptwörtern gebrauchten ähnlich ist?

K. Ein stöfsiger Ochse ist ein Ochse, welcher das Stofsen an sich hat, oder, an welchem die Gewohnheit des Stofsens vorhanden ist. — Ein näschiges Kind ist ein Kind, welches das Naschen an sich hat, oder, an welchem die Gewohnheit des Naschens vorhanden ist — u. s. w.

L. Ihr könnt also auch hier die Kraft dieser Nachsylbe auf denselben Begriff hinführen, den ihr vorhin bei Hauptwörtern aufgestellt habt. — Selbst bei den wenigen, die von Eigenschaftswörtern herkommen, werdet ihr noch von derselben Erklärung Gebrauch machen können. Versucht es damit!

K. Eine völlige Niederlage (im Kriege) ist eine Niederlage, welche das Volle an sich hat, an welcher das Volle vorhanden ist. —

Ein niedriges Feld ist ein Feld, welches das Niedere an sich hat, an welchem das Niedere vorhanden ist — u. s. w.

L. So kann man zur Noth Erklärungen angeben und sie überzeugen euch wenigstens, daß die Sylbe ig hier mit derselben Kraft wirke, wie bei Hauptwörtern und Zeitwörtern. Uebrigens habt ihr aus diesen Beispielen gewiß auch leicht erkannt, daß die Sylbe ig in diesem letztern Falle fast ganz überflüssig und bedeutungslos ist; denn etwas, was das Volle an sich hat, ist eigentlich nichts mehr als voll, daher auch die Eigenschaftswörter voll und völlig an sich gleichbedeutend sein würden, wenn nicht die Sprache nach dem mehrfach erwähnten besondern Bildungstriebe eine Verschiedenheit der Bedeutung in diese Wörter jetzt hineingelegt hätte. Das niedere Feld und das niedrige Feld sind noch jetzt fast gleichbedeutend. Es gibt daher auch solcher Eigenschaftswörter, die vermittelst der Sylbe ig von andern Eigenschaftswörtern abgeleitet sind, nur sehr wenige. Auch gütig und spitzig scheinen nicht zu ihnen zu gehören, sondern zunächst von den Hauptwörtern Güte und Spitze herzukommen, so daß der Gang der Ableitung in Hinsicht auf sie zu sein scheint: gut, Güte, gütig; spitz, Spitze, spitzig.

Die Nachsylbe ig bezeichnet also in der Regel das wirkliche Vorhandensein derjenigen Sache, welche das Stammwort benennt, und nicht eine bloße Aehnlichkeit oder ein anderes Verhältniß. Zwar werdet ihr zuweilen Eigenschaftswörter auf ig finden, auf welche die hier eben angegebene Bestimmung nicht genau paßt; aber wir müssen uns in Untersuchungen dieser Art damit begnügen, wenn wir die Sache nur so genau bestimmt haben, daß unsere Erklärung bei weitem auf die Mehrzahl der vorhandenen Wörter paßt; denn bei der Entstehung der Sprache hat man die Wörter überhaupt nicht nach scharf bestimmenden Begriffen, sondern nur nach Vorstellungen gebildet, die mehr oder weniger dunkel in der Seele vorhanden waren. Daher sind die Bildungsformen der Wörter, wie wir schon bei der Bildung der Hauptwörter gefunden haben, selten oder nie allgemein umfassend, sondern lassen gewöhnlich noch eine beträchtliche Anzahl von Ausnahmen übrig. Dies werden wir auch künftig noch oft wiederfinden, und daher mag es hier ein für allemal gesagt sein.

Weil die Nachsylbe ig das wirkliche Vorhandensein eines Dinges an einem anderen anzeigt, so pflegt man wohl anzunehmen, daß sie aus dem Worte eigen entstanden sei, oder wenigstens mit der Wurzel dieses Wortes eig zusammenhange. — Saftig ist etwas, dem Saft **eigen** ist oder angehört, was Saft an sich hat, u. s. w. — Wenngleich nun dieser Zusammenhang zu undeutlich ist, als daß man ihn mit einiger Gewißheit annehmen könnte, ja eine solche Entstehung dieser Nachsylbe vielleicht unwahrscheinlich ist; so mag doch die Hinweisung darauf zu einem Erinnerungsmittel dienen, um die Grundbedeutung dieser Sylbe daran gleichsam desto fester zu halten.

Nachdem ihr jetzt die Bestimmung dieser Nachsylbe näher kennen gelernt habt, so sucht euch nun das bis hieher Gefundene noch an mehren Beispielen zu verdeutlichen. Sucht daher wieder eine beträchtliche Anzahl von Eigenschaftswörtern auf ig und stellt unter ihnen zuerst wieder diejenigen zusammen, welche von Hauptwörtern abgeleitet sind!

K. Zornig, feurig, giftig, bergig, schmutzig, dornig, haarig, saftig, steinig, buschig, felsig, kiesig, kothig, schwammig, durstig, gütig, muthig, listig, lustig, günstig, flüchtig, jährig, müfsig, pfündig, prächtig, grätig, eckig, schuppig, freudig, willig, buckelig, kitzelig, runzelig, kupfrig, hungrig, morastig u. s. w.

L. Könnt ihr von Fuſs und Kopf auch solche Eigenschaftswörter auf ig bilden? Wie würden sie heißen, wenn sie vorhanden wären?

K. Sie würden füſsig und köpſig heißen, wenn sie vorhanden wären; aber solche Eigenschaftswörter sind nicht gebräuchlich.

L. Wie nennt ihr aber ein Thier, welches vier Füſse hat?

K. — vierfüſsig.

L. Und einen Menschen, der einen schwachen Kopf hat, d. h. der schwer etwas begreift?

K. — schwachköpſig.

L. Ihr seht, daß von manchen Hauptwörtern, so lange sie allein gedacht werden, sich zwar nicht Eigenschaftswörter auf ig ableiten lassen, daß aber dieselben doch in der Zusammensetzung mit einem andern Worte vorkommen können. Sucht noch mehre Eigenschaftswörter auf ig, die nur in der Zusammensetzung vorkommen, und gebt sie sogleich in solchen Zusammensetzungen an!

K. Vierfüſsig, schwachköpſig, dreitägig, vierhändig (von Affen), vielseitig, groſsherzig, einäugig, dreibeinig, zweischneidig, vollblütig, zwölflöthig u. s. w.

L. Was habt ihr bei der Bildung solcher Hauptwörter bemerkenswerth gefunden?

K. Wenn das Stammwort sich auf e endigt, so wird dieses e vorher abgeworfen, ehe die Nachsylbe ig angehängt wird. Die neugebildeten Wörter erhalten bald den Umlaut (günstig, jährig), bald nicht (saftig, muthig, lustig).

L. Sucht jetzt Eigenschaftswörter auf ig, die von Zeitwörtern abgeleitet sind!

K. Näschig, stöſsig, beiſsig, eilig, gehörig, geläufig, gehässig, beliebig, bedürſtig — und die zusammengesetzten: zweideutig, zweilebig oder beidlebig (Amphibien), willfährig (der einem zu Willen fährt), weitläuftig.

L. Was bemerkt ihr bei der Ableitung?

K. Das Zeitwort wirft erst die Sylbe en ab, und nimmt dafür die Sylbe ig an. Wo es angeht, tritt überall der Umlaut ein. Die Wörter geläufig und gehässig haben zugleich die Vorsylbe ge angenommen, da es keine Zeitwörter gelaufen und gehassen gibt. In den Wörtern bedürftig und weitläuftig ist noch ein t vor der Endung ig eingeschoben.

L. Solcher, die von Eigenschaftswörtern abgeleitet sind, werden wir außer den vorhin angeführten kaum noch mehre finden. Welche waren es?

K. Völlig und niedrig. — Gütig und spitzig scheinen schon von den Hauptwörtern Güte und Spitze abgeleitet zu sein.

L. Eine beträchtliche Anzahl von Eigenschaftswörtern auf ig gibt es, welche sich nicht ableiten lassen, weil das Stammwort entweder veraltet ist, oder weil die Wurzel nie als besonderes Wort vorhanden gewesen ist. Einige derselben, und außerdem noch einige andere, die sich zwar ableiten lassen, deren Stammwörter aber nicht so leicht erkannt werden, als bei den bisherigen, will ich hier aufführen:

Ewig (vgl. das Lat. ævum), led-ig, sel-ig (von einem veralteten Worte Sal, Glück; vgl. das Lat. salus), üpp-ig, garst-ig, wen-ig, schleun-ig, abtrünn-ig (wohl von trennen), stätig (von stehen); — fertig st. fährtig von fahren; hastig von Hast d. h. Eile; struppig verwandt mit sträuben; tüchtig von taugen; wichtig und gewichtig von Wicht und Gewicht und diese von wiegen; billig und unbillig von Bill und Unbill; einhällig und mißhällig von Hall d. h. Klang, daher auch mit ä zu schreiben.

Einen andern Gebrauch der Sylbe ig zur Bildung neuer Hauptwörter aus Eigenschaftswörtern, haben wir früher schon kennen gelernt. Wiederholt mir, was wir darüber gehabt haben!

K. Die Sylbe ig wird auch gebraucht zur Bildung der Eigenschaftswörter auf keit. Wenn nämlich von Eigenschaftswörtern, die entweder Wurzelwörter sind oder sich auf haft und los endigen, Gedankennamen gebildet werden sollen, so wird ihnen erst die Sylbe ig angehängt und dann die Sylbe keit hinzugefügt, als: fromm, Frömmigkeit; wahrhaft, Wahrhaftigkeit; schuldlos, Schuldlosigkeit (§. 25).

L. Noch eine andere Anwendung der Sylbe ig zur Bildung von Eigenschaftswörtern werdet ihr in der Folge noch kennen lernen, wenn wir uns zuvor mit einer anderen Klasse von Wörtern (den Umstandswörtern) noch bekannt gemacht haben werden.

Zum Voraus und als Vorbereitung auf etwas Folgendes bemerke ich hier schon, daß von Eigenschaftswörtern auf ig theils durch bloße Hinzufügung der Nachsylbe en, theils durch gleichzeitiges Hinzutreten einer Vorsylbe viele Zeitwörter gebildet werden, als: billig-en, heilig-en, nöthig-en, witzig-en; — be-schleunig-en, be-schuldig-en, bemächtigen, belästigen, bekräftigen, berichtigen, begünstigen, beseligen; erniedrigen, erübrigen, erledigen; verewigen, vernachlässigen, verwilligen, vergütigen u. s. w.

Kurze Zusammenfassung alles dessen, was im Vorhergehenden über die Kraft der Sylbe ig gesagt ist.

37.

Die Nachsylben en und ern.

1) Nachsylbe en.

L. Sucht Eigenschaftswörter, welche sich auf die Nachsylbe en endigen, und schreibt sie nieder!

K. schreiben auf und lesen nachher vor:

Eigen, offen, golden, seiden, wollen, selten u. s. w.

L. Sondert diejenigen, welche ihr nicht abzuleiten wißt,

von denjenigen ab, welche ihr von anderen herleiten könnt, und gebt zuerst die ersteren an!

K. Es lassen sich nicht ableiten: Eb-en, eig-en, off-en, selt-en, trock-en.

L. Unter diesen scheint offen mit dem Wörtchen auf zusammenzuhängen, wie auch die Sprache deutlich zeigt, wenn man die Redensarten: „Mache die Thüre auf" — „die Thüre ist offen" — mit einander vergleicht. Da übrigens dieser Wörter nur wenige sind und ihre Wurzel gar nicht als eigenes Wort vorhanden ist, so läßt sich gar nicht bestimmen, inwiefern hier die Nachsylbe auf die Bedeutung des Wortes einwirkt, eben so wenig, als wir dies bei den Nachsylben el und er konnten. — Von allen diesen Eigenschaftswörtern lassen sich Gedankennamen auf heit ableiten. Gebt sie an!

K. Ebenheit, Eigenheit, Offenheit, Seltenheit, Trockenheit.

L. Jetzt gebt einige solche Eigenschaftswörter an, welche sich ableiten lassen!

K. Golden, seiden, hären, tuchen u. s. w.

L. Verbindet mit jedem dieser Eigenschaftswörter ein Hauptwort und gebt dann in einer kurzen Erklärung an, was das Eigenschaftswort bedeute, indem ihr das Stammwort in die Erklärung mit aufnehmt! Was ist ein goldener Löffel, ein seidenes Kleid?

K. Ein goldener Löffel ist ein Löffel, der aus Gold besteht.
Ein seidenes Kleid ist ein Kleid, das aus Seide besteht — u. s. w.

L. Wie nennt man dasjenige, woraus ein Ding verfertigt ist, und also besteht?

K. Den Stoff oder die Materie des Dinges.

L. Wie würdet ihr hienach nun die Bestimmung dieser Sylbe angeben?

K. Die Sylbe en zeigt an, daß ein Ding aus dem

Stoffe oder der Materie besteht, welche das Stammwort angibt.

L. Sucht jetzt mehre Eigenschaftswörter, die sich auf diese Sylbe endigen, und gebt nachher an, was ihr bei der Ableitung derselben Bemerkenswerthes gefunden habt!

K. Hären, hänfen, flächsen; — tuchen, golden, wollen, leinen, messingen, zwillichen; — tännen, büchen; eichen, fichten, seiden, irden (von Erde); — kupfern, silbern, alabastern, ledern, kiefern, marmorn, purpurn; — gefangen, gebunden u. s. w.

Die meisten erhalten bei der Ableitung den Umlaut (hänfen), einige jedoch auch nicht (wollen). Endigt sich das Stammwort auf e, so wird dieser Buchstabe vorher abgeworfen. Endigt sich das Stammwort auf den Buchstaben r, so verliert die Nachsylbe en ihr e (silber-n, purpur-n) und verschmilzt mit der vorhergehenden Sylbe zu Einer Sylbe.

L. Auch die Wörter gefangen, gebunden u. s. w. habt ihr unter den Eigenschaftswörtern mit Recht aufgeführt; denn man sagt: der gefangene Vogel, der gebundene Mensch. Wovon leitet ihr diese Wörter her? Durch welche Mittel ist die Ableitung zu Stande gebracht?

K. Gefangen kommt von dem Zeitworte fangen, gebunden von dem Zeitworte binden her. Bei der Bildung ist die Nachsylbe en hinten geblieben, und vorn ist die Vorsylbe ge hinzugetreten; in gebunden ist außerdem der Laut i mit u verwechselt worden.

L. Sucht noch mehre solche Eigenschaftswörter, die von Zeitwörtern abgeleitet sind!

K. Gefangen, gebunden, gesunken, gebogen, gebissen, getragen, gehalten, gestoſsen, vertrieben, zerrissen, betroffen u. s. w.

L. Könnt ihr hier die Bedeutung dieser Sylbe auch so angeben, wie vorhin? Oder wie werdet ihr dieselbe bestimmen? Sucht euch dieses deutlich zu machen, indem ihr wieder von einigen dieser Wörter eine kurze Erklärung angebt!

R. Ein gefangener Vogel ist ein Vogel, der gefangen worden ist.

Ein gebundener Mensch ist ein Mensch, welcher gebunden worden ist.

Ein gesunkener Stein ist ein Stein, welcher gesunken ist — u. s. w.

Hier paßt die vorige Erklärung gar nicht, da hier überhaupt kein Stoff angedeutet ist. Vielmehr bezeichnet an diesen Wörtern die Nachsylbe en in Verbindung mit der Vorsylbe ge, daß ein Gegenstand dasjenige erlitten habe, oder daß dasjenige mit ihm vorgegangen ist, was das Stammzeitwort anzeigt.

L. Sie drücken also aus, daß ein Ding etwas erlitten hat, oder daß etwas mit ihm vorgegangen ist. Erkennt ihr wohl, daß sie damit zugleich etwas über die Zeit aussagen, die das Stammzeitwort benennt?

R. Ja, sie drücken aus, daß einem Dinge in der vergangenen Zeit dasjenige widerfahren ist, was das Stammwort angibt.

L. Mit welchen andern Wörtern, sind sie also in ihrer Bedeutung nahe verwandt?

R. Mit den Zeitwörtern; denn sie deuten an, daß mit einem Dinge etwas vorgegangen ist, also eine Veränderung; und sie drücken dabei zugleich etwas über die Zeit dieser Veränderung aus, daß sie sich nämlich in der vergangenen Zeit zugetragen hat.

L. Dazu kommt noch, daß sich von jedem Zeitworte entweder ein solches Eigenschaftswort auf en oder ein entsprechendes und gleichbedeutendes auf et oder t bilden läßt. Da nun solche Eigenschaftswörter offenbar noch etwas von der Natur eines Zeitwortes an sich tragen und im Ganzen regelmäßig von einem Zeitworte gebildet werden, so betrachtet man sie nicht sowohl als für sich bestehende Eigenschaftswörter, als vielmehr nur als Formen von Zeitwörtern, und zählt die Umwandelung, wodurch sie aus ihren Zeitwörtern entstehen, gewöhnlich nicht zu den Ableitungen, sondern zu den Biegungen. Der genauere und ausführlichere Unterricht über solche Wörter wird daher in der Lehre von der Redebildung vorkommen, und dort werdet ihr auch erfahren, daß die Vorsylbe ge bei ihrer Bildung nicht überall hinzutritt, und in welchen Fällen dies geschieht, in welchen nicht. Hier merkt euch nur noch dies: Weil diese Wörter an der Natur der Eigenschaftswörter und der Zeitwörter gewissermaßen zugleich Theil nehmen, und zwischen beiden Wörterklassen also gleichsam in der Mitte stehen, so nennt man sie Mittelwörter oder Participien. Bald werden wir noch andere Arten von Mittelwörten kennen lernen.

Bei manchen solcher Mittelwörter ist mit der Zeit ihr Zusammenhang mit den Stammzeitwörtern ganz verdunkelt worden, und wird jetzt entweder nicht mehr erkannt oder doch gewöhnlich nicht beachtet; und diese sind dann jetzt als wahre Eigenschaftswörter zu betrachten. Solche Wörter sind: gewogen (von wiegen), gelassen, unbescholten, unverholen, verwegen (von wagen), bescheiden (st. beschieden von bescheiden) u. a. — Das Eigenschaftswort zufrieden aber ist zusammengesetzt aus zu und Friede.

2) Nachsylbe ern.

L. Sucht Eigenschaftswörter, die sich auf die Nachsylbe ern endigen!

K. Gläsern, hölzern, stählern, albern, schüchtern u. s. w.

L. Sondert auch hier wieder diejenigen, welche sich ableiten lassen, von denen ab, welche ihr nicht abzuleiten wißt, und gebt zuerst die letzteren an!

K. Wir finden nur albern und nüchtern.

L. Auch ich weiß diesen keine anderen hinzuzufügen. Da sich hier Stammwort und abgeleitetes Wort nicht mit einander vergleichen lassen, so können wir hier auch über die Wirkung der Nachsylbe ern nichts Genaueres bestimmen. — Jetzt gebt diejenigen an, welche sich nicht ableiten lassen, und unterscheidet sie wieder nach den verschiedenen Arten von Stammwörtern, wovon sie herkommen!

K. Nur schüchtern kommt von dem Zeitworte scheuchen. — Lüstern kommt von dem Gedankennamen Lust. — Alle übrigen, als: gläsern, hölzern, stählern, zinnern u. s. w. kommen von Sachnamen her.

L. Erklärt einige derselben auf die frühere Weise!

K. Ein gläsernes Napf ist ein Napf, welches aus Glas besteht.

Ein hölzerner Tisch ist ein Tisch, welcher aus Holz besteht.

Ein zinnerner Teller ist ein Teller, welcher aus Zinn besteht — u. s. w.

L. Entwickelt aus diesen Erklärungen die Bestimmung dieser Nachsylbe, wie wir vorher gethan haben!

K. Die Nachsylbe ern bezeichnet, eben so wie en, daß ein Ding aus dem Stoffe oder der Materie besteht, welche das Stammwort anzeigt. Sie bildet daher, so wie jene Sylbe, Eigenschaftswörter aus Hauptwörtern, welche einen Stoff benennen, woraus Dinge verfertigt werden. — Nur schüchtern, lüstern, albern und nüchtern machen hievon eine Ausnahme, und wir wissen bei ihnen über die Wirkung dieser Sylbe nichts zu sagen.

L. Schreibt jetzt möglichst vollständig diejenigen Eigenschaftswörter auf ern hin, welche von Sachnamen herkommen, und in welchen diese Sylbe den Stoff gewisser Dinge bezeichnet. Dann fügt hinzu, was ihr in Hinsicht auf die Ableitung bemerkenswerth findet!

K. Gläsern, hölzern, drähtern, stählern, thönern, wächsern, knöchern; — beinern, zinnern, bleiern, steinern, fleischern, ströhern oder strohern.

Alle, welche es überhaupt verstatten, erhalten den Umlaut; nur von Stroh spricht man das davon abgeleitete

Eigenschaftswort mit und ohne Umlaut aus, ströhern und strohern. — Bei knöchern ist die Nachsylbe en, welche das Stammwort Knochen schon hat, mit ern vertauscht.

L. Werden wir auch die Eigenschaftswörter silbern, kupfern u. s. w. hieher zählen müssen?

K. Nein, bei diesen gehört die Nachsylbe er schon zum Stammworte, und durch die Ableitung ist nur die Nachsylbe en hinzugekommen, welche aber ihr e verloren hat. So auch ledern, kiefern und mehre andere.

L. Selbst die Wörter eisern und ehern werden wir noch zu denen zählen können, welche das er von dem Stammworte herübergenommen haben; denn sie kommen von veralteten Stammwörtern Eiser (im Niederdeutschen noch jetzt Iser) und Eher d. h. Erz.

Ueberhaupt zeigen die angeführten Beispiele, daß die Sylbe ern ursprünglich wohl nicht Eine Sylbe gewesen sein mag, sondern aus den zwei Sylben er und en zusammengezogen ist, von denen die letztere ihr e verloren hat.

L. Prüft jetzt, von welchen Eigenschaftswörtern auf en und ern sich Gedankennamen ableiten lassen, und wie dies geschieht!

K. Bei den Eigenschaftswörtern auf en ist schon vorhin erwähnt, daß diejenigen unter ihnen, die sich nicht von Stammwörtern ableiten lassen, die Bildung von Gedankennamen vermittelst der Sylbe heit verstatten, als: Ebenheit, Eigenheit, Offenheit, Seltenheit, Trockenheit. — Das Gleiche findet statt bei denjenigen beiden Eigenschaftswörtern auf ern, die sich nicht ableiten lassen: Albernheit, Nüchternheit; — und bei denjenigen beiden, die zwar abgeleitet werden können, aber nicht das Bestehen aus einem Stoffe andeuten: Schüchternheit und Lüsternheit. — Dagegen verstatten alle diejenigen Eigenschaftswörter auf en und ern, welche das Bestehen aus dem vom Stammworte benannten Stoffe andeuten, die Ableitung von Eigennamen auf heit gar nicht.

Neue Eigenschaftswörter auf en und ern zur Bezeichnung des Stoffes oder der Materie lassen sich jetzt nicht mehr füglich bilden. Wo sie nicht schon sind, hilft man sich lieber durch eine Umschreibung. Anstatt: eine teigerne Puppe, ein zuckerner Kegel, sagt man lieber: eine Puppe von Teig, ein Kegel von Zucker.

38.

Nachsylbe icht.

Von dem Hauptworte Stein können wir nach dem Vorhergehenden zwei Eigenschaftswörter ableiten: steinig und steinern. — Um den Unterschied der beiden Endungen ig und ern noch deutlicher aufzufassen, verbindet mit jedem Eigenschaftsworte ein Hauptwort, etwa Feld und Säule, gebt eine kurze Erklärung, und entwickelt daraus den Unterschied in der Bedeutung beider Nachsylben, ig und ern oder en.

K. Ein steiniges Feld ist ein Feld, auf welchem sich viele Steine befinden.

Eine steinerne Säule ist eine Säule, welche ganz aus Stein besteht.

Die Nachsylbe ig zeigt an, daß ein Ding den Gegenstand, den das Stammwort benennt, an sich hat. — Die Nachsylbe en oder ern zeigt an, daß ein Ding ganz und gar aus dem Stoffe besteht, den das Stammwort benennt.

L. Man sagt aber auch von einer Birn: sie ist steinicht, und kann also von Stein noch ein drittes Eigenschaftswort bilden, welches steinicht lautet. — Was ist wohl eine steinichte Birn?

K. Eine steinichte Birn ist eine Birn, welche inwendig an manchen Stellen, besonders um das Kernhaus umher, so hart wie Stein ist, welche also einem Steine in der Härte ähnlich ist.

L. Gebt mir eben so die Bedeutung folgender Wortverbindungen an: kupfrige Erde, kupferner Topf, kupfrichte Nase, — und entwickelt daraus die Bedeutung der Nachsylbe icht, so wie den Unterschied zwischen ihr und den Nachsylben ig und ern oder en.

K. Kupfrige Erde ist solche Erde, welche Kupfertheile enthält.

Ein kupferner Kessel ist ein Kessel, welcher ganz aus Kupfer besteht.

Eine kupfrichte Nase (z. B. eines Trunkenbolds) ist eine Nase, welche dem Kupfer in der rothen Farbe ähnlich ist.

Die Nachsylbe ig zeigt an, daß der Gegenstand, den das Stammwort benennt, an einem Dinge vorhanden ist. — Die Nachsylbe en oder ern zeigt an, daß das Ding ganz und gar aus dem Stoffe besteht, den das Stammwort benennt. — Die Nachsylbe icht zeigt an, daß das Ding dem Gegenstande, den das Stammwort benennt, in irgend einer Eigenschaft ähnlich ist.

L. Die Sylbe ig bezeichnet also das wirkliche Vorhandensein, en oder ern den Stoff, und icht eine bloße Aehnlichkeit oder Gleichartigkeit. — Um euch diese Unterschiede noch deutlicher zu machen, vergleicht folgende Wortverbindungen mit einander in Hinsicht auf die darin vorkommenden Eigenschaftswörter: Langwollige Felle, ein wollichter Himmel, ein wollener Rock. —

Haariges Zeug — haarichtes Silber — ein härenes Sieb.

Der Stock ist hartholzig — der Eimer ist hölzern — der Apfel ist holzicht. —

Eine bergige Gegend — das bergichte Meer.

Eine holprige Straße — eine holprichte Rede.

Die rußige Mauer — der rußichte Rabe.

Eine gläserne Röhre — glasichtes Porzellan.

Eine hörnerne Dose — hornichte Haut.

Eine blumige Wiese — blumichte Fensterscheibe.

Der Apfel hat einen weinichten Geschmack.

Das Wasser schmeckt tinticht.

Die Früchte schmecken grasicht.

Die wilden Gänse schmecken fischicht.

Die Nüsse sind öhlicht.

Die Zeuge sind flammicht.

Das Brod ist schwammicht — u. s. w.

K. Langwollige Felle sind Felle, welche lange Wolle haben. — Der Himmel hat ein wollichtes Ansehn, wenn er mit kleinen Wolken bedeckt ist, die wie gekräuselte Wolle aussehen. — Ein wollener Rock ist ein Rock, welcher aus Wolle besteht. — Eine bergige Gegend ist eine Gegend, welche Berge enthält. — Das Meer kann bergicht heißen, wenn es so stark bewegt ist, daß man Wellen wie Berge darauf erblickt. — Eine holprige Straße ist eine Straße, welche Holpern d. h. Unebenheiten, enthält. — Eine Rede wird holpricht genannt, wenn die Worte so schlecht zusammengefügt sind und so rauh klingen, daß man sie mit den Holpern oder Unebenheiten des Erdbodens vergleichen kann; — u. s. w.

L. Uebrigens muß diese Sylbe allemal mit ch und nicht mit g geschrieben werden. Um dies zu unterstützen, pflegt man wohl diese Nachsylbe von achten herzuleiten. Man sagt z. B. Wollicht steht statt wollachtig d. h. sie bezeichnet etwas, was nicht wirkliche Wolle ist, sondern nur für Wolle zu achten ist, was also der Wolle so ähnlich ist, daß es für Wolle gehalten werden könnte. Diese Ableitung ist sehr zweifelhaft und sogar unwahrscheinlich; sie mag euch indessen zu einem Erinnerungsmittel dienen, um daran die Bedeutung der Sylbe und die Schreibung mit einem ch fester zu halten. — Eine Nachsylbe igt gibt es gar nicht, und wo diese Verbindung von Buchstaben vorkommt, da ist sie durch das Wegfallen eines e aus iget entstanden, welches selbst wieder eine Verbindung der beiden Nachsylben ig und et ist, wie folgender Gang der Ableitung zeigt: kund, kund-ig, er-kund-ig-et, erkundigt. — Sünde, sünd-ig, ge-sünd-ig-et, gesündigt. So auch in den Wörtern: verewigt, beschuldigt, beschleunigt u. a.

L. Wir sagten vorhin: die Nüsse sind öhlicht. Ist euch dies ganz außer allem Zweifel, daß wir hierin richtig gesprochen haben?

K. Da Nußkerne wirkliches Oehl enthalten, indem ja Oehl aus ihnen gepreßt wird, so könnten wir auch wohl sagen: die Nüsse sind öhlig.

L. Allerdings! In diesem Falle haben wir wohl Gründe für die Anwendung beider Ausdrücke anzugeben. — Die Nußkerne enthalten wirkliches Oehl, und daher kann man sie öhlig nennen. Dieses Oehl ist aber in ihnen gar nicht so vorhanden, wie man es gewöhnlich erblickt, im Zustande der Flüssigkeit; sondern man erkennt das Vorhandensein desselben nur an dem besondern Geschmacke der Kerne, der dem des Oehles ähnlich ist, und daher wird es auch nicht unrecht sein, wenn man sie öhlicht nennt.

Ist eine Birn fleischig oder fleischicht.

K. Eine Birn ist fleischicht, denn sie ist dem Fleische nur ähnlich.

L. Dies ist zwar in so weit richtig, als eine Birn kein wirkliches Fleisch enthält, wie man es bei Thieren findet. Wie nennt ihr aber die weiche Masse zwischen dem Kernhause und der Oberhaut einer Birn?

K. Diese Masse nennt man auch das Fleisch einer Birn, weil es durch seine Weichheit mit dem Fleische Aehnlichkeit hat, weil es den größten Theil der Birn so ausfüllt, wie das Fleisch den thierischen Körper, und weil es die härteren Theile der Birn so umhüllt, wie das Fleisch die Knochen des thierischen Körpers.

L. Auf ähnliche Weise redet man auch von dem Fleische einer jeden andern weichen und saftigen Frucht, eines

Apfels, einer Pflaume u. s. w.; von dem Fleische eines Blattes u. s. w. Ihr seht also, daß man das Wort Fleisch in zwiefacher, in eigentlicher und uneigentlicher, Bedeutung gebrauchen kann. Nimmt man das Wort Fleisch nun in diesem letztern Sinne oder in uneigentlicher Bedeutung, so kann man allerdings auch sagen, daß die Birn Fleisch enthält, und sie also fleischig nennen.

So wie ich euch jetzt in den Wörtern öhlig und öhlicht, fleischicht und fleischig zwei Beispiele angeführt habe, wo man zweifelhaft sein kann, ob man die Sylbe ig oder icht anzuwenden habe, oder wo man vielmehr beide mit gleichem Rechte anwenden kann; so kommen solcher Fälle noch viel mehre vor. In solchen Fällen darf man über die Wahl eben nicht schwierig sein, und kann in der Regel die Sylbe ig wegen ihres größeren Wohlklanges vorziehen.

39.

Nachsylbe isch.

Durch diese Nachsylbe, eine der ältesten und ursprünglichsten in der Deutschen Sprache, werden gebildet:

1) viele Eigenschaftswörter aus Eigennamen von Ländern oder Städten. Hiebei wird das Verhältniß eines Gegenstandes zu einem Lande oder einer Stadt als eine Eigenschaft dieses Gegenstandes dargestellt. Wenn sich das Stammwort auf en endigt, so wird diese Nachsylbe dabei gewöhnlich abgeworfen, zuweilen bleibt jedoch daraus auch das n. Eine Stadt, welche im Lande Preufsen liegt, heißt eine preufsische Stadt. So sind folgende Wörter gebildet: Preufsisch, schwedisch, spanisch, berlinisch, römisch; — pohlnisch, meifsnisch und viele andere.

Auf eine ähnliche Art werden einige Eigenschaftswörter von Gattungsnamen, welche Länder, Gegenden oder

Städte bezeichnen, gebildet, als: irdisch, städtisch, nordisch, himmlisch, höllisch.

Bei vielen solcher Wörter behält man außer der Nachsylbe isch auch noch die Ableitungssylbe, die sie in einer fremden Sprache haben, bei, als: Americanisch, africanisch, veneti-an-isch, itali-än-isch. Wenn aber Verständlichkeit und Wohllaut nicht darunter leiden, und wenn der Sprachgebrauch solche Wörter nicht schon zu allgemein eingeführt hat, ist es besser, die kürzeren Formen zu gebrauchen, z. B. Hallisch und nicht Hallensisch, Indisch und nicht Indianisch, Sicilisch und nicht Sicilianisch.

2) Eigenschaftswörter aus Eigennamen von Personen, als: Wolf-isch, Luther-isch, Mahomed-an-isch. — Hieher gehören auch die Wörter jüdisch und heidnisch, und die aus Gattungsnamen von Personen, besonders von Personwörtern auf er, gebildeten: dichterisch, mahlerisch, einsiedlerisch, schöpferisch, erfinderisch, kriegerisch, rednerisch und andere.

Diejenigen dieser Eigenschaftswörter, welche von Eigennamen abgeleitet sind, werden nach einem ziemlich allgemein herrschenden Schreibgebrauche auch mit einem großen Anfangsbuchstaben geschrieben, ohne daß dies gerade nothwendig wäre. Der Schreibende behält hier die Freiheit, solche Wörter mit einem großen oder kleinen Anfangsbuchstaben zu schreiben, je nachdem er mehr oder weniger die Aufmerksamkeit des Lesenden darauf hinlenken will.

3) Eigenschaftswörter aus Wörtern einer fremden Sprache, welche dadurch das Gepräge Deutscher Wörter erhalten, und in die Deutsche Sprache eingeführt werden, als: Biblisch (biblicus), musicalisch (musicalis), klassisch (classicus), balsamisch, politisch, barbarisch.

4) Außer den unter Nr. 1—3 genannten Fällen werden durch die Nachsylbe isch auch noch viele andere Eigenschaftswörter gebildet, und sie vereinigt dann die Kraft der

beiden Nachsylben ig und icht in sich. Sie bezeichnet also entweder das Haben und den Besitz einer Sache (neidisch, Neid an sich habend), oder eine Aehnlichkeit und Gleichartigkeit mit dem Gegenstande, den das Stammwort benennt (diebisch, einem Diebe ähnlich). — Merkwürdig ist hiebei, wie sich auch hier wieder der Bildungstrieb der Sprache wirksam gezeigt hat, um mehre neben einander stehende Formen eigenthümlich zu beleben. Ungeachtet die Sylbe isch, wie die vorhergehenden Beispiele zeigen, an sich gar nicht den Begriff des Fehlerhaften und Tadelnswerthen in sich schließt, so hat man doch in dem Falle, wo von einem und demselben Worte zwei Eigenschaftswörter mit verschiedenen Ableitungssylben herkommen, die Sylbe isch vorzugsweise gebraucht, um damit eine Aehnlichkeit in Hinsicht auf fehlerhafte und tadelnswerthe Eigenschaften zu bezeichnen. So ist ein kindisches Betragen ein solches, wodurch man einem Kinde in tadelnswerthen Eigenschaften ähnlich wird, oder das Verhalten eines Kindes da nachahmt, wo es den übrigen Verhältnissen des Nachahmenden gar nicht angemessen ist, wie wenn ein Erwachsener in der Freude springt, wie ein Kind; dagegen ist ein kindliches Betragen ein solches, wodurch man einem Kinde in guten und löblichen Eigenschaften, z. B. in Bescheidenheit, Unbefangenheit und hingebendem Vertrauen, ähnlich wird. Auf eine ähnliche Art unterscheiden sich folgende Wörter, die man hier von den Kindern selbst erklären lassen mag: Weibisch, weiblich — höfisch, höflich — herrisch, herrschend, herrlich — bäurisch (bäurisches Betragen), bäuerlich (bäuerliche Verhältnisse) — gebieterisch, gebietend — schmeichlerisch, schmeichelhaft — — und wie sehr man geneigt gewesen ist, die Sylbe isch überall da anzuwenden, wo mit dem Worte die Vorstellung des Fehlerhaften und Tadelnswerthen verbunden werden soll, zeigen noch folgende Beispiele: (aber-)gläubisch, gläubig, glaublich, glaubhaft — (frei-)geisterisch, geistig, geistlich — (schul-)meisterisch, meisterhaft, meisterlich — misstrauisch, vertraulich u. s. w. — Nachdem nun mit dieser Sylbe ein solcher Nebenbegriff des Fehlerhaften und Tadelnswerthen sich erst verbunden hatte, wandte man sie nun vorzugsweise an, wenn man von Hauptwörtern, welche tadelnswerthe Eigenschaften oder tadelnswerthe Personen bezeichnen, Eigenschaftswörter bilden wollte, als: neidisch, zänkisch, tückisch, höhnisch, läppisch, mürrisch, argwöhnisch, diebisch, närrisch, bübisch, schelmisch, träumerisch, buhlerisch, sauertöpfisch, viehisch, hündisch, säuisch u. s. w. Hier liegt der Begriff des Tadelnswerthen und Fehlerhaften zwar schon in dem Stammworte und geht von diesem in das abgeleitete Eigenschaftswort über, so daß er genau genommen nicht als Wirkung der Sylbe isch zu betrachten ist; aber diese Beispiele zeigen doch, wie man vorzugsweise die Sylbe isch ausgewählt hat, um dadurch Eigenschaftswörter zu bezeichnen, die etwas Fehlerhaftes ausdrücken, da man sonst eben so wohl neidig, neidlich, neidhaft, neidsam u. dergl. hätte sagen können. — — In den Wörtern knechtisch und sklavisch wird der üble Nebenbegriff auch mehr durch die Sylbe isch hinzugebracht, als daß er in den Stammwörtern zu suchen wäre.

40.

Nachsylbe lich.

Durch diese Nachsylbe werden Eigenschaftswörter von Hauptwörtern, Eigenschaftswörtern und Zeitwörtern abgeleitet, welche hier nach diesen drei Abtheilungen auch durchgegangen werden sollen.

1) Wenn dadurch Eigenschaftswörter von Hauptwörtern abgeleitet werden, so bezeichnet diese Sylbe in den meisten Fällen nur eine Aehnlichkeit, und man denkt sie sich dann wohl zur Erläuterung der Sache mit dem Worte gleich (im Niederd. līk, im Engl. like) verwandt. Eine

königliche Mahlzeit z. B. ist eine Mahlzeit, wie sie ein König zu halten pflegt. — Brüderliche Liebe ist solche Liebe, wie sie Brüder unter einander zu haben pflegen. — Auf ähnliche Art werden folgende Wörter gebraucht: königlich, brüderlich, jugendlich, festlich, weltlich, männlich, jungfräulich, menschlich, göttlich, fürstlich, herrlich, gräflich, meisterlich, feierlich, wunderlich, herbstlich, sommerlich u. s. w.

Eben diese Wörter werden aber nicht selten auch gebraucht, wenn ein Verhältniß zu dem Gegenstande, welchen das Stammwort benennt, als eine Eigenschaft des Dinges dargestellt werden soll. Ein königliches Schloß z. B. ist ein Schloß des Königs, oder, welches dem Könige gehört; das Wort königlich sagt hier von dem Schlosse gar keine Beschaffenheit aus, sondern es bezeichnet nur ein Verhältniß zum Könige, nämlich ein Besitzverhältniß. — Das göttliche Gesetz ist das Gesetz, welches Gott gegeben hat; u. s. w. So die Wörter: königlich, bischöflich, gräflich, göttlich, weiblich, menschlich u. s. w.

Zuweilen bezeichnet diese Sylbe, wie sonst die Sylbe ig, das Haben oder den wirklichen Besitz der Sache, die das Stammwort benennt. Ein glücklicher Mensch ist ein Mensch, welcher Glück hat. — Ein gefährliches Unternehmen ist ein Unternehmen, welches Gefahr bringt, oder Gefahr gleichsam mit sich führt. — So die Wörter: glücklich, unglücklich, gefährlich, ehrlich, zuversichtlich, schädlich, schimpflich, schändlich, u. s. w.

Einige andere solcher Eigenschaftswörter lassen sich gar nicht genau unter einen gemeinsamen Begriff bringen, und jedes derselben muß einzeln auf besondere Weise erklärt werden, als: Bildlich, was als Bild vorgestellt wird, z. B. eine bildliche Rede; — eidlich z. B. eine eidliche Aussage, d. h. eine durch einen Eid bestätigte Aussage; — namentlich z. B. eine namentliche Aufzählung, d. h. eine Aufzählung, welche durch Hersagung der Namen gemacht wird; — mündlich und schriftlich z. B. Unterredung, d. h. eine solche, welche durch den Mund oder die Schrift gehalten wird; — persönlich z. B. Anwesenheit, d. h. eine Anwesenheit in Person; — häuslich, was im Hause geschieht; — jährlich, was in jedem Jahre geschieht; — stündlich, was in jeder Stunde geschieht.

2) Wenn Eigenschaftswörter von andern Eigenschaftswörtern vermittelst der Sylbe lich abgeleitet werden, so bewirkt diese Sylbe eine Verkleinerung, indem sie dieselbe Eigenschaft in einem geringern Grade benennt. Daß der Buchstabe l zur Darstellung von Verkleinerungen vorzugsweise gebraucht werde, ist schon vorhin erwähnt worden (§. 20). — Süſslich (d. h. ein wenig süſs), säuerlich (d. h. ein wenig sauer), grünlich, bräunlich, bläulich, schwärzlich, röthlich, ältlich, dicklich, härtlich, gröblich, kränklich, schwächlich, weichlich, länglich, kärglich, rundlich, laulich, u. s. w. — Auch diese Beispiele zeigen, daß fast überall, wo es angeht, der Umlaut eintritt, um die Verkleinerung noch mehr für das Ohr zu versinnlichen.

Ehedem pflegte man in dieser Bedeutung licht zu setzen, z. B. schwärzlicht; allein dergleichen Wörter sind jetzt gar nicht mehr im Gebrauche, und es gibt überhaupt gar keine Nachsylbe licht in der Deutschen Sprache.

3) Wenn Eigenschaftswörter von Zeitwörtern vermittelst der Nachsylbe lich abgeleitet werden, so bezeichnet sie die Möglichkeit oder Leichtigkeit der Entstehung dessen, was das Stammzeitwort benennt; und man denkt sie sich dann wohl mit dem Worte leicht (im Niederd. licht) verwandt. Solche Wörter können aber nicht immer auf gleiche Art erklärt werden; denn manche derselben zeigen an, daß ein Ding leicht dasjenige thut oder leicht in den Zustand geräth, den das Stammwort anzeigt (active Bedeutung), andere zeigen an, daß ihm dieses leicht gethan wird oder widerfährt (passive Bedeutung). So ist ein schrecklicher Ton ein solcher Ton, welcher leicht andere

schreckt; — eine erfreuliche Begebenheit eine solche, welche leicht andere erfreut; — eine beharrliche Krankheit eine solche, welche beharrt; — eine dienliche Arzenei eine solche, welche dient d. h. auf die Wiederherstellung der Gesundheit heilsam einwirkt. Aber ein beweglicher Tisch ist ein Tisch, welcher leicht bewegt werden kann; — eine glaubliche Geschichte ist eine Geschichte, welche leicht geglaubt wird; — u. s. w.

Zur ersten Abtheilung (d. h. zu denen, welche eine Leichtigkeit des Thuns anzeigen, oder eine active oder intransitive Bedeutung haben) gehören folgende Eigenschaftswörter: tauglich, untauglich, behaglich, beharrlich, erspriesslich, dienlich, sehnlich, schicklich, hinlänglich, schmerzlich, empfindlich, ziemlich, sterblich; — schrecklich, erfreulich, erbaulich, beförderlich, hinderlich, verderblich, betrüglich, vergesslich, schädlich, empfänglich; u. s. w.

Zur zweiten Abtheilung (d. h. zu denen, welche eine Leichtigkeit des Leidens anzeigen, oder eine passive Bedeutung haben), gehören unter andern folgende: beweglich, üblich (was geübt wird), gebräuchlich, merklich, erforderlich, zerbrechlich, erweislich, begreiflich, erträglich, veränderlich, leserlich (st. leslich, was leicht gelesen werden kann). — Bei manchen dieser Wörter geht der Begriff der Leichtigkeit des Leidens in den Begriff der Nothwendigkeit oder Würdigkeit über, als: verächtlich, bedenklich, erbärmlich d h. was verachtet werden, bedacht werden, dessen man sich erbarmen muß, oder, was werth ist, verachtet, bedacht zu werden, daß man sich seiner erbarme.

Manche solcher Wörter sind nur gewöhnlich, wenn sie vermittelst der Vorsetzsylbe un die verneinende Form und Bedeutung erhalten haben, als: unaufhörlich (was nicht aufhört), unauslöschlich (was nicht auslischt, oder nicht ausgelöscht werden kann), unerforschlich (was nicht erforscht werden kann), unerbittlich, unverletzlich, unaussprechlich, unergründlich, unbezwinglich, unbestechlich, unwiderstehlich, unentgeltlich, unvergleichlich, unübersteiglich.

Die genannten Beispiele zeigen hinlänglich, daß, wo es angeht, fast überall der Umlaut eintritt. — Wenn sich der Stamm auf ein l endigt, so ist des Wohllautes wegen die Ableitungssylbe allemal ig und nicht lich. Daher ist auch adelig richtiger als adellich oder adelich. Scheuslich scheint nicht unmittelbar von scheuen herzukommen, sondern statt scheuselig von Scheusal abgeleitet zu sein; daher auch hier scheuslig richtiger wäre als scheuslich, wenn nicht letzteres schon ganz allgemein eingeführt wäre. Niedlich kommt von einem jetzt veralteten Stammworte nieden.

Die eigenthümliche Kraft sowohl dieser Sylbe, als auch anderer Ableitungssylben erkennt man oft am besten dadurch, wenn man Wörter, welche vermittelst verschiedener Ableitungssylben aus einem und eben demselben Stammworte gebildet sind, mit einander in Hinsicht auf ihre Bedeutung vergleicht. Hier eine kleine Anzahl derselben zur Vergleichung der beiden Nachsylben ig und lich: Zeitig, zeitlich — jährig, jährlich — stündig (in Zusammensetzungen, zweistündig), stündlich — sichtig (in den Zusammensetzungen kurzsichtig, scharfsichtig u. s. w.), sichtlich — gläubig, glaublich — geistig, geistlich — thätig, thätlich — leidig, leidlich.

Eine zeitige Frucht ist eine Frucht, welche ihre gehörige Zeit hat, d. h. reif ist. Zeitliche Güter sind Güter, welche nur für diese Zeit, im Gegensatze gegen die Ewigkeit, bestehen. — Eine dreijährige Pacht ist eine Pacht, welche drei Jahre hindurch gedauert hat. Ein jährliches Fest ist ein Fest, welches in jedem Jahre gefeiert wird. — Ein kurzsichtiger Mensch ist ein Mensch, welcher ein kurzes Gesicht hat, oder nicht weit sehen kann. Ein kaum sichtliches Pünktchen ist ein solches, welches kaum gesehen werden kann. — Gläubig heißt der Mensch, welcher Glauben hat. Glaublich ist etwas, was geglaubt werden kann.

Noch einen andern Gebrauch der Nachsylbe lich werden wir in der Folge bei den Umstandswörtern kennen lernen.

41.

Nachsylbe sam.

Ehedem gab es in der Deutschen Sprache ein eigenes Wörtchen sam, gleichbedeutend mit als oder wie, welches aber jetzt veraltet ist. Dieses Wörtchen wird von einigen, obgleich sehr unwahrscheinlich, für den Ursprung der Nachsylbe sam gehalten. Hienach würde dieselbe ursprünglich eine Aehnlichkeit oder Gleichartigkeit bezeichnet haben, was aber nur noch in wenigen Wörtern erkannt werden kann, z. B. wundersam, was einem Wunder ähnlich ist; — sittsam, was so ist, wie es die gute Sitte fordert, der guten Sitte gemäß. So wie dies letztere Wort sich auch erklären läßt: „was gute Sitten an sich hat" — so zeigt sie auch in andern Fällen das wirkliche Vorhandensein oder den Besitz dessen an, was das Stammwort anzeigt und geht also damit in die Bedeutung der Nachsylbe ig über, z. B. ehrsam, tugendsam, was Ehre und Tugend an sich hat. — Bei denen, welche von Zeitwörtern abgeleitet sind, ist sie oft mit der Sylbe lich gleichbedeutend und zeigt wie diese eine gewisse Fähigkeit oder Leichtigkeit an, das zu thun oder zu erleiden, was das Stammwort benennt; ja nicht selten drückt sie mehr aus als diese, nämlich eine Geneigtheit dieses zu thun oder zu erleiden, z. B. folgsam, geneigt zu folgen — lenksam, was leicht gelenkt werden kann, oder, geneigt, sich lenken zu lassen.

Hier noch ein kleiner Vorrath solcher Eigenschaftswörter auf sam:

Einsam, friedsam, gewaltsam, seltsam, wegsam, furchtsam, grausam, sattsam, langsam — heilsam (geneigt oder wirksam zu heilen, z. B. eine Arzenei), arbeitsam (geneigt zu arbeiten), bedachtsam (geneigt zu bedenken), aufmerksam, betriebsam, behutsam, folgsam, genügsam (geneigt sich genügen zu lassen), sparsam, wachsam, erfindsam, empfindsam, wirksam, duldsam, überlegsam, enthaltsam (geneigt sich zu enthalten), ausdehnsam (geneigt sich auszudehnen, z. B. die Luft); biegsam (was leicht gebogen werden kann, geneigt sich biegen zu lassen), lenksam, bildsam, rathsam.

42.

Nachsylbe bar.

Diese Nachsylbe bildet Eigenschaftswörter theils von Hauptwörtern, theils von Zeitwörtern.

1) Wenn sie Eigenschaftswörter von Hauptwörtern bildet, so bezeichnet sie das Bringen oder Verursachen von etwas, und daher nimmt man wohl an, daß sie mit dem im Niederdeutschen noch vorhandenen Worte bären d. h. tragen, heben verwandt oder daraus entstanden sei; dieser Begriff geht dann oft auch in den Begriff einer Anwesenheit von etwas oder einer Aehnlichkeit mit etwas über, und dadurch wird sie dann mit den Sylben ig, icht und lich gleichbedeutend. — Fruchtbar (was Frucht trägt oder bringt), zinsbar (was Zinsen bringt); steuerbar, zollbar, dankbar, undankbar, strafbar, schandbar, furchtbar, scheinbar, wunderbar (was gleichsam ein Wunder an sich trägt, einem Wunder ähnlich ist), mannbar (was das Alter und die Kennzeichen des Mannes an sich trägt, einem Manne ähnlich ist), mittelbar (was ein Mittel erfordert, durch ein Mittel geschehen muß), unmittelbar, lastbar (was eine Last tragen kann) u. s. w.

2) Wenn sie Eigenschaftswörter von Zeitwörtern ableitet, so bezeichnet sie die Möglichkeit eines Thuns

(active Bedeutung) oder eines Leidens (passive Bedeutung); jedoch ist letzteres das Gewöhnlichere und Häufigere. — Die Möglichkeit eines Thuns wird ausgedrückt in: fehlbar (was fehlen oder einen Fehler begehen kann), unfehlbar, brennbar (was brennen kann), streitbar. — Die Möglichkeit eines Leidens wird ausgedrückt in: haltbar (was gehalten werden kann z. B. eine Festung), sichtbar (was gesehen werden kann), essbar, tröstbar, hörbar, theilbar, brauchbar, unleugbar, wohnbar (was bewohnt werden kann), zahlbar, denkbar, trinkbar, heilbar, fühlbar, reizbar, schiffbar (was beschifft werden kann z. B. ein Fluß). — Tragbar vereinigt beide Bedeutungen in sich; denn ein tragbarer Baum ist ein Baum, welcher Früchte tragen kann, aber eine tragbare Last ist eine Last, welche getragen werden kann.

Von dem Eigenschaftsworte offen ist abgeleitet das Wort offenbár, welches sich auch durch die ungewöhnliche Lage des Accents auf der Nachsylbe bar auszeichnet.

Zuweilen sind solche Eigenschaftswörter mit dem Begriffe der Nothwendigkeit oder Würdigkeit verbunden, als: zahlbar, was gezahlt werden muß; schätzbar, achtbar, was geschätzt oder geachtet werden muß, was Schätzung oder Achtung verdient. — Manche der durch diese Nachsylbe gebildeten Wörter vereinigen mehre der angegebenen Bedeutungen in sich, z. B. das vorhin angeführte tragbar; wie dies vorhin auch schon von der Nachsylbe lich erwähnt ist und auch noch von andern Nachsylben gilt.

Ehedem gab es noch ein eigenes Wort bar, welches so viel als bloß oder ledig bedeutete und den Mangel von etwas anzeigte. Jetzt findet sich dieses Wort bar nur noch in den Zusammensetzungen barfuss und barhaupt (d. h. mit bloßen Füßen oder mit bloßem Haupte), wo es voransteht. Ehedem setzte man es in der Zusammensetzung auch hinten, und sagte: volkesbar, gutesbar (d. h. ohne Volk, ohne Gut), wie wir jetzt güterlos sagen; und so in vielen andern Zusammensetzungen. Da aber diese Bedeutung der Sylbe bar der vorigen fast gerade entgegengesetzt ist, und dadurch leicht Zweideutigkeiten entstehen könnten, so werden Zusammensetzungen dieser Art im Hochdeutschen entweder gar nicht mehr, oder nur dann gebraucht, wenn man die Schreibart der ältern Zeit absichtlich nachahmen will.

43.

Nachsylbe haft.

Diese Sylbe ist unstreitig von haben abgeleitet oder doch von hasten, welches selbst aber wieder aus haben entstanden ist; sie zeigt also das Haben, den Besitz, das Vorhandensein einer Sache an einer andern an. Tugendhaft ist derjenige, welcher Tugend an sich hat oder besitzt; — ernsthaft, wer Ernst an sich hat — u. s. w. — Der Bedeutung nach ist sie also mit der Nachsylbe ig, welche auch das Vorhandensein eines Dinges an einem andern anzeigt, ganz nahe verwandt. Durch sie werden Eigenschaftswörter von Hauptwörtern, von Eigenschaftswörtern und Zeitwörtern gebildet.

1) Eigenschaftswörter von Hauptwörtern. Solche sind: Tugendhaft, ernsthaft, schamhaft, lasterhaft, fehlerhaft, mangelhaft, schmackhaft (guten Geschmack habend), schadhaft, herzhaft (Herz d. h. Muth habend), gewissenhaft, nahmhaft, lebhaft (Leben habend), nahrhaft (Nahrung habend oder gewährend z. B. eine Speise), frevelhaft, dauerhaft, wohnhaft (Wohnung habend), vortheilhaft, lügenhaft, theilhaft u. s. w.

Einige haben dabei den Nebenbegriff des Uebertragens auf andere oder des Verursachens, als: ekelhaft, Ekel mitsichführend und daher andern Ekel erweckend; schmerzhaft, Schmerz verursachend; spafshaft, Spafs verursachend. — In manchen Wörtern drückt sie aus, daß an einem Dinge nur Etwas von dem Gegenstande vorhanden sei, den das Stammwort benennt, oder daß es diesem Gegenstande ähnlich sei, als: fieberhaft (Etwas vom Fieber an sich habend, dem Fieber ähnlich z. B. ein fieberhafter Zustand); knabenhaft, kinderhaft, schülerhaft, meisterhaft, mannhaft, riesenhaft, herbsthaft, schalkhaft, sommerhaft, musterhaft, fabelhaft. — In Wörtern dieser Art kann die Sylbe nicht selten mit mäſsig (das Maaſs eines Dinges an sich habend) vertauscht werden, z. B. schülerhaft oder schülermäſsig, knabenhaft oder knabenmäſsig; oder auch mit artig (die Art eines Dinges an sich habend) z. B. riesenhaft oder riesenartig, herbsthaft oder herbstartig.

2) Eigenschaftswörter von andern Eigenschaftswörtern. Diese sind seltener und mit ihren Stammwörtern fast gleichbedeutend, als: boshaft, leckerhaft, wahrhaft, krankhaft d. h. das Böse, Leckere, Wahre, Kranke an sich habend; — vielleicht auch zaghaft (von zag, wenn nicht von zagen).

3) Eigenschaftswörter von Zeitwörtern. Hier bezeichnet haft wie sam gewöhnlich eine Neigung zu etwas oder eine Gewohnheit in etwas. — Schwatzhaft, zankhaft (das Schwatzen, Zanken an sich habend; zum Schwatzen, Zanken geneigt; gewohnt zu schwatzen oder zu zanken), plauderhaft, flatterhaft, tändelhaft, naschhaft, zweifelhaft. In diesem letzten Worte, so wie in manchen andern bezeichnet die Sylbe zuweilen auch nur eine Möglichkeit z. B. ein wehrhafter Mann, ein Mann, der sich wehren kann; eine zweifelhafte Begebenheit, eine Begebenheit, welche bezweifelt werden kann.

Da diese Nachsylbe eine sehr bestimmte und dem Sinne nach leicht erkennbare Bedeutung hat, so werden vermittelst derselben nicht selten jetzt noch neue Wörter gebildet.

Einigen Eigenschaftswörtern auf haft pflegt man noch die Nachsylbe ig anzuhängen, z. B. leibhaftig, theilhaftig, wahrhaftig. Im gemeinen Leben sind noch viele solcher Wörter gewöhnlich, die man aber in der Schriftsprache nicht gebraucht, z. B. schwatzhaftig, standhaftig, gewissenhaftig, dauerhaftig, lebhaftig u. s. w. Da nämlich nach §. 25 die Sylbe ig erst eingeschoben wird, wenn von Eigenschaftswörtern auf haft Gedankennamen auf keit gebildet werden, so wird man an die Verbindung dieser beiden Nachsylben gewöhnt, und ist geneigt, die Eigenschaftswörter so auszusprechen, wie sie lauten, wenn man von jenen Gedankennamen bloß die Nachsylbe keit wegläßt; Dauerhaftig-keit, dauerhaftig. Da aber die beiden Nachsylben haft und ig gleichbedeutend sind, so liegt in der Zusammensetzung von beiden etwas Ueberflüssiges und man muß dieselbe in allen Fällen vermeiden, wo sie der Sprachgebrauch nicht schon allgemein eingeführt hat, wie dies bei den erstgenannten Wörtern leibhaftig, theilhaftig, wahrhaftig der Fall ist.

44.

Bemerkungen über die Nachsylben ig, isch, lich, sam, bar und haft.

Die Nachsylben ig, lich, sam, bar und haft haben zwar nach dem Vorhergehenden jede ihre bestimmte Grundbedeutung, so daß ig und haft das Vorhandensein einer Sache, lich eine Leichtigkeit, sam eine Geneigtheit und bar eine Möglichkeit des Thuns oder Leidens anzeigen; zugleich zeigen aber die vorhin gegebenen Erläuterungen und Beispiele auch hinreichend, daß diese Bedeutungen sehr leicht in einander übergehen, und daß man das Gebiet jeder derselben keinesweges von dem der anderen fest und bestimmt scheiden kann. Zuweilen sind daher Eigenschaftswörter, welche von einem und eben demselben Stammworte herkommen und nur verschiedene dieser Ableitungssylben haben, auch fast ganz gleichbedeutend. Dergleichen Wörter sind unter andern: Bedachtsam und bedächtig — friedsam und friedlich — wundersam und wunderbar — diensam und dienlich — tugendsam und tugendhaft — furchtbar und fürchterlich.

Viel häufiger aber tritt der Fall ein, daß die Sprache nach dem ihr inwohnenden Bildungstriebe die vorhandene Verschiedenheit der Formen auch benutzt hat, um daran Verschiedenheiten der Bedeutung anzuknüpfen, damit der vorhandene größere Vorrath von Wörtern nicht todt und unbenutzt liegen bleibe, sondern jedes unter ihnen sein eigenthümliches Leben gewinne und dabei dem Gesammtzwecke der Sprache diene. Auch in solchen Fällen hat man sich aber an die Grundbedeutung jeder Sylbe nicht immer streng gehalten, sondern sich oft damit begnügt, nur Verschiedenheiten dadurch auszudrücken. Einige Beispiele dieser Art sind folgende: Bildsam und bildlich. — Ein bildsamer Jüngling ist ein Jüngling, der geneigt und fähig ist, gebildet zu werden. Eine bildliche Rede ist eine solche, in welcher etwas unter einem Bilde dargestellt ist, z. B. Ich bin der Weinstock und ihr seid die Reben. Joh. 15, 5.

Furchtsam, furchtbar und fürchterlich. — Ein furchtsamer Knabe, ein Knabe der sich leicht fürchtet. Ein furchtbarer oder ein fürchterlicher Blitz, ein Blitz, welcher Furcht erweckt. — Hienach sind die beiden Wörter furchtbar und fürchterlich fast gleichbedeutend, aber von furchtsam wesentlich unterschieden. — Fürchterlich steht anstatt fürchtlich, und die Sylbe er scheint nur des Wohllautes wegen eingeschoben zu sein, um das übelklingende und die Aussprache erschwerende Zusammentreffen zu vieler Lautbestimmungen zu verhüten.

Heilsam, heilbar. — Eine heilsame Arzenei, eine Arzenei, welche leicht heilt oder Heilung bewirkt. Eine heilbare Krankheit, eine Krankheit, welche geheilt werden kann.

Gewaltsam, gewaltig. — Ein gewaltsamer Mord, ein Mord der mit Gewalt vollbracht ist. Ein gewaltiger Fürst, ein Fürst, der große Gewalt besitzt.

Eben so können folgende Eigenschaftswörter mit einander verglichen und ihre Bedeutung an Beispielen erläutert werden, welches den Kindern als eine Uebung des Nachdenkens in Stunden der Selbstbeschäftigung aufgegeben werden kann: Bedachtsam oder bedächtig und bedenklich; — Wundersam oder wunderbar und wunderlich; — unduldsam und unduldbar; — empfindbar (was empfunden werden kann); empfindsam (was leicht oder zart empfindet, gewöhnlich im guten Sinne); empfindlich (was leicht empfindet mit dem Nebenbegriffe des Tadels, wenn man z. B. auch bei unbedeutenden Kleinigkeiten Empfindung der Unzufriedenheit äußert); — sittsam, von einer Person; sittlich vom Betragen oder einer Handlung gebraucht; — mannbar und männlich; — ehrbar, ehrsam und ehrlich — beträchtlich und betrachtbar; — ergötzlich und ergötzbar; — verführbar und verführerisch.

45.

Nachsylbe end.

Diese Nachsylbe findet sich nur an zwei Eigenschaftswörtern, die keiner Ableitung fähig sind, nämlich: elend und nackend, und es kann darin nichts über ihre Bedeutung bestimmt werden: statt nackend sagt man jetzt auch gewöhnlicher nackt. — Sonst wird von dem Worte morgen durch Hinzufügung eines d das Eigenschaftswort morgend gebildet, z. B. der morgende Tag.

Außerdem kann aber von jedem Zeitworte vermittelst der Nachsylbe end ein Eigenschaftswort gebildet werden, welches anzeigt, daß eine Person oder eine Sache in der gegenwärtigen Zeit dasjenige thut oder in dem Zustande ist, den das Stammwort benennt, als: Ein schreibender Mann ist ein Mann, welcher jetzt schreibt. — Der laufende Knabe ist der Knabe, welcher jetzt läuft. — Das fliessende Wasser ist das Wasser, welches jetzt fliesst. —

Eben so: liebend, lobend, redend, fischend, spielend, stossend u. s. w.

Da aber solche Eigenschaftswörter von allen Zeitwörtern ohne Ausnahme regelmäßig gebildet werden können, da sie eine bestimmte Zeit (die Gegenwart) mit ausdrücken, und da sie noch manches andere von der Natur der Zeitwörter behalten; so erkennt man diese Veränderung für keine wahre Ableitung an, sondern rechnet sie mit zu den Biegungen und betrachtet das dadurch entstandene Wort nur als eine Wortform des Zeitwortes. Man erhält durch Anhängung dieser Nachsylbe eine zweite Art von Mittelwörtern oder Participien (§. 37). Das Weitere darüber wird die Redebildung lehren.

Durch Hinzufügung der Nachsylbe ig zu einem solchen Mittelworte (lebend) ist das Wort leb-end-ig entstanden, welches in Absicht auf die Aussprache eine merkwürdige Ausnahme macht, indem es den Accent nicht auf der Wortsylbe, sondern auf der ersten Nachsylbe end hat — lebéndig. —

46.

Nachsylbe et oder t.

Von sehr vielen Zeitwörtern kann auch ein Eigenschaftswort vermittelst der Nachsylbe et oder t gebildet werden, wobei dann gewöhnlich noch die Vorsylbe ge hinzutritt, als: lieben, geliebt; sammeln, gesammelt; brennen, gebrannt; senden, gesandt.

Solche Eigenschaftsworter bezeichnen, daß ein Ding in der vergangenen Zeit dasjenige erlitten hat, oder daß dasjenige an ihm vorgegangen ist, was das Stammzeitwort angibt. — Das gesammelte Heu ist das Heu, welches in einer vergangenen Zeit gesammelt worden ist. Der gebrannte Thon ist der Thon, welcher gebrannt worden ist. Der gelobte Schüler ist der Schüler, welcher gelobt worden ist. Diese Eigenschaftswörter drücken also aus, daß einem Dinge etwas, und zwar in der vergangenen Zeit, widerfahren ist; sie tragen also ebenfalls noch etwas von der Natur ihrer Stammzeitwörter an sich, und sind daher Mittelwörter oder Participien; man betrachtet sie nur als Wortformen ihrer Stammzeitwörter, und die Veränderung, wodurch sie entstehen, wird nicht den Ableitungen, sondern den Biegungen beigezählt. — Die Mittelwörter auf et oder t sind den (nach §. 37) auf en gebildeten dem Sinne nach als völlig gleichartig zu betrachten, und jedes Zeitwort hat entweder eines, was auf en, oder eines, was auf et oder t gebildet ist, aber keines hat beide zugleich. Welche Zeitwörter nun das eine oder das andere bilden, in welchen Fällen die Vorsylbe ge dabei eintritt, in welchen Fällen sich der Laut in einen andern verändert (brennen, gebrannt), in welchen aber nicht (loben, gelobt) u. s. w.; über alles dieses wird die Redebildung nähere Auskunft geben.

Solchen Mittelwörtern sind gewisse Eigenschaftswörter sehr ähnlich, welche vermittelst der Vorsylben ge und be und der Nachsylben et oder t von einigen Hauptwörtern abgeleitet werden, und welche das Vorhandensein dessen, was das Stammwort benennt, an einem andern Dinge bezeichnen, als: Gefiedert, geblümt, gehörnt, gehuft, gemasert, geädert, gerippt; beschilft, berußt u. s. w. — Gefiedert d. h. mit Federn versehen; ein beschilftes Ufer, ein mit Schilf versehenes oder bewachsenes Ufer. — Eigenschaftswörter dieser Art haben ganz die Form von Mittelwörtern oder Participien, obgleich man keine Zeitwörter angeben kann, woraus sie gebildet wären. Indem man sie von ihren Stammhauptwörtern ableitete, hat man sich erst ein Zeitwort zum Behuf der Ableitung des Eigenschaftswortes gedacht und dem letzteren die Form des Mittelwortes von diesem Zeitworte gegeben; das Zeitwort selbst ist aber nie in Gebrauch gekommen. Aus Feder, Blume,

Horn, Huf, Maser, Ader, Rippe, Schilf, Rufs bildete man die obengenannten Eigenschaftswörter so, als wenn es Zeitwörter fiedern, blümen, hörnen, hufen, masern, ädern, rippen, beschilfen, behufen gäbe, deren Bedeutung sein würde: mit Federn, Blumen u. s. w. versehen, und gab den Eigenschaftswörtern die Form von Mittelwörtern dieser nur gedachten Zeitwörter, welche die Sprache sonst nie aufgenommen hat.

47.

Gebrauch der Nachsylbe er zur Bildung von Eigenschaftswörtern aus Eigennamen der Städte.

Von den Eigennamen der Städte und Dörfer, zuweilen auch der Landschaften, bildet man häufig ein besonderes Eigenschaftswort auf er, als: ein Berliner Wagen — die Woltersdorfer Feldmark — Meklenburger Pferde; Hollsteiner Butter. — Solche Eigenschaftswörter unterscheiden sich von allen übrigen Eigenschaftswörtern dadurch, daß sie völlig unverändert bleiben, und weder Geschlechts- noch irgend andere Biegungsendungen annehmen z. B. der Berliner Wagen, die Berliner Elle, das Berliner Blau; des Mannheimer Bieres; die Stettiner Aepfel; den Salzburger Alpen. Die Unveränderlichkeit solcher Eigenschaftswörter pflegt man wohl so zu erklären, daß unter jedem solchen Worte eigentlich der Name der Bewohner des Ortes verstanden werden müsse, und daß jede solche Wortverbindung eigentlich nur einen abgekürzten Ausdruck enthalte, daß z. B. „ein Berliner Wagen“ stehe anstatt: „ein Wagen der Berliner“ — „Hollsteiner Butter“ anstatt: „Butter der Hollsteiner“ u. s. w. — Vielleicht ist die Ansicht über den Ursprung dieser Wörter noch richtiger auf folgende Art zu fassen:

Zur Bildung von Eigenschaftswörtern aus Namen der Länder, Städte und Dörfer ist eigentlich die Endung isch bestimmt (§. 39). Dieselbe Bestimmung, welche die Endung isch bei Eigenschaftswörtern hat, hat die Endung er bei Hauptwörtern, und beide Endungen sind im Uebrigen völlig gleichbedeutend, nur daß er sein abgeleitetes Wort zu einem Hauptworte, isch aber zu einem Eigenschaftsworte stempelt, als: Holländer, holländisch; Bremer, bremisch. Nun tritt bei Eigenschaftswörtern auf isch, wenn dieselben noch Biegungsendungen annehmen sollen, häufig ein Uebellaut ein z. B. Stuttgardtische Bibliothek; und man wünscht zur Aufhebung desselben eine Abkürzung des Wortes. In solchen Fällen hat man nun die gleichbedeutende Endung er erborgt, um dadurch eine wohllautendere Form zu erhalten; da aber dieselbe eigentlich den Hauptwörtern zukömmt und durch Anhängung anderer Biegungsendungen derselbe Uebelstand, den man vermeiden wollte, wieder entstehen würde; so hat man die so gebildeten Wörter auf er ganz unverändert gelassen. Daß diese Endung er nur stellvertretend für isch stehe und übrigens mit isch völlig gleichbedeutend sei, geht besonders daraus hervor, daß man in solchen Fällen, wo der erwähnte Uebellaut nicht entsteht, die Endung isch gewöhnlich gebraucht, welches besonders bei einsylbigen oder kurzen Ortsnamen der Fall ist, als: Cölnisches Wasser; das Hallische Waisenhaus; die Clevische Erbschaft; — aber: der Osnabrücker Frieden; das Hamburger Rindfleisch; die Rügenwalder Gänsebrüste.

48.

Bildung der Eigenschaftswörter durch Vorsylben.

Vorsylben be und ge.

Zur Bildung von Eigenschaftswörtern dienen nur die beiden Vorsylben be und ge. Zwar finden sich auch viel.

Eigenschaftswörter mit andern Vorsylben; aber bei näherer Untersuchung wird man überall finden, daß dieselben schon von den Stammzeitwörtern mit herübergenommen sind z. B. verdriesslich von verdriessen, erbärmlich von erbarmen, zerbrechlich von zerbrechen u. s. w.

1) Die Vorsylbe be findet sich an den Eigenschaftswörtern bequem, bereit, besonder, behörig, ohne daß sich eine Bedeutung derselben nachweisen läßt; behende ist wohl aus bei und Hand entstanden, was bei Händen ist.

Nach §. 46 wird sie in Verbindung mit der Nachsylbe et oder t auch zuweilen gebraucht, um von Hauptwörtern Eigenschaftswörter zu bilden, welche die Form von Mittelwörtern haben und anzeigen, daß etwas mit dem Gegenstande versehen sei, den das Stammwort benennt, als: beschilft, bereift, berufst, behaart, bedornt; d. h. mit Schilf versehen oder bewachsen, mit Reif, Rufs, Haaren, Dornen versehen oder bedeckt.

In den Wörtern bedenklich, befindlich, beharrlich, bedachtsam, beliebig, beständig, betriebsam, beweglich und vielen andern ist diese Sylbe von den Stammzeitwörtern bedenken, befinden, beharren u. s. w. mit herübergenommen und hat also eigentlich zur Bildung jener Zeitwörter gedient.

2) Die Vorsylbe ge findet sich ziemlich häufig an Eigenschaftswörtern. — In vielen Fällen scheint sie gar keine bestimmte Bedeutung zu haben und mag vielleicht nur durch eine besondere Aussprache mit einem scharfen Ansatze von der Kehle her entstanden sein. Dies scheint besonders dadurch bestätigt zu werden, daß manche dieser Wörter noch jetzt ohne diese Vorsylbe fast in demselben Sinne gebraucht werden, wenn nicht immer in der hochdeutschen Mundart, doch noch zuweilen in den niederen Mundarten. — Gerecht (recht), gelinde (linde Weste), geschmeidig (schmeidig), gestrenge (strenge), geruhig (ruhig), getreu (treu), geheim (heimlich), getrost (tröst-lich); — gesund (im

Niederd. auch sund), genau (in der gemeinen Rede: mit nauer Noth), gewiſs (Niederd. wiſs unn wåhr), genug (Niederd. noog), geschwinde (Niederd. schwin). — So vielleicht auch: gering, gebürtig, gehässig, geläufig, gelenk, gemach, gemäſs, genehm, gerade, geraum, geräumig, geschlacht und ungeschlacht, gewärtig.

Nach §. 37 und 46 dient sie gewöhnlich zur Bildung von Mittelwörtern oder Participien in Verbindung mit den Nachsylben en und et oder t, als: gebunden, getrieben; gelobt, gehaſst. Bei einigen derselben hat sich der Zusammenhang mit ihren Stammzeitwörtern verdunkelt und sie sind dadurch ganz zu Eigenschaftswörtern geworden, als: gewogen, gelassen, geneigt u. s. w.

Außerdem wird sie nach §. 46 noch ziemlich häufig gebraucht, um Eigenschaftswörter von Hauptwörtern abzuleiten, welche zwar die Form von Mittelwörtern haben, aber doch nicht von vorhandenen, sondern nur von gedachten Zeitwörtern abstammen, und welche das Vorhandensein dessen, was das Stammwort benennt, an einem anderen Dinge bezeichnen, als: gehörnt, gehuft, gefiedert, gekörnt, geblümt, gegliedert d. h. mit Hörnern, Hufen, Federn, Körnern, Gliedern versehen.

In den Wörtern gebirgig, geschäftig, geschwätzig, gebräuchlich, gebieterisch, gelenkig, gefährlich, gefällig, gewöhnlich und vielen anderen ist diese Vorsylbe von den Stammwörtern, welche entweder Hauptwörter (Gebirge, Geschäft, Geschwätz, Gebieter, Gelenk, Gefahr) oder Zeitwörter (gebrauchen, gefallen, gewöhnen) sind, mit herübergenommen und dient also in diesem Falle gar nicht zur Bildung von Eigenschaftswörtern, sondern hat schon früher zur Bildung des Stammwortes gedient, als: Berg, Gebirge, gebirgig; — fallen, gefallen, gefällig.

Vierter Abschnitt.

Bildung der Zeitwörter.

49.

Wurzelwörter unter den Zeitwörtern.

Schon früher (§. 10) ist gezeigt, daß es unter den Zeitwörtern, wenn sie ohne Beziehung auf einen Gegenstand (im Infinitiv) ausgesprochen werden, keine wahren Wurzelwörter gibt, und daß einige unter ihnen nur dann die äußere Form von Wurzelwörtern haben, wenn man entweder etwas Vergangenes von einem Dinge aussagt (Vergangenheitsform oder Imperfect), oder jemanden einen Befehl ertheilt (Befehlsform oder Imperativ), weil dies wahrscheinlich der erste und ursprünglichste Gebrauch der Zeitwörter gewesen ist, als: geben, gab, gib; — sprechen, sprach, sprich. — Bei weitem in den meisten Zeitwörtern ist die Wortsylbe überall mit Ableitungssylben verbunden, und in solchen kann man zwar Wurzeln unserer Sprache, aber keine eigentlichen Wurzelwörter aufsuchen. Da es uns nun aber darum zu thun ist, auch die Wurzeln unserer Sprache möglichst vollständig kennen zu lernen, so wollen wir uns zuförderst diejenigen Zeitwörter aufsuchen, welche in der Vergangenheitsform und Befehlsform als einsylbige Wurzelwörter erscheinen; dann aber auch als Stellvertreter von Wurzelwörtern und als Wörter, die uns auf die Wurzeln unserer Sprache hinführen, alle diejenigen Zeitwörter aufsuchen, welche außer der Nachsylbe en, welche diesen Wörtern ihr eigenthümliches Gepräge als Zeitwörter gibt, keine andere Spur einer schon geschehenen Ableitung an sich tragen.

Eben dort (§. 10) ist auch bereits darauf aufmerksam gemacht, wie die Wurzel vieler Zeitwörter jetzt noch als (gewöhnlich abstractes) Hauptwort vorhanden ist, ohne daß man darum behaupten kann, das Hauptwort sei früher da gewesen, als das Zeitwort und letzteres sei von ersterem abgeleitet. Bei dem Zeitworte fallen z. B. kann man zwar behaupten, daß fallen von fall, aber nicht daß das Zeitwort fallen von dem Hauptworte Fall abgeleitet sei, da die Natur dieses Begriffes es mit sich bringt, daß er eher als unselbständige Handlung denn als ein selbständiges Wesen, und das Wort also eher als Zeitwort denn als Hauptwort gedacht sein müsse. Das Wort in seiner ursprünglichen Form, wo es fall hieß, wurde in dieser erst als Zeitwort, und eben dieses Wort bei weiterer Verdeutlichung der Begriffe dann auch als Hauptwort gedacht; nachdem aber die Zeitwörter sich überhaupt nach einer bestimmten Form durch Annahme der Sylbe en auszubilden angefangen hatten, nahm auch dieses Wort als Zeitwort die Sylbe en an, und seine ursprüngliche Form Fall wurde nun ausschließlich zum Hauptworte. Wenn nun der Fall eintritt, daß ein Hauptwort und ein Zeitwort auf die genannte Art nebeneinanderstehen, so wollen wir das Zeitwort dann als das frühere betrachten, wenn das Hauptwort entweder ein Gedankennamen ist, der die Handlung des Zeitwortes als etwas Selbständiges darstellt (hassen, Hafs; fallen, Fall), oder wenn es zwar ein Sachnamen ist, der aber seinen Gegenstand nach der Handlung benennt, die das Zeitwort bezeichnet, z. B. dämmen, Damm, wo Damm ein Gegenstand ist, der durch die Handlung des Dämmens erst hervorgebracht wird; kochen, Koch, wo Koch der Name einer Person ist, welche gewöhnlich kocht und die man nach dem sonst gewöhnlichen Sprachgebrauche Kocher nennen würde. In allen anderen Fällen wollen wir Sachnamen, welche die Wurzel eines Zeitwortes enthalten, als die früher da gewesenen Wörter und als die Stammwörter dieser Zeitwörter betrachten, als: Fisch, fischen; Land, landen. Diese Unterscheidung mag uns auch bei Aufstellung der Sprachwurzeln unter die Hauptwörter oder unter die Zeitwörter leiten.

Das Zeitwort, welches Bewegung und Veränderung ausdrückt, ist selbst der beweglichste und veränderlichste Theil der ganzen Rede, und da an keinem anderen Worte so vielerlei verschiedene Verhältnisse ausgedrückt werden dürfen, so ist auch kein anderer Theil der Rede so vielfacher Umbildungen bedürftig und fähig. Man hat sich daher bei Zeitwörtern nicht begnügt, durch Vorsylben und Nachsylben solche Umbildungen hervorzubringen, sondern man hat hier auch ganz vorzüglich das Mittel angewandt, durch Veränderung der Wortsylbe, und besonders ihres Lautes, jene Mannigfaltigkeit der Formen aufzustellen und schon dadurch einen Theil jener Verhältnisse zu bezeichnen, die das Zeitwort ausdrücken soll. Daher findet man in der Wortsylbe einiger Zeitwörter fast alle Laute, und es läßt sich im gegenwärtigen Zustande der Sprache unmöglich noch ausmitteln, welche Form der Wortsylbe die erste und ursprünglichste sei. Von brechen z. B. kommt die Wortsylbe bei verschiedenen Biegungen dieses Zeitwortes unter folgenden Formen vor: brech, brich, brach, bräch (in bräche), broch (in gebrochen), wozu noch die Form bruch kommt, die ehedem wahrscheinlich gebräuchlich gewesen ist, und aus welcher das Hauptwort Bruch mit seiner Mehrheit Brüche geblieben ist, so daß die Wortsylbe dieses Einen Wortes sieben verschiedene Laute annehmen kann. Ganz derselbe Fall ist es mit den Zeitwörtern sprechen und werfen. Das Zeitwort sinken verstattet vier verschiedene Formen der

Wortsylbe: sink, sank, sänk und sunk; und so andere mehr oder weniger.

L. Nach diesen vorgängigen Bemerkungen über die Zeitwörter mögt ihr nun selbst einige Aufgaben bearbeiten, um Wurzelwörter unter den Zeitwörtern, oder um in den Zeitwörtern die darin vorhandenen Wurzeln unserer Sprache aufzusuchen. Die erste Aufgabe dieser Art mag folgende sein:

Sucht Zeitwörter auf, welche die Form einsylbiger Wurzelwörter haben, wenn man mit ihnen etwas Vergangenes von einem Gegenstande aussagt, oder einen Befehl ausspricht, und fügt bei jedem diese einsylbigen Formen hinzu. Damit wir eine möglichst vollständige Sammlung erhalten, soll jeder deren so viele aufsuchen, als er nur finden kann. Dann wollen wir alle mit einander vergleichen, jeder soll seine Sammlung aus den übrigen ergänzen, und endlich soll diese Sammlung von einem jeden alphabetisch geordnet werden!

Auf diese Weise werden die Kinder etwa folgende Sammlung von Zeitwörtern zu Stande bringen, welche in der Vergangenheitsform und Befehlsform als einsylbige Wurzelwörter erscheinen.

Beiſsen, biſs — bergen, barg, birg — bersten, barst, birst — biegen, bog — bieten, bot — binden, band — bitten, bat — blasen, blies — bleiben, blieb — braten, briet — brechen, brach, brich — dringen, drang — dreschen, drasch, drisch — dürfen, darf (Gegenwartsform) — essen, aſs, iſs — fahren, fuhr — fallen, fiel — fangen, fing — fechten, focht, ficht — finden, fand — flechten, flocht, flicht — fliegen, flog — fliehen, floh — flieſsen, floſs — fressen, fraſs, friſs — frieren, fror — gähren, gohr — geben, gab, gib — gehen, ging — gelten, galt, gilt — gieſsen, goſs — gleichen, glich — gleiten, glitt — graben, grub — greifen, griff, — haben, hat (Gegenwartsform) — halten, hielt — hangen, hing — hauen, hieb —

heben, hob — heifsen, hiefs — helfen, half, hilf — klimmen, klomm — klingen, klang — kneifen, kniff — kommen, kam — können, kann (Gegenwartsform) — kriechen, kroch — laden, lud — lassen, liefs — laufen, lief — leiden, litt — leihen, lieh — lesen, las, lies — liegen, lag — lügen, log — mahlen (Korn; ehedem) muhl (davon Mühle und Müller) — meiden, mied — melken, molk — messen, mafs, mifs — mögen, mag (Gegenwartsform) — müssen, mufs (Gegenwartsform) — nehmen, nahm, nimm — pflegen, sonst pflag und pflog, jetzt pflegte — pfeifen, pfiff — preisen, pries — quellen, quoll — rathen, rieth — reiben, rieb — reifsen, rifs — reiten, ritt — riechen, roch — ringen, rang — rinnen, rann — rufen, rief — saufen, soff — saugen, sog — schaffen, schuf — scheiden, schied — scheinen, schien — schelten, schalt, schilt — scheren, schor, schier — schieben, schob — schiefsen, schofs — schinden, schund — schlafen, schlief — schlagen, schlug — schleichen, schlich — schleifen, schliff — schliefsen, schlofs — schlingen, schlang — schmeifsen, schmifs — schmelzen, schmolz, schmilz — schneiden, schnitt — schnieben, schnob — schreiben, schrieb — schreiten, schritt — schreien, schrie — schwären, schwor — schweigen, schwieg — schwillen, schwoll — schwimmen, schwamm — schwinden, schwand — schwingen, schwang — schwören, schwur — sehen, sah, sieh — sein (s. unten die Anmerkung) — sieden, sott — singen, sang — sinken, sank — sinnen, sann — sitzen, safs — sollen, soll (Gegenwartsform) — speien, spie — spinnen, spann — sprechen, sprach, sprich — spriefsen, sprofs — springen, sprang — stechen, stach, stich — stehen, stand — stehlen, stahl, stiehl — steigen, stieg — sterben, starb, stirb — stieben, stob — stinken, stank — stofsen, stiefs — streichen, strich — streiten, stritt — thun, that — tragen, trug — treffen, traf, triff — treiben, trieb — treten, trat, tritt — triegen, trog — trinken, trank — wachsen, wuchs — waschen, wusch — wiegen, wog — weichen, wich — weisen, wies — werben, warb, wirb — werden, wirst und wird (Gegenwartsform), ward (Vergangenheitsform) — wissen, weiſs (Gegenwartsform) — werfen, warf, wirf — winden, wand — wollen, will (Gegenwartsform) — zeihen, zieh — ziehen, zog — zwingen, zwang.

Dieses Verzeichniß zeigt, daß nur einige wenige nicht in der Vergangenheitsform, sondern dafür in der Gegenwartsform als einsylbige Wurzelwörter erscheinen, nämlich: dürfen, haben, können, mögen, müssen, sollen, wissen und wollen; werden ist in beiden Formen einsylbig.

Anmerk. Unter allen Zeitwörtern ist das nothwendigste und unentbehrlichste dasjenige, wodurch ein Eigenschaftswort oder irgend eine Aussage einem Gegenstande beigelegt wird, das Zeitwort sein. Bei der Abwandelung (Conjugation) desselben zeigt sich, daß es mehre von einander ganz unabhängige ursprüngliche Wurzeln in sich vereinigt, nämlich: bi-n, bi-st, ist, sind, sei, war, wes (in gewesen), ein Umstand, der wohl darauf hindeutet, daß es auch das älteste unter allen Zeitwörtern sei und daß es sich zu einer Zeit gebildet habe, wo noch kein bestimmtes Bildungsgesetz in die Sprache aufgenommen war, sondern wo man noch für jedes andere Verhältniß sich auch ein neues Wort nahm, ohne den näheren Zusammenhang dieser verschiedenen Verhältnisse unter sich zu beachten und zu erkennen. Erst in der Redebildungslehre bei der Lehre von der Abwandelung oder Conjugation kann das Nähere hierüber entwickelt und deutlich dargestellt werden.

L. Zweite Aufgabe. Sucht Zeitwörter auf, welche außer der Nachsylbe en keine weitere Spur einer Ableitung an sich tragen! Von denen, deren Wurzel sonst als Hauptwort vorkommt, nehmt nur diejenigen auf, bei denen dieses Hauptwort Gedankennamen ist oder ein solcher Sachnamen, der seinen Gegenstand nach der Handlung benennt, die das Zeitwort ausdrückt. Der Vollständigkeit wegen mögen die Zeitwörter der vorigen Aufgabe wieder mit aufgenommen werden. Vervollständigt eure Sammlungen dann auf die vorhin angegebene Art! Ordnet sie endlich nach den Lautbestimmungen in der Wortsylbe in dieselben Abtheilungen, die ihr bei den Wurzelwörtern unter den Hauptwörtern und Eigenschaftswörtern angenommen habt und in jeder Abtheilung alphabetisch!

Die Kinder bringen etwa folgende Sammlung von Zeitwörtern zu Stande, welche außer der Nachsylbe en keine weitere Spur einer schon geschehenen Ableitung an sich tragen.

Solche Zeitwörter enthalten

I. keine Lautbestimmungen. Dergleichen sind nicht vorhanden.

II. einfache Lautbestimmungen, und zwar

1) einfache Vorbestimmungen ohne Nachbestimmungen:

Bau-en, hau-en, kau-en, reu-en, sä-en, schau-en, thau-en, thu-n.

2) einfache Nachbestimmungen ohne Vorbestimmungen:

Ahn-en, ehr-en, eil-en, üb-en.

3) einfache Vorbestimmungen und einfache Nachbestimmungen:

Bad-en, bäh-en, bäum-en, beb-en, beiſs-en, bet-en, bieg-en, bieten, bohren, büſsen, dehnen, deuten, dienen, fahen, fahren, fegen, fehlen, feilen, fügen, fühlen, gähnen, gähren, gäten, geben, gehen, gieſsen, haben, hassen, heben, heilen, heischen, heiſsen, heulen, höhnen, hören, hüten, jagen, kaufen, kehren, keichen, keifen, kochen, kören oder küren (d. h. wählen, ist veraltet), laben, lachen, laden, laufen, lauschen, leben, liegen, lehren, leiden, leihen, leiten, lesen, loben, löschen, lügen, machen, mähen, mahlen, mahnen, meiden, meinen, miethen, mischen, mögen, mühen, nagen, nähen, naschen, nehmen, neiden, neigen, niesen, pochen, rächen, ragen, rasen, rathen, rauben, raufen, raunen, reden, regen, reiben, reichen, reimen, reisen, reifsen, reiten, riechen, rufen, rügen, ruhen, rühren, sagen, sägen, saufen, saugen, säumen, sausen, schaben, schaden, schämen, scheiden, scheinen, schären, schieben, schielen, schiefsen, schüren, sehen, seihen, sein, siegen, sieden, suchen, sühnen, taufen, tauchen, taugen, tauschen und täuschen, toben, wesen (veraltet), wagen, wählen, wähnen, währen, waschen, waten, weben, wegen (in bewegen), wehen, wehren, weichen, weiden, weihen, weilen, weinen, weisen, wiegen, wischen, wohnen, wühlen, wüthen, zahlen und zählen, zehren, zeigen, zeihen, zeugen, ziehen, zielen, ziemen, zieren, zischen.

III. mehrfache Lautbestimmungen, und zwar

1) mehrfache Vorbestimmungen ohne Nachbestimmung:

Brau-en, freu-en, schrei-en, spei-en, streu-en, trau-en.

2) mehrfache Vorbestimmungen und einfache Nachbestimmung:

Bläh-en, blas-en, bleib-en, blök-en, blüh-en, brat-en, brauch-en, brausen, brechen, brühen, dringen, drehen, dreschen, drohen, flehen, fliegen, fliehen, fliefsen, fluchen, fragen, frieren, glauben, gleifsen, gleiten, glühen, graben, grämen, greifen, grüfsen, klagen, klauben, kleben, kneifen und kneipen, kneten, krachen, krähen, kreischen, kriechen, kriegen, pfeifen, pflegen, pfuschen, plagen, prägen, prahlen, preisen, prüfen, quälen, quicken (in erquicken), schlafen, schlagen, schleichen, schleifen, schliefsen, schmähen, schmauchen, schmausen, schmecken, schmeifsen, schmieden, schmiegen, schmieren, schnauben, schneiden, schrauben, schreiben, schreiten, schwären, schweben, schweifen, schweigen, schwillen, schwimmen, schwären, spähen, spänen, sparen, spaſsen, speisen, spielen, sprechen, spreiten, sprieſsen, sprühen, spuken, spülen, spüren, staunen, stäupen, stechen und stecken, stehen, stellen, steigen, stieben, stören, stoſsen, strafen, sträuben, streben, streichen und strecken, streifen, streiten, traben, tragen, träumen, treiben, treten, triefen, trügen.

3) mehrfache Nachbestimmungen ohne Vorbestimmung:

Ahnd-en, end-en, erb-en, ess-en, impf-en, irr-en.

4) mehrfache Nachbestimmungen und einfache Vorbestimmung:

Balg-en, bann-en, berg-en, bind-en, bitt-en, borg-en, dämm-en, dampfen, darben, däuchten, decken, denken, dichten, dingen, duften, dulden, düngen, dürfen, fallen, falten, fangen, färben, fechten, finden, folgen, forschen, fürchten (von fahren), gällen, gerben, gelten, gönnen, hacken, haften, hallen, halten, hangen, härmen, harren, hassen, helfen, hemmen, hetzen, hinken, hoffen, hüllen, hüpfen, jauchzen (von dem Empfindungslaute juch, juchhe!), jucken, kämpfen, kennen, kerben, kommen, können, kosten, küssen, lallen, lärmen, lassen, lecken, leisten, lenken, lernen, letzen, listen (in belisten), locken, melden, mengen, merken, messen, morden, mummen (in vermummen), murren, müssen, necken, nennen, nicken, pachten, packen, pappen, passen, peitschen, puffen, putzen, raffen, rammen, ranken, rasten, reffen, renken, rinnen, retten, richten, ringen, ritzen, rollen, rotten, rucken und rücken, rümpfen, rupfen, rüsten, rütten (in zerrütten), salben, schaffen, schallen, schatten, schänden, scharren, schätzen, schelten, schenken, scherzen, schichten, schicken, schimpfen, schinden, schirmen, schöpfen, schütten, schützen, segnen, senden, sengen, seufzen, sichten, singen, sinken, sinnen, sitzen, sollen, sorgen, tanzen, tappen, tasten, tilgen, tünchen, tunken, wachsen, wallen, walten, walzen, wanken, warnen, warten, werben, werden, werfen, wetten, widmen, winden, winken, wippen, wirken, wirren, wissen, wölben, wollen, wünschen, würgen, würzen, zanken, zapfen, zerren, zupfen, zürnen.

5) mehrfache Vorbestimmungen und mehrfache Nachbestimmungen.

Blinken, blicken, blitzen, brennen, brüllen, dringen, flacken, flechten, flicken, flimmen, frachten, fressen, fristen, glänzen, glimmen, gränzen, klaffen, klappen, klatschen, klemmen, klopfen, knallen, knarren und knirren, klimmen, klingen, klirren, knospen, knüpfen, krämpen, kratzen, pferchen, pflücken, pfropfen, plärren, platzen, prallen, prangen, prassen, quillen, quetschen, schleppen, schlingen, schlucken, schlüpfen, schmachten, schmecken, schmelzen, schmerzen, schminken, schmollen, schmücken, schnappen, schnarren und schnarchen, schnäutzen, schnurren, schränken, schrecken, schröpfen, schrumpfen, schwatzen, schwitzen, schwelgen, schwimmen, schwinden, schwingen, schwirren, spalten, spannen, spenden, sperren, spinnen, spotten, springen, sprossen, spucken, stammen, stampfen, starren, sterben, stiften, stinken, stopfen, stricken, stürzen, trinken, treffen, trennen, tropfen, trotzen, zwacken und zwicken, zwecken, zwingen.

L. Dritte Aufgabe. Sucht unter diesen Zeitwörtern diejenigen heraus, deren Wurzel als ein Hauptwort vorkommt, bei denen ihr aber doch aus ihrem Sinne annehmen zu müssen glaubt, daß sie früher als Zeitwörter, später erst als Hauptwörter gedacht sind, und fügt die Hauptwörter bei! Unterscheidet dabei diejenigen, welche den unveränderten Laut der gewöhnlichen Form des Zeitwortes behalten, von denen, bei deren Bildung sich der Laut verändert!

Die Kinder beantworten diese Aufgabe etwa in folgender Art:

1) Hauptwörter mit unverändertem Laute:

Bauen, Bau — thauen, Thau — baden, Bad — fehlen, Fehl — hassen, Hass — kaufen, Kauf — laufen, Lauf — loben, Lob — neiden, Neid — rathen, Rath — rauben, Raub — rufen, Ruf — u. s. w.

2) Hauptwörter mit verändertem Laute:

Hauen, Hieb — beissen, Biss — biegen, Bug — gehen, Gang — giessen, Guss — reiten, Ritt — schiessen, Schuss — ziehen, Zug — brechen, Bruch — dringen, Drang — fliegen, Flug — u. s. w. (Vergl. §. 14).

Die abgeleiteten Zeitwörter werden theils von Hauptwörtern, theils von Eigenschaftswörtern, theils von anderen Zeitwörtern gebildet, und sollen nach diesen drei Abtheilungen hier betrachtet werden.

50.

Ableitung der Zeitwörter von Hauptwörtern.

Nach dem vorher (§. 49 und 10) Gesagten darf man nicht in jedem Falle, wo das Hauptwort eine einfachere Form hat als das Zeitwort, eine geschehene Ableitung des letzteren von dem ersteren annehmen, sondern hiezu ist man nur dann berechtigt, wenn der Begriff des Zeitwortes nicht füglich gedacht werden kann, ohne den Begriff des verwandten Hauptwortes vorauf zu denken; und dies wird in der Regel dann der Fall sein, wenn das einfachere Hauptwort nicht, wie in den Beispielen der vorhergehenden dritten Aufgabe, ein Gedankennamen, sondern ein Person- oder Sachnamen ist, welcher einen Gegenstand bezeichnet, worauf sich die Handlung des Zeitwortes bezieht. Die Ableitung geschieht dann auf sehr einfache Art, theils durch bloße Hinzufügung der Nachsylbe en, theils durch Hinzufügung dieser Nachsylbe in Verbindung mit der Verwandlung des Lautes der Wortsylbe in seinen Umlaut, wobei dann noch zuweilen Vorsylben zu Hülfe genommen werden. Einige Beispiele jeder Art werden dies näher darthun.

1) Zeitwörter, welche aus Hauptwörtern durch die bloße Nachsylbe en gebildet werden:

ohne Umlaut: Haar-en, holz-en, land-en, nacht-en, gras-en, rohren, zahnen, rauchen, spornen, mausen, bluten, salzen, eisen, krebsen, fischen, leimen, schiffen, theeren, zwirnen, keimen, kielen, herzen, kleiden; — dielen.

mit Umlaut: Kämmen, häuten, köpfen, pfählen, pflügen, stählen, thürmen, zäumen, zäunen, körnen, kränzen.

von Hauptwörtern mit den Nachsylben el und er, wo die Nachsylbe en ihr e verliert und mit der vorhergehenden Sylbe in Eine Sylbe zusammengezogen wird, eln oder ern: Fabel-n, geifsel-n, fackel-n, meifsel-n, nagel-n, riegel-n; — ruder-n, zucker-n, wässer-n, acker-n, feder-n.

2) Zeitwörter, welche aus Hauptwörtern durch die Nachsylbe en in Verbindung mit Vorsylben gebildet werden.

Zer-fleisch-en, ver-glas-en, ver-kohl-en, belauben, beflügeln, bethören, bekränzen, bedachen, vererzen, befeinden, vergolden, vergiften, verjähren, entmasten, ermannen, bemoosen, verpichen, versanden, beschuhen.

Das rechte Verhältniß zwischen den Stammwörtern und den abgeleiteten Wörtern werden wir auch hier am besten dadurch erkennen, wenn wir von letzteren einige kurze Erklärungen angeben, in welche das Stammwort mit aufgenommen ist. Hier daher einige solcher Erklärungen:

Haaren d. h. die Haare verlieren — holzen, das Holz abhauen — landen, ans Land fahren — nachten, Nacht werden z. B. es nachtet d. h. es wird Nacht — grasen, das Gras abfressen — rohren, mit Rohr belegen — zahnen, Zähne bekommen — fischen, Fische fangen — dämmen, einen Damm machen — nageln, mit einem Nagel befestigen — pflügen, mit einem Pfluge die Erde aufreißen — geifseln, mit der Geifsel schlagen — ackern, den Acker bearbeiten — zerfleischen, das Fleisch in Stücke reißen — verglasen, in Glas verwandeln — verkohlen, in Kohlen verwandeln — belauben, mit Laub bedecken — befeinden, als Feind behandeln — entmasten, des Mastes berauben — ermannen (sich), als Mann (sich) verhalten — vergiften, mit Gift tödten — u. s. w.

Diese Beispiele zeigen hinlänglich, daß die so gebildeten Zeitwörter sich durchaus nicht auf gleiche Weise auflösen und erklären lassen. Bei manchen derselben zeigt das Stammwort den Gegenstand an, welcher durch die vom Zeitworte benannte Handlung hervorgebracht wird, z. B. dämmen, verkohlen; — bei andern bezeichnet es das Werkzeug, womit die Handlung vollbracht wird, z. B. nageln, pflügen, geifseln; — bei noch andern bezeichnet es den Gegenstand, mit welchem man durch Ausübung der Handlung Aehnlichkeit erhält, z. B. ermannen — und so auf mannigfache andere Weise. Im Allgemeinen kann man nur sagen, daß alle die so abgeleiteten Zeitwörter eine Handlung oder eine Veränderung bezeichnen, welche mit dem Gegenstande, den das Stammhauptwort benennt, in genauer Verbindung steht; aber die Art dieser Verbindung kann sehr verschieden sein.

Außer dem Eintreten des Umlautes bleibt das Stammwort gewöhnlich ganz unverändert. Endigt sich letzteres auf e, so wird dieses e vor Anhängung der Nachsylbe en abgeworfen, als: Diele, dielen; Kohle, verkohlen. Endigt es sich auf el oder er, so verliert die Nachsylbe en ihr e, wie in allen ähnlichen Fällen, als: Fabel, fabeln; Ruder, rudern. — Bemerkenswerth sind hier noch einige Beispiele, wo man die Ableitung von der Mehrheit des Stammwortes gemacht hat, als: blätter-n, bilder-n; be-völker-n, ver-götter-n. In den beiden ersteren Wörtern liegt dem abgeleiteten Worte auch der Begriff der Mehrheit zum Grunde, im letzteren aber nicht, wie die Erklärungen dieser Wörter zeigen. — Blättern, die Blätter (eines Buches) umschlagen — bildern, die Bilder aufschlagen; — bevölkern, mit Volk besetzen, das Volk (eines Landes) vermehren — vergöttern (jemanden), wie einen Gott behandeln.

51.

Ableitung der Zeitwörter von Eigenschaftswörtern.

Noch häufiger als in einem Hauptworte ist die Wurzel eines Zeitwortes in einem Eigenschaftsworte enthalten, und dies wird aus einem Rückblicke auf die Bestimmung beider Wörterklassen leicht erklärbar.

Eigenschaftswörter und Zeitwörter bezeichnen beide das Unselbständige an den Dingen, und zwar die Eigenschaftswörter, wenn dasselbe als bleibend und beharrlich, die Zeitwörter, wenn es als vorübergehend und veränderlich gedacht wird. Nun ist in jedem Unselbständigen etwas Bleibendes und zugleich etwas Vorübergehendes oder Veränderliches, und es hängt hauptsächlich von der Art der Auffassung in unseren Vorstellungen ab, welches von beiden vorzugsweise in Betrachtung gezogen werden soll. Jede Eigenschaft nimmt zu und nimmt ab, entsteht und vergeht; jede Veränderung schließt etwas Beständiges in sich, wodurch sie gerade als diese und keine andere Veränderung erkannt wird. Daher waren nicht nur die Mehrzahl der abgeleiteten Eigenschaftswörter, wie vorhin gezeigt ist, von Zeitwörtern abgeleitet und die Nachsylben lich, sam, bar, haft bildeten größtentheils Eigenschaftswörter aus Zeitwörtern, sondern zu jedem Zeitworte gehören auch unmittelbar zwei Eigenschaftswörter, die noch als Formen des Zeitwortes selbst betrachtet werden, und den Begriff des Zeitwortes geradezu als eine Eigenschaft darstellen, die Mittelwörter oder Participien, von denen sich eines stets auf end (§. 45), das andere entweder auf en oder et endigt (§. 37 und 46), und die sich wieder darin in ihrer Bedeutung unterscheiden, daß das erstere seinen Gegenstand als handelnd in der Gegenwart, das zweite ihn als leidend in der Vergangenheit darstellt. Ja es ist ein Zustand der Sprache gedenkbar, wo außer dem Zeitworte sein kein anderes Zeitwort in der Sprache vorhanden wäre, sondern alle übrigen durch Eigenschaftswörter ersetzt würden, so daß man z. B. statt: „der Baum blüht" und: „der Mensch lebte" sagte: „der Baum ist blühend" und: „der Mensch war lebend". So unbeholfen die Rede in einer solchen Sprache auch klingen möchte, so ist doch nicht zu leugnen, daß für den bloßen Ausdruck der Gedanken dabei nothdürftig gesorgt wäre; daher man auch wohl die Ansicht aufzustellen pflegt, daß ein jedes Zeitwort so zu betrachten sei, als wenn das Zeitwort sein, als das einzige wesentlich nothwendige Zeitwort, mit einem Eigenschaftsworte in Ein Wort verschmolzen wäre, z. B. blühen statt blühend sein, leben statt lebend sein.

Bei dieser nahen Verwandtschaft der Eigenschaftswörter in Hinsicht auf ihre Bedeutung läßt sich schon zum Voraus vermuthen, daß auch das Umgekehrte oft stattfinden werde, daß nämlich die Wurzeln abgeleiteter Zeitwörter oft unter den Eigenschaftswörtern zu suchen sein werden; und daß dies wirklich der Fall sei, läßt sich in der Sprache an vielen Beispielen zeigen. Auch ist bei Zusammenstellung dieser beiden Wörterklassen nicht, wie es vorhin bei den

Hauptwörtern der Fall war, ein besonderer Grund vorhanden, wodurch man verhindert würde, das Eigenschaftswort, wenn es der Form nach das einfachere ist, für das ursprüngliche und eigentliche Stammwort anzunehmen. — Die Ableitung geschieht auch hier theils durch bloße Hinzufügung der Nachsylbe en, theils durch gleichzeitiges Hinzutreten von Vorsylben, in beiden Fällen bald mit, bald ohne Umlaut.

1) Zeitwörter von Eigenschaftswörtern durch die bloße Nachsylbe en gebildet,

ohne Umlaut: Lieb-en, heil-en, irr-en (vom Eigenschaftsorte irr, z. B. irre Wege), faul-en, grau-en, grün-en, karg-en, kranken, lauten, zagen, scheuen, welken, kühlen, leeren, lichten, mehren, süſsen, trüben, weiſsen, stumpfen, feuchten.

mit Umlaut: bläu-en, glätt-en, härt-en, kränk-en, höhl-en, kräusen, krümmen, läuten, lösen, röthen, schwächen, tödten, zähmen, wärmen, ründen, kälten.

von Eigenschaftswörtern, die schon andere Ableitungssylben haben: Eb-en-en, eig-n-en, ek-el-n, fertig-en, sicher-n, locker-n, trocknen, sondern; — genügen, öffnen, säubern, säuern.

2) Zeitwörter von Eigenschaftswörtern durch die Nachsylbe en in Verbindung mit Vorsylben gebildet,

ohne Umlaut: ver-eng-en, ver-ein-en, ent-fern-en, ver-dünn-en, er-frech-en, be-fremd-en, er-hell-en, er-kund-en, er-matt-en, ermüden, erneuen, veröden, verspäten, erstarken, erstarren, verstummen, vertiefen, verwunden, verwüsten, entzweien.

mit Umlaut: ver-fälsch-en, er-gänz-en, ver-güt-en, er-höh-en, verjüngen, verkürzen, verstärken, betäuben, erwärmen.

von Eigenschaftswörtern, die schon andere Ableitungssylben haben: Ver-ed-el-n, er-heit-er-n, ver-eitel-n, ver-ewig-en, ver-finster-n, er-ledig-en, ermunter-n, er-niedrig-en, be-selig-en, be-fleissig-en, verübel-n.

Kurze Erklärung einiger dieser Wörter, um daraus das Verhältniß zwischen dem Stammworte und abgeleiteten Worte und die Wirkung dieser Ableitung zu erkennen.

Faulen, faul werden — grauen, grau werden — grünen, grün werden — welken, welk werden — zagen, zag d. h. feige sein — karg, karg sein — leeren, leer machen — süssen, süss machen — glätten, glatt machen — härten, hart machen — wärmen, warm machen — scheuen, scheu sein — ebenen, eben machen — säubern, sauber machen — trocknen, trocken machen — verdünnen, dünn machen — erhellen, hell machen — entfernen, fern machen d. h. machen, daß etwas fern wird — erstarken, stark werden — stärken, stark machen — verstärken, stärker machen — erstarren, starr werden — verstummen, stumm werden — betäuben, taub machen — verewigen, ewig machen — verübeln, übel machen, indem man etwas als ein Uebel betrachtet und aufnimmt.

Aus den hier gegebenen Erklärungen geht hervor, daß die so abgeleiteten Zeitwörter fast alle bezeichnen, entweder ein Hervorbringen (wärmen), oder ein Entstehen (faulen), oder ein Vorhandensein (kargen) der Eigenschaft, welche das Stammwort anzeigt, und daß sie sich nach diesen drei Abtheilungen entweder durch machen, oder durch werden, oder durch sein auflösen lassen. Am häufigsten finden die beiden ersteren Fälle statt; der letzte nur selten, weil hier mehr ein Bleiben und Beharren ausgedrückt wird, Zeitwörter aber bestimmt sind, das Veränderliche und Vorübergehende darzustellen, daher wir unter den vorhin aufgeführten Beispielen nur zagen, kargen und scheuen als solche gefunden haben, die sich durch sein auflösen lassen. — Eine nähere Ansicht und Vergleichung dieser Beispiele zeigt zugleich, daß beim Eintreten des Umlautes in den meisten Fällen ein Hervorbringen (glätten, bläuen, verfälschen), beim Fehlen des Umlautes aber meistentheils ein Entstehen der Eigenschaft (grauen, faulen, kranken, erwarmen) angedeutet wird. Jedoch ist dieses Gesetz, wie die meisten Sprachgesetze, nicht so allgemein und fest, daß nicht Ausnahmen nach beiden Seiten hin stattfinden sollten, z. B. erröthen, roth werden — stumpfen, stumpf machen — verwunden, wund machen.

In vielen Fällen wird die Ableitung nicht von dem unveränderten Eigenschaftsworte, sondern von derjenigen Form desselben, welche bei der Vergleichung einen höheren Grad bezeichnet (vom Comparativ) gemacht, als: schmäler-n d. h. schmäler machen — ver-länger-n, länger machen; verkleinern, bereichern, verringern (ge-ringer machen), verschlimmern, verschlechtern, verschönern, erweitern, verwildern.

Außer den hier angegebenen Veränderungen bei der Ableitung kommen nur in seltenen Fällen noch andere vor, z. B. das übrigens bedeutungslose und nur durch die Rücksicht auf den Wohllaut erzeugte Hinzutreten der Sylbe ig in rein-ig-en d. h. rein machen, und sätt-ig-en d. h. satt machen.

52.

Ableitung der Zeitwörter von andern Zeitwörtern.

Allgemeine Uebersicht.

Weit häufiger aber als von Hauptwörtern und Eigenschaftswörtern geschieht die Ableitung der Zeitwörter von anderen Zeitwörtern, und zwar treten hier alle §. 11 aufgeführten Mittel der Ableitung ein. Es werden nämlich neue Zeitwörter gebildet

1) durch Veränderung der Wortsylbe, als: fallen, fällen — sinken, senken — wachen, wecken.

2) durch Hinzufügung von Nachsylben oder bloßen Nachbestimmungen, als: spotten, spötteln — schlafen, schläfern — schlagen, schlachten.

3) durch Hinzufügung von Vorsylben, welche hier ein ganz vorzüglich fruchtbares Mittel der Ableitung geben, als: trauen, getrauen — ziehen, erziehen — brechen, zerbrechen — fliehen, entfliehen — setzen, versetzen — bauen, erbauen.

Bei Ableitung der Zeitwörter von Zeitwörtern durch Veränderung der Wortsylbe können sich verändern:

1) der Laut in der Wortsylbe. 2) die Nachbestimmungen der Wortsylbe. 3) beide zugleich.

53.

Veränderung des Lautes in der Wortsylbe.

Am häufigsten kommen hiebei vor die Umwandlungen der Grundlaute in ihre Umlaute, besonders des a in ä, statt dessen aber jetzt in vielen Wörtern e geschrieben wird; nächstdem aber auch des o in ö, des u in ü und des au in äu.

Nur in einigen wenigen Fällen kommen andere Veränderungen der Laute vor, als: biegen, beugen. In den meisten übrigen Fällen, wo andere Umwandelungen der Laute vorzugehen scheinen, zeigt sich bei näherer Betrachtung, daß an dem Stammworte die Wortsylbe unter mehren Formen vorkommt, und daß die Ableitung von einer der andern, und namentlich von der Vergangenheitsform, gemacht ist. Bei dem Zeitworte sinken z. B. lautet die Wortsylbe nicht überall sink, sondern es kommt in der Vergangenheitsform auch die Form sank vor, und von dieser ist vermittelst des Umlautes ein anderes Zeitwort sänken gebildet, welches aber jetzt senken geschrieben wird, da die wahre Ableitung ziemlich verdunkelt ist. In dem Worte tränken von trinken (Vergangenheitsform trank) hat man die ursprüngliche Schreibung mit ä beibehalten. Derselbe Fall ist es mit dringen (drang), drängen.

Die Stammwörter bezeichnen hier gewöhnlich einen Zustand oder ein Gerathen in einen Zustand, ein Werden (sind intransitiv), und die abgeleiteten Wörter das Hervorbringen dieses Zustandes oder dieses Werdens, ein Machen (sind transitiv). Hier eine Anzahl solcher Ableitungen, wie sie in unserer Sprache jetzt noch vorkommen.

Dampfen heißt: Dampf von sich geben. Das daraus vermittelst des Umlautes gebildete Wort dämpfen heißt: machen, das etwas dampft, oder kürzer, dampfen machen; daher eine Flamme auslöschen, wobei sich Dampf zu erheben pflegt; dann bildlich: etwas zur Ruhe bringen, was in Absicht seiner Wirkungen mit einer Flamme verglichen wird, z. B. einen Aufruhr dämpfen.

Fallen, fällen. Fällen heißt: fallen machen z. B. einen Baum fällen d. h. durch Abhauen machen, daß der Baum fällt.

Kranken d. h. krank sein oder krank werden; — kränken d. h. krank machen; daher auch Kummer verursachen.

Erlahmen, lahm werden; — lähmen, lahm machen.

Erstarken, stark werden; — stärken, stark machen.

Erharten, hart werden; — erhärten, hart machen, fest machen; daher bildlich: mit Gründen beweisen z. B. eine Anklage, sie gleichsam hart oder fest machen.

Erkalten — erkälten.

Erwarmen — erwärmen.

Hangen z. B. das Kleid hangt an der Wand; — hängen, machen daß etwas hangt, z. B. ich hänge das Kleid an die Wand. — Dieser Unterschied beider Zeitwörter wird aber nicht immer genau beobachtet, denn man sagt auch ganz gewöhnlich: das Kleid hängt an der Wand.

Walzen, sich bewegen, sich drehen (ist in dieser Bedeutung fast veraltet); — wälzen, machen daß etwas walzt, d. h. in diese drehende Bewegung geräth.

Ballen, zu Bällen werden z. B. der Schnee ballt; — bällen, zu Bällen machen, z. B. die Kinder bällen den Schnee.

Dorren und verdorren, dürr werden; — dörren, machen daß etwas dorrt oder trocken wird, z. B. die Fische oder das Obst dörren.

Gewohnen wurde ehedem in dem Sinne gebraucht, in welchem wir jetzt sagen: gewohnt werden, und von diesem Zeitworte ist noch das Mittelwort gewohnt übrig geblieben. — Gewöhnen heißt: machen, daß jemand etwas gewohnt werde, und davon heißt das Mittelwort gewöhnt; z. B. die Kinder sind gewohnt, frühe zu Bette zu gehen; — ich habe meine Kinder gewöhnt, frühe zu Bette zu gehen.

Tropfen, in Tropfen herabfallen; — tröpfen, oder dafür das gewöhnlicher vorkommende Verkleinerungswort tröpfeln, machen daß etwas in Tropfen herabfällt.

Rucken, stoßweise sich fortbewegen (fast veraltet); — rücken, machen daß etwas ruckt oder sich auf diese Art bewegt.

Blauen, blau werden, z. B. das Zeug blaut; — bläuen, machen daß etwas blau wird, z. B. den Rücken bläuen.

Saufen, trinken; — säufen, saufen machen, z. B. ein Kalb säufen d. h. es zum Saufen bringen.

Ersaufen, im Wasser zu Tode kommen, wobei man gewöhnlich Wasser einschluckt; — ersäufen, machen daß ein lebendiges Geschöpf ersäuft, es durch Versenken ins Wasser tödten.

Saugen z. B. das Kind saugt; — säugen, machen daß etwas saugt, z. B. die Mutter säugt ihr Kind.

Lauten, laut werden, einen Laut von sich geben, z. B. dieser Ton lautet wohl; — läuten, machen daß etwas lautet oder einen Laut von sich gibt, z. B. mit den Glocken läuten.

Sauern, sauer werden, z. B. das Bier sauert; — säuern, sauer machen, z. B. den Brodtteig säuern.

Stauben, Staub von sich geben; — stäuben, machen daß etwas staubt.

Haften, festsitzen, z. B. das Angeleimte will nicht haften; — heften, anstatt häften, machen daß etwas haftet, z. B. die Bogen Papier an einander heften.

Prallen, zurückspringen, z. B. der Ball prallt ab; — prellen, anstatt prällen, machen daß etwas prallt; daher in uneigentlicher Bedeutung: betrügen.

Schallen, einen Schall von sich geben; — schellen, anstatt schällen, machen daß etwas schallt; daher das Hauptwort Schelle.

Schwanken — schwenken d. h. schwanken machen.

Wallen, in sanfter Bewegung sein, z. B. das Wasser wallt auf; — wellen, anstatt wällen, etwas in eine solche Bewegung versetzen, z. B. die Milch wellen. Von letzterem Worte ist das Hauptwort Welle.

Dringen. Von diesem Worte lautet die Vergangenheitsform drang, und von dieser ist vermittelst des Umlautes abgeleitet: drängen, machen daß etwas dringt. — Eben so verhält es sich mit

Trinken (Vergghtsf. trank) — tränken, trinken machen, und mit dem abgeleiteten

Ertrinken — ertränken.

Liegen (lag) — legen, anstatt lägen.

Schwimmen (schwamm) — schwemmen, zum Schwimmen bringen, z. B. die Pferde schwemmen.

Verschwinden (verschwand); — verschwenden st. verschwänden, machen daß etwas verschwindet, z. B. sein Vermögen verschwenden.

Sinken (sank), eine abwärts gehende Bewegung; — senken st. sänken, machen daß etwas sinkt.

Springen (sprang); — sprengen st. sprängen.

Fliessen. Die Vergangenheitsform dieses Zeitwortes heißt floss, und davon kommt her flössen, z. B. Holz flössen d. h. machen daß es fließt oder sich auf dem Wasser fortbewegt.

Fahren, welches ursprünglich eine jede Bewegung bezeichnet zu haben scheint. Die Vergangenheitsform heißt fuhr, und von dieser kommt das Zeitwort führen, eigentlich: zum Fahren bringen, daher dann: leiten.

Sitzen. Die ältere Form der Wortsylbe lautet jetzt sass; eine noch ältere hat sich aber in dem Hauptworte Satz erhalten, und davon ist abgeleitet setzen anstatt sätzen.

Schwillen. Die Vergangenheitsform lautet schwoll und davon ist schwöllen gebildet, welches jetzt aber schwellen gesprochen und geschrieben wird.

Erblinden, blind werden; — blenden, blind machen. Diese Umwandelung läßt sich nicht ganz genau nach Art der vorigen Wörter erklären, scheint aber in der späteren Zeit nach der Aehnlichkeit mit sinken, senken und anderen Wörtern gebildet zu sein.

Einige wenige Zeitwörter sind vermittelst anderer Laute gebildet, als: Hitzen — heitzen, machen daß etwas hitzt.

Kleben — kleiben, zum Kleben bringen.

Bei einigen Zeitwörtern wird durch Veränderung des Lautes die Bedeutung anderweitig umgeändert, als:

Wiegen, ein Gewicht haben, z. B. das Brod wiegt drei Pfund; — wägen, das Gewicht einer Sache suchen, z. B. ein Brod wägen. Hier hat sich die Wortsylbe wag nur noch in dem Hauptworte Wage erhalten.

Biegen — beugen, machen daß sich etwas biegt.

Denken — dünken, ein ungewisses Denken.

Bitten (bat) — beten statt bäten.

Einige wenige gibt es, in denen beide Formen des Zeitwortes, mit und ohne Umlaut, in gleicher Bedeutung gebraucht werden, als:

Nutzen — nützen.

Ausdunsten — ausdünsten.

54.

Veränderung der Nachbestimmung in der Wortsylbe, entweder allein, oder mit dem Laute zugleich.

Zuweilen wird ein Zeitwort aus einem anderen durch Veränderung der Nachbestimmung gebildet, und hiebei zeigt sich vorzüglich die Absicht vorherrschend, eine Verstärkung der Bedeutung dadurch darzustellen.

Um eine solche Verstärkung auch gleichsam dem Ohre zu versinnlichen, hat man dem Schlusse der Wortsylbe eine größere Härte gegeben und zu dem Ende die sanften Endbestimmungen in schärfere und härtere verwandelt. Um dies in einem noch höheren Grade zu bewirken, hat man in manchen Fällen noch andere Lautbestimmungen hinzutreten lassen, welche zur ursprünglichen Wurzel gar nicht gehören, als: schlagen, schlachten. In den folgenden §§,

welche über die Bildung von Zeitwörtern durch Nachsyl-
ben und Nachbestimmungen handeln, werden dazu noch
mehre Beispiele angegeben werden. — In einigen andern
Fällen hat das abgeleitete Zeitwort auch hier die Bedeu-
tung des Machens oder Hervorbringens dessen, was das
Stammwort anzeigt, als: wachen, wecken.

1) **Ableitung durch Veränderung der Nach-
bestimmung allein.**

Reisen hieß ursprünglich: bewegen; — um den Be-
griff zu verstärken, bildete man daraus reißen — eine noch
größere Verstärkung wurde durch reizen bezeichnet.

Schnauben — schnaufen d. h. stark schnauben.

Stechen — stecken. Nadeln und spitzige Werkzeuge
stechen, d. h. verursachen durch ihr Eindringen in die Haut
eine schmerzhafte Empfindung. Stecken scheint ursprüng-
lich stechen machen bezeichnet zu haben, wird aber jetzt
in mancherlei anderem Sinne gebraucht, z. B. mit einer
Nadel etwas anstecken d. h. befestigen — der Schnupf-
tuch steckt in der Tasche — einen Haufen Holz anstecken
d. h. anzünden.

Plagen — placken d. h. hart und oft plagen.

Von dem veralteten zwagen kommt eben so zwacken.

Beißen — beizen, machen daß etwas beißt, z. B. das
sogenannte wilde Fleisch in einer Wunde wegbeizen.

2) **Ableitung durch Veränderung des Lautes
und der Nachbestimmung zugleich.**

Mit der Veränderung der Endbestimmung in der Wort-
sylbe ist in den meisten Fällen auch eine Veränderung des
vorhergehenden Lautes verbunden; besonders wird ein ge-
dehnter Laut in einen verwandten gestoßenen umgeändert,
damit das Wort bei der Aussprache um so härter klinge,
wie folgende Beispiele zeigen:

Biegen (bog, Bug) — bücken d. h. stark biegen, und:
machen daß sich etwas biegt.

Ziehen (zog, Zug) — zucken, stark und oft ziehen.

Wachen — wecken, machen daß jemand wacht.

Hangen, hängen — henken statt hänken.

Niessen in geniessen (genoss, Genuss) — nutzen oder nützen.

Reichen — recken, ein verstärktes Reichen.

Streichen — strecken, ein verstärktes Streichen.

Essen (ass) — ätzen d. h. stark essen, wie vorhin beissen und beizen, z. B. ein ätzender Saft, d. h. ein Saft, welcher Farbe, Fleisch, Tuch u. dgl. angreift. — Ehedem brauchte man ätzen oft auch in dem Sinne: essen machen oder zu essen geben; aber in dieser Bedeutung ist es jetzt veraltet.

Fressen (frass) — fretzen statt frätzen. Letzteres hieß sonst ebenfalls zu fressen geben, ist aber jetzt ganz veraltet.

Die angeführten Beispiele zeigen übrigens hinlänglich, daß bei dieser Art von Ableitung weder eine gleichförmige Umwandelung der Laute noch der Nachbestimmungen stattfinde, und daß sie überhaupt zu unregelmäßig sei, als daß noch jetzt neue Bildungen dieser Art zur Bereicherung der Sprache gemacht werden könnten. Ueberhaupt erkennt man an diesen Beispielen nur ein gewisses vorhanden gewesenes Streben in der Sprache, sich nach besondern Richtungen hin auszubilden, welches aber nur einem geringen Theile nach zur Ausführung gekommen ist, so daß diese Wörter nur vereinzelt stehen geblieben sind.

55.

Bildung der Zeitwörter durch Nachsylben und einzelne Nachbestimmungen.

Allgemeine Bemerkungen.

Um von Zeitwörtern neue Zeitwörter zu bilden, werden zuweilen ganze Sylben, zuweilen aber auch nur einzelne Buchstaben hinzugefügt. Da jedes Deutsche Zeitwort sich auf en oder n endigen muß, so können diese Nachsylben oder Nachbestimmungen nicht, wie sonst, an das Ende des Wortes, sondern nur unmittelbar an die Wurzel des Stammwortes angehängt werden, und treten also zwischen die Wurzel und Biegungssylbe en in die Mitte, z. B. spotten, spötteln — folgen, folgern — ängsten, ängstigen — hören, horchen — schlagen, schlachten.

Schon diese Beispiele zeigen, daß die Wurzel selbst bei dieser Ableitung manche Veränderungen erleidet. Der Laut wird in seinen Umlaut oder in einen verwandten, gewöhnlich gestoßenen, Laut verwandelt; die Endbestimmung geht in eine andere verwandte über, die sich zu den folgenden Lautbestimmungen bei der Aussprache besser paßt. Wenn die Ableitungssylbe el oder er ist, so verliert die Biegungssylbe en ihr e, und es bleibt der bloße Buchstabe n übrig.

Bei einer solchen Ableitung treten zu dem Begriffe des Stammwortes noch allerlei Nebenbestimmungen hinzu; vorzüglich aber geschieht die Bildung solcher Wörter aus folgenden Ursachen:

1) um die Bedeutung des Stammzeitwortes zu verstärken, als: hören, horchen d. h. genau oder scharf hören; — schlagen, schlachten.

2) um eine Wiederholung dessen anzudeuten, was das Stammwort benennt, als: streichen, streicheln d. h. mehrmals streichen z. B. beim Liebkosen; — seihen oder seigen, seigern.

3) um einen geringern Grad dessen anzudeuten, was das Stammwort benennt, also um eine Art Verkleinerungswörter oder Diminutiven unter den Zeitwörtern zu bilden, als spotten, spötteln — kranken, kränkeln.

4) um ein Hervorbringen dessen anzudeuten, was das Stammwort benennt, als: rauchen, räuchern d. h. machen daß etwas raucht.

5) um ein Verlangen danach auszudrücken, als: schlafen, schläfern d. h. ein Verlangen haben zu schlafen.

6) um etwas nachzuahmen, besonders den Ton oder Schall, den ein Gegenstand hören läßt, als: poltern, murmeln.

Von vielen solchen Wörtern sind die Stammzeitwörter veraltet; andere derselben sind eigentlich von Haupt- und Eigenschaftswörtern gebildet, indem man sich zwischen dem Stammworte und dem abgeleiteten Zeitworte noch ein anderes Zeitwort als zwischenliegend dachte, was aber in der wirklichen Rede zuweilen gar nicht im Gebrauche ist. Von dem Eigenschaftsworte klug z. B. kommt ein Zeitwort klügeln, welches man bildete, indem man sich von klug erst ein Zeitwort klugen dachte, aus welchem dann klügeln als Verkleinerungswort gebildet wurde, obgleich ein Zeitwort klugen gar nicht gebraucht wird. Eben so bildete man vom Hauptworte Witz das Zeitwort witzeln, indem man sich noch etwa ein Zeitwort witzen dazwischenliegend dachte. — Auch bei Ableitungen dieser Art herrscht übrigens sehr viel Unregelmäßigkeit und nur wenige solcher Ableitungsformen finden sich an einer beträchtlichen Anzahl von Wörtern; daher sie sich auch in Absicht ihrer Bedeutung selten ganz festgestellt haben. Am meisten ist letzteres noch bei den Nachsylben el und er der Fall.

56.

Nachsylbe el.

Die Nachsylbe el wird an die Wurzel des Stammzeitwortes angehängt und die Biegungssylbe en verliert dabei ihr e, so daß beide Sylben in die Eine Sylbe eln zusammenschmelzen. Sie bezeichnet

1) am gewöhnlichsten eine Verkleinerung, wozu der Buchstabe l auch schon bei Hauptwörtern und Eigenschaftswörtern gebraucht worden ist (§. 18. 20. 40). Dabei tritt allemal, wo es angeht, der Umlaut ein, damit der höhere und schwächere Ton die Verkleinerung noch mehr

veranschauliche. — Kranken, kränk-el-n, ein wenig krank sein — spotten, spött-el-n; brocken, bröckeln; sausen, säuseln; krausen, kräuseln; krumen, krümeln. Ferner kommt her: älteln d. h. ein wenig alt werden, von alten z. B. in veralten — tändeln vom veralteten tanden und dieses vom Hauptworte Tand — schnitzeln von schnitzen, und dieses von schneiden, dessen Vergangenheitsform schnitt heißt; von schneiden wird aber sonst auch noch als Verkleinerungswort schneiteln statt schneideln gebildet. — Zuweilen werden solche Wörter gebildet, um den Nebenbegriff des Fehlerhaften und Tadelnswerthen hineinzulegen, da Gegenstände, die in ihrer Art zu klein sind, oft nicht ihre Bestimmung erfüllen können und daher mit Geringschätzung betrachtet werden. Solche Wörter sind: buchstäbeln d. h. zu unrechter Zeit am Buchstaben festhalten oder kleben — künsteln, eine Kunst ohne hinlängliche Geschicklichkeit ausüben — witzeln — vernünfteln — frömmeln u. s. w. Diese letzteren Verkleinerungswörter sind von Haupt- und Eigenschaftswörtern abgeleitet, indem man sich die sonst ungebräuchlichen Zeitwörter buchstaben, kunsten, witzen, vernunften, frommen u. s. w. als zwischenliegend dachte.

2) eine Wiederholung oder längere Dauer einer Handlung, als: betteln, fortwährend und wiederholentlich bitten — streicheln, mehrmals streichen — träufeln oder tröpfeln, oft traufen (wofür man jetzt triefen sagt) oder oft tropfen — handeln vom veralteten Zeitworte handen, welches wieder aus Hand gebildet ist — rieseln vom veralteten Zeitworte riesen, welches eine Bewegung und das dadurch verursachte leise Geräusch anzeigte.

Zuweilen wird in solchen Wörtern zugleich die Nachahmung eines gewissen oftmals wiederkehrenden Tones ausgedrückt, zu welchen schon das letztgenannte Wort rieseln gehört; ferner zischeln, murmeln u. a.

Viele Zeitwörter auf eln sind aber von Hauptwörtern

auf el abgeleitet, und gehören also nicht hieher, weil das el an ihnen als Ableitungsmittel für das Hauptwort und nicht für das Zeitwort gebraucht worden ist. Dergleichen sind: kegel-n, hagel-n, nebel-n, nageln, tadeln. — Einige andere kommen auf gleiche Weise von Eigenschaftswörtern her, welche schon die Nachsylbe el haben, als: ekel-n, dunkel-n, ver-eitel-n, ver-übel-n.

57.

Nachsylbe er.

Diese Nachsylbe wird wie die vorige er an die Wurzel des Zeitwortes angehängt, wobei die Biegungssylbe en ihr e verliert und beide in die Sylbe ern zusammenschmelzen, bald mit, bald ohne hinzutretenden Umlaut. Sie ist auch hier mit der Sylbe el ihrer Bedeutung nach nahe verwandt und bezeichnet

1) ein Hervorbringen desjenigen, was das Stammwort benennt, als: Räuchern, machen daß etwas raucht — einschläfern, machen daß jemand einschläft — folgern, machen daß etwas aus einem Vorhergehenden folgt, d. h. durch eine Schlußfolge es daraus herleiten — steigern, etwas zum Steigen bringen (z. B. in der Sprachlehre die Eigenschaftswörter) — nähern, machen daß etwas naht. — Zu einigen Zeitwörtern, welche eben diese Bedeutung haben, lassen sich keine Stammzeitwörter angeben, entweder weil solche nie vorhanden gewesen, oder weil sie jetzt veraltet sind. Dergleichen sind: erörtern, gleichsam etwas an seinen rechten Ort stellen, und daher: erklären, deutlich auseinandersetzen — erinnern, etwas gleichsam von innen herausholen, wo es im Gedächtnisse niedergelegt gewesen ist — einäschern, in Asche verwandeln. Man muß bei diesen drei letzteren Wörtern sich die ungebräuchlichen Zeitwörter erorten, erinnen und einaschen als zwischen dem Stammworte und ihnen selbst zwischenliegend denken.

2) ein Verlangen nach dem, was das Stammwort benennt, als: schläfern, z. B. mich schläfert d. h. ich habe ein Verlangen zu schlafen (dagegen heißt einschläfern: zum Schlafen bringen) — lächern, Lust zu lachen haben — hungern, Verlangen nach Speise haben, wo aber der Begriff des Verlangens schon aus dem Stammhauptworte herübergenommen ist.

3) ein Gerathen in einen Zustand, als: altern d. h. alt werden — dämmern d. h. dämmerig werden.

4) eine Wiederholung, Veröftung oder längere Dauer, als: blinkern, wiederholentlich blinken — seigern, wiederholentlich seihen oder seigen — zögern, in die Länge ziehen (Vergangenheitsform zog) — weigern, zittern, schlottern, klettern u. s. w. Von den letzteren sind die Stammzeitwörter veraltet, und sie vertreten nun zugleich die Stelle derselben.

5) In mehren solchen Zeitwörtern dient diese Sylbe zur Nachahmung eines gewissen oft wiederkehrenden Tones, als: flüstern, stottern, poltern, donnern. Das letztere hängt mit dem Hauptworte Donner zusammen, welches ebenfalls den Schall beim Gewitter schon nachbildet.

Viele Zeitwörter auf ern gehören aber eigentlich nicht hieher, weil die Nachsylbe er schon an den Stammwörtern ist und also zur Bildung dieser gedient hat. Solche Zeitwörter sind abgeleitet:

1) von Hauptwörtern in der Einheitsform (§. 50): Acker-n, anker-n, eiter-n, fingern, foltern, pfeffern, pländern (von Plunder), wässern, zuckern, versilber-n.

2) von Hauptwörtern in der Mehrheitsform (§. 50): Bilder-n (Bild, Bilder), blätter-n (Blatt, Blätter), be-bänder-n, be-güter-n. — Da diese von der Mehrheit der Hauptwörter gebildet sind, so haben sie zugleich gewöhnlich den Nebenbegriff einer mehrmaligen Wiederholung.

3) von Eigenschaftswörtern, welche die Sylbe

er schon in ihrer gewöhnlichen Form haben (§. 51), als: Aender-n (von ander-s), äufser-n, säuern, säubern, läutern, fördern (d. h. weiter bringen, von dem ziemlich veralteten förder oder fürder d. h. weiter) — er-munter-n, er-heiter-n.

4) von Eigenschaftswörtern, welche die Nachsylbe er erst durch Steigerung erhalten (§. 51), als: besser-n, schmäler-n, milder-n, linder-n, vergröfser-n, verkleinern, erleichtern, bereichern, erneuern, erweitern, verlängern.

58.

Nachsylben ig, enz und ir.

1) Die Nachsylbe ig tritt ebenfalls zwischen die Wortsylbe und die Biegungssylbe en, ohne daß sich eine bestimmte Bedeutung derselben angeben läßt. Manche der so abgeleiteten Zeitwörter kommen von Haupt- und Eigenschaftswörtern her. Die Einfügung dieser Sylbe scheint nur angewandt worden zu sein, um Härten in der Aussprache zu verhüten und dadurch den Wohllaut zu befördern. Die Bedeutungslosigkeit dieser Sylbe geht besonders daraus hervor, daß manche solcher Zeitwörter mit und ohne diese Sylbe gebraucht werden, ohne daß dadurch eine Veränderung im Sinne des Wortes bewirkt wird, als: ängsten und ängstigen, verkünden und verkündigen, vereinen und vereinigen, enden und endigen. — Ehedem waren noch viele solcher Zeitwörter ohne diese Ableitungssylbe im Gebrauch, welche jetzt nur mit derselben gesprochen werden. Anstatt bekräftigen, besichtigen, beherzigen, belustigen, nöthigen, reinigen, beerdigen, befriedigen, begnadigen, beleidigen, bestätigen, sündigen u. a. sagte man vor Zeiten auch: bekräften, besichten, beherzen, belusten, beerden, begnaden, bestäten u. s. w.

Außer mehren der ebengenannten sind von Hauptwörtern mit Hinzufügung dieser Sylbe abgeleitet: Huld-ig-en von Huld, pein-ig-en von Pein, befried-ig-en von Friede, steinigen von Stein; — von Eigenschaftswörtern: besänft-ig-en von sanft, berechtigen von recht, befestigen von fest, sättigen von satt u. a.

Andere Zeitwörter kommen offenbar von Eigenschaftswörtern her, welche diese Nachsylbe ig schon haben, und gehören also eigentlich nicht hieher, als: be-selig-en, berichtig-en, be-ruhig-en, demüthig-en, erledigen, erübrigen, verewigen, vergütigen u. s. w.

2) Die Nachsylbe enz wird auf die gewöhnliche Art zwischen die Wurzel und die Biegungssylbe en eingeschoben und bezeichnet eine Aehnlichkeit. Sie wird im Hochdeutschen aber nur in dem Einen Worte faulenzen, d. h. sich wie ein Fauler betragen, gebraucht, dessen Gebrauch auch nicht einmal ganz edel ist. In andern deutschen Mundarten sagt man auch judenzen, d. h. sich wie ein Jude betragen, kupferenzen d. h. nach Kupfer schmecken, z. B. die Speise kupferenzt u. s. w.; aber in der edlern hochdeutschen Rede darf man solche Wörter gar nicht gebrauchen.

3) Die Nachsylbe ir oder ier verbunden mit der gewöhnlichen Biegungssylbe en wird vorzüglich gebraucht, um Zeitwörter aus einer fremden Sprache in die Deutsche Sprache aufzunehmen und sie fähig zu machen, Deutsche Formen und Biegungsendungen anzunehmen, als: rebelliren, formiren, flattiren, decliniren, conjugiren, studiren u. s. w. Doch werden auch einige solcher Zeitwörter von ächt deutschen Stammwörtern gebildet, als: halb-iren, stolz-iren, hausiren, schattiren, buchstabiren, lautiren, handthiren (statt handiren von Hand). Die letzteren schreibt man auch wohl, um anzuzeigen, daß sie der Deutschen Sprache noch näher stehen, mit dem im Deutschen Schreibgebrauche eingeführten Dehnungszeichen ie, als: halbieren, stolzieren u. s. w.; und dies ist auch fast allgemein gebräuchlich bei den Zeitwörtern spatzieren, regieren,

barbieren und quartieren (bei den beiden letzteren wegen ihrer Ableitung vom Französischen barbier und quartier). — Neuer Ableitungen solcher Zeitwörter auf iren oder ieren von ächt deutschen Stammwörtern muß man sich jetzt enthalten, damit diese Endung ein sichreres Kennzeichen von dem fremden Ursprunge solcher Wörter bleibe.

59.

Einzelne Lautbestimmungen.

Um den Begriff des Stammzeitwortes zu verstärken, oder aus andern Gründen, welche nicht überall gleich deutlich sind, werden zuweilen einzelne Buchstaben zwischen die Wurzel und Biegungssylbe en eingeschoben, wobei in manchen Fällen noch allerlei Veränderungen an der Wurzel vorgehen. Die vorzüglichsten Buchstaben, deren man sich hiebei bedient, sind folgende:

1) ch — hören, hor-ch-en d. h. genau oder scharf hören — schnarren, schnarchen — scheuen, scheu-ch-en d. h. scheu machen.

2) f — wird in manchen Fällen dem p blos in der Absicht beigefügt, um die Härte desselben zu mildern, daher solche Wörter im Niederdeutschen noch ohne dieses p gesprochen werden, als: dampfen, stopfen, klopfen, Niederd. dampen, stoppen, kloppen. — In andern Fällen dient dieses f zur Verstärkung und wird entweder ganz eingeschoben z. B. dürfen Ndd. daren, — oder die Buchstaben b und f verwandeln sich in pf, z. B. schnauben oder schnieben in schnupfen; — aus dem alten Zeitworte schliefen wurde schlüpfen; aus raufen wurde rupfen; aus triefen oder traufen wurde tropfen und daraus das Verkleinerungswort tröpfeln. Hieher gehört wahrscheinlich auch heben (hob), hüpfen d. h. durch Springen sich heben.

3) m — mahlen, mal-m-en, gleichsam stark mit den Zähnen mahlen, wobei der Laut in der Wortsylbe abge-

kürzt worden ist — schalen oder schälen, schalmen — vielleicht auch stören, stürmen.

4) sch — knirren, knirr-sch-en — gleiten (glitt), glit-sch-en. Peitschen und klatschen sind vielleicht von veralteten Zeitwörtern peiten und klaten abgeleitet, wobei das sch auch den Ton nachzubilden bestimmt ist. — Herr-sch-en scheint statt herrischen zu stehen, d. h. sich herrisch betragen: Herr, herrisch, herr-sch-en.

5) s — quaken, quak-s-en — schlucken, schluck-s-en, wofür aber gewöhnlich schluchzen gesprochen und geschrieben wird.

6) sel, eine Verbindung des vorhergehenden s mit der Nachsylbe el. Beide zusammen drücken eine Verstärkung verbunden mit dem Begriffe einer Wiederholung aus, als: drehen, drech-s-el-n d. h. stark und oft drehen — weinen, winseln — blinden (veraltet), blind-s-el-n, wofür man aber blinzeln schreibt, d. h. durch wiederholtes Verschließen der Augenlieder sich auf kurze Zeit blind machen.

7) t bezeichnet ebenfalls eine Verstärkung. Der gedehnte Laut der Wortsylbe geht dabei in einen verwandten gestoßenen über, und h und g verwandeln sich in ch, als: schlagen, schlach-t-en — tragen, trach-t-en, wovon auch das Hauptwort Tracht — besehen, besich-t-ig-en anstatt besichten — fegen, fechten. — Fürchten kommt auf diese Art von dem in dieser Bedeutung jetzt veralteten Zeitworte fahren (fuhr), dessen Wurzel sich in diesem Sinne noch in den Wörtern Gefahr und befahren findet.

8) z — schluchzen statt schlucksen von schlucken, s. Nr. 5. — jauchzen vom Ausrufe der Freude juch — ächzen vom Ausrufe des Schmerzes ach — krächzen von krähen.

9) zel, eine Verbindung des vorigen z mit der Nachsylbe el, findet sich nur in einigen Wörtern, deren Stammzeitwörter veraltet sind, als: schmunzeln, metzeln. — Kit-

zeln und runzeln sind von Hauptwörtern abgeleitet und haben die Sylbe el von dorther mit herübergenommen.

60.

Bildung der Zeitwörter durch Vorsylben.

Allgemeine Bemerkungen.

Wir haben früher (§. 11) sechs Deutsche Vorsylben kennen gelernt: be, ge, ent (emp, ant), er, ver und zer. Diese alle sind für die Ableitung der Zeitwörter von Zeitwörtern und für die Bildung der Zeitwörter überhaupt von ganz besonderer Wichtigkeit, und hier unstreitig das fruchtbarste Ableitungsmittel, indem eine sehr große Menge neuer Zeitwörter vermittelst derselben gebildet werden. Ihr Gebrauch für diesen Zweck ist aber jetzt so verschiedenartig, daß man sich jetzt begnügen muß, nur Spuren einer allgemeinen Grundbedeutung aufzufinden, von welcher der Gebrauch ausgegangen sein mag, und daß man auch bei diesem Bemühen zuweilen nur bei unsicheren Vermuthungen stehen bleiben muß. Meistentheils werden wir uns hier damit begnügen, die Zeitwörter mit gleichen Vorsylben nach der Aehnlichkeit ihrer Bedeutung in größere und kleinere Massen zusammenzustellen. — Ueber die Vorsetzsylben un, ur, miſs und erz, und daß die damit gebildeten Wörter mehr den Zusammensetzungen angehören, vgl. den Anhang zu §. 11.

61.

Vorsylbe be.

Diese Vorsylbe mag die Wurzel des Wörtchens bei sein, und in einigen Wörtern, deren Anzahl jedoch nur gering ist, läßt sich das dadurch gebildete Zeitwort so auflösen, daß man dabei von dem Wörtchen bei Gebrauch macht. — Sie bezeichnet

1) in einigen wenigen Wörtern die Nähe des Ortes, worauf sich eine Handlung bezieht, als: begleiten, vielleicht statt beleiten oder beileiten, jemanden leiten, indem man bei oder neben ihm geht — begraben, etwa: bei Seite graben — beschliefsen (in Beschlufs nehmen), etwa: bei Seite schliefsen.

2) die Erstreckung einer Handlung über einen ganzen Gegenstand, als: beschneiden, gleichsam bei oder an etwas schneiden; berupfen, bei oder an etwas rupfen; besprengen, bei oder über etwas sprengen — bebauen z. B. einen Acker; beschreiben z. B. ein Papier. So auch; bedecken, bedrucken, bepflanzen, besäen, beschatten, befühlen, bekleiden u. s. w.

3) Durch Hindeutung auf einen Gegenstand verwandelt sie Zeitwörter, die eine blos inwohnende Thätigkeit bezeichnen (intransitive Zeitwörter), in solche, die eine Handlung andeuten, welche auf einen leidenden Gegenstand gerichtet ist (transitive Zeitwörter). Das Wort lachen z. B. bezeichnet blos die Aeußerung der Thätigkeit eines Menschen, ohne daß dabei ein Gegenstand genannt werden darf, auf den diese Thätigkeit gerichtet ist: der Mensch lacht. Wird aber daraus belachen gebildet, so muß nothwendig ein Gegenstand des Lachens genannt werden: er belacht die ungeschickten Bewegungen dieses Menschen. — Dergleichen Zeitwörter sind auch: bearbeiten, beseufzen, befahren (z. B. einen Weg), beschiffen, begreifen, besehen, beantworten, bebrüten u. s. w. — Hierher gehören auch solche Zeitwörter, welche mit Zuhülfenahme des Wörtchens sich anzeigen, daß die Handlung auf den Handelnden zurückgeht, oder daß der Handelnde zugleich Grund und Gegenstand seiner Handlung sei, und welche ohne diesen Zusatz sich nie gebraucht werden können, als: sich bedenken, sich befleifsigen, sich begnügen, sich behelfen.

4) Zuweilen dient sie, um den Begriff des Stammwortes zu verstärken, oder es läßt sich die Wirkung dieser Sylbe gar nicht auf einen bestimmten Begriff bringen, als: befördern (fast gleichbedeutend mit fördern), begehren (der Stamm mit verändertem Laute findet sich in Gier, gierig), bestehen, beruhen, beharren, bedürfen.

5) Daß diese Vorsylbe auch oft gebraucht werde, um aus Hauptwörtern und Eigenschaftswörtern neue Zeitwörter zu bilden, ist schon §. 50 und 51 angeführt und an Beispielen erläutert.

Auch solche Zeitwörter weisen alle auf einen leidenden Gegenstand hin, auf den die Handlung übergeht (sie sind transitive Zeitwörter), als: bebändern, beblümen, bedachen, befiedern, beflügeln d. h. jemanden oder etwas mit Bändern, Blumen, einem Dache, mit Federn, mit Flügeln versehen oder bedecken; beschädigen, gleichsam mit Schaden versehen d. h. Schaden zufügen; beurlauben, mit Urlaub versehen; — bereichern, befreien, befeuchten d. h. jemanden oder etwas reich, frei, feucht machen.

Diese verschiedenen Bedeutungen dieser Vorsylbe gehen aber sehr leicht in einander über, und daher nimmt ein und eben dasselbe Zeitwort mehre derselben an. Bereden heißt: über oder von jemand (Böses) reden, aber auch jemanden durch Rede zu etwas bewegen. Besorgen, beschreiben u. a. haben ebenfalls mehre Bedeutungen.

In der niedrigen Sprechart gebraucht man diese Vorsylbe, um den Namen einer Sache oder einer Eigenschaft in ein Zeitwort zu verwandeln, besonders wenn man im drohenden Tone redet, als: Ich will dich beliebreichen.

62.

Vorsylbe ge.

Diese Vorsylbe mag, wie wir dies schon bei Hauptwörtern und Eigenschaftswörtern gefunden haben (vergl.

§. 32 und 48), an den meisten Zeitwörtern nur aus einer besondern Aussprache mit einem Ansatze von der Kehle her entstanden sein. Daher werden manche derselben mit und ohne diese Vorsylbe fast in gleicher Bedeutung gebraucht, als: gereuen und reuen, gebrauchen und brauchen, getrauen, geziemen, gefrieren, gerinnen.

Andere waren ehedem auch ohne diese Vorsylbe gebräuchlich, sind es aber jetzt nicht mehr, wenigstens nicht mehr in derselben Bedeutung, als: gebären, gebühren, gedeihen, geniessen, gelüsten, gedulden, gebrechen, gestellen.

Zuweilen hat sich aber auch ein anderer Nebenbegriff an diese Sylbe geknüpft, ohne daß sich jedoch über die Bedeutung etwas Allgemeines bestimmen läßt. Der in der Sprache herrschende Bildungstrieb verstattete nicht, die Verschiedenheit der Formen unbenutzt zu lassen, sondern knüpfte an jede derselben auch allmählich einen verschiedenen Begriff; aber gerade die Bedeutungslosigkeit dieser Sylbe in ihrem Ursprunge scheint die Ursache gewesen zu sein, daß diese Abänderung des Sinnes nicht nach einer allgemeinen Aehnlichkeit erfolgte, sondern daß man mit scheinbarer Willkühr in jedes Wort etwas Besonderes hineinlegte. Dergleichen Zeitwörter sind: geruhen, gerathen, gefallen, gestehen, gewähren, gereichen, bei denen der innere Zusammenhang mit ihren Stammwörtern ruhen, rathen, fallen u. s. w. jetzt kaum noch zu ermitteln ist.

Bei einigen Zeitwörtern, besonders vor dem Buchstaben l, scheint von dieser Vorsylbe blos der Buchstabe g übrig geblieben zu sein, als: glauben, wofür man im Niederdeutschen noch jetzt löwen sagt (im Englischen mit einer anderen Vorsylbe believe), also statt gelauben — glühen st. gelühen, dessen Wurzel mit einem anderen Laute sich noch in dem Worte Lohe erhalten hat.

63.

Vorsylbe ent (emp, ant).

Diese drei Vorsylben scheinen in ihrem Ursprunge eigentlich nur eine und eben dieselbe zu sein. Gewöhnlich lautet sie ent; vor einigen wenigen Wörtern, die mit f anfangen, haben sich, weil f eine Lippenbestimmung ist, die beiden Zungenbestimmungen n und t in die entsprechenden Lippenbestimmungen m und p verwandelt, und so ist daraus emp geworden; nur in dem Zeitworte antworten, dem Hauptworte Antlitz und den davon abgeleiteten Wörtern lautet sie ant. — Sie hat zwei einander fast entgegengesetzte Bedeutungen, indem sie anzeigt:

1) eine Bewegung von dem durch die Rede bezeichneten Orte weg, oder eine sich entfernende Bewegung, wobei sie dann mit weg oder fort vertauscht werden kann. — Entfliehen (von einem Orte weg fliehen), entlaufen, entgehen, entführen, entfallen, entrinnen, entfahren, entziehen, entzücken (von ziehen, zog, Zug, zucken), entfernen; — entwerfen gleichsam aus der Seele heraus werfen), entsinnen (heraus sinnen), entscheiden (heraus scheiden).

Hieher gehören auch diejenigen Wörter, wo diese Sylbe einen Ursprung anzeigt, als: entspriessen (aus der Erde heraus spriessen), entbrennen (vom Heerde oder einem andern Orte hervor brennen), entglimmen (hervor glimmen, entglühen, entzünden, entstehen; entschliessen (gleichsam aus der Seele durch Aufschliessen das darin Verborgene hervor holen). — Eben so gehören hieher diejenigen, welche ein Herausbringen aus einem gewissen Zustande bezeichnen, als: enträthseln (aus dem Zustande des Räthselhaften herausbringen), entsiegeln, entfesseln, entehren, entkleiden, entseelen, entrunzeln, entbinden, entdecken, entwaffnen, entvölkern, entschuldigen (aus dem Zustande der Schuld herausbringen).

2) eine Bewegung nach einem durch die Rede bezeichneten Orte hin, oder eine annähernde Bewegung. — Entsprechen, entgegen sprechen; entbieten, entgegen bieten (z. B. jemandem einen Gruß); entrichten, an einen andern richten oder hingeben (z. B. Geld); entgegnen. — Hieher gehört auch antworten d. h. entgegen worten oder sprechen. — Man mag sich die Sylbe ent in dieser Bedeutung mit an oder in verwandt denken.

Da von manchen Zeitwörtern, welche diese Vorsylbe haben, das Stammwort entweder gar nicht mehr oder doch nicht in dieser Bedeutung vorkommt, so läßt sich bei ihnen die Kraft oder Bedeutung dieser Sylbe nicht mehr mit Gewißheit angeben, als: entbehren. — Entblöden scheint von blöde herzukommen und blöde sein zu bedeuten z. B. er hat sich nicht entblödet, dies zu thun, d. h. er ist nicht so blöde oder er ist dreist genug gewesen, dies zu thun. Aus der ersten Bedeutung der Vorsylbe ent möchte man hier das Gegentheil herleiten, nämlich: aus dem Zustande der Blödigkeit sich herausbringen d. h. dreist sein.

Hieher gehören auch die wenigen Zeitwörter, welche emp vor sich haben, und von welchen die Stammwörter zwar noch vorhanden sind, aber in andern Bedeutungen. Es sind nur folgende drei, welche alle mit f anfangen: empfangen, empfinden, empfehlen mit den davon abgeleiteten Wörtern. Bei empfangen und empfinden möchte man an die zweite Bedeutung dieser Vorsylbe denken und sie allenfalls in entgegenfangen, entgegenfinden auflösen; aber bei empfehlen ist der Zusammenhang mit dem Stammworte fehlen ganz verdunkelt.

64.

Vorsylbe er.

Diese Vorsylbe, bei welcher man wohl an eine Verwandtschaft mit dem Wörtchen her oder auch mit der Vorsetzsylbe ur denkt, ist sehr fruchtbar für die Ableitung der Zeitwörter; aber es ist sehr schwer, ihre Bedeutung auf einen allgemeinen Begriff zu bringen.

1) Ihre Grundbedeutung mag vielleicht Ausdruck einer Bewegung von einem Orte her, besonders einer aufwärts gerichteten Bewegung, sein, als: Erheben, in die Höhe heben, aufheben; erbauen, aufbauen; (sich) erholen, sich gleichsam wieder in die Höhe holen, wenn man danieder liegt; errichten, aufrichten oder in die Höhe richten, z. B. ein Gebäude; — ergiefsen, hervorgiefsen; erschallen, erklingen, erschallen, erscheinen, erweisen, erstrecken, erwählen (herauswählen), erkiesen, erlesen (herauslesen); und durch eine Uebertragung auf geistige Dinge: erdichten d. h. gleichsam hervor oder herausdichten, ersinnen, erdenken, ergrübeln, erfinden.

2) In vielen anderen Wörtern bezeichnet sie eine geschehene Vollendung, und zwar

a) eine Vollendung durch vollständiges Gerathen in einen Zustand. — Erfrieren d. h. zu Tode frieren, ersaufen, ertrinken, ersterben, erlöschen — und die nach §. 51 von Eigenschaftswörtern abgeleiteten: erwarmen (ganz warm werden), erkalten, erblassen, erbleichen, erschlaffen, erstarren, erkranken, erröthen, erlahmen, erwachen.

b) eine Vollendung durch vollständige Erreichung seines Zweckes, und daher ein Hervorbringen eines Zustandes oder ein Versetzen in einen Zustand. — Erschiefsen, jemanden so schiefsen, daß er stirbt; erstechen, erschlagen, erdrücken, erwürgen, erdrosseln (von einem veralteten Stammworte), ersäufen; — erschöpfen, ganz ausschöpfen; ertragen, so lange und so weit tragen, daß dem Zwecke genügt wird; — erwerben, durch Werben d. h. durch Beschäftigung mit dem Gegenstande erlangen; erwarten, durch Warten erlangen; erlangen, durch Langen nach etwas es sich zu eigen machen; erreichen, erstreiten, erklimmen (durch Klimmen zum Ziele gelangen), erfragen, erkargen, erschmeicheln, erlaufen, erleben, ertappen, erhaschen, ergreifen, ersparen, ersehen, erbrechen, erlösen, erfüllen; erobern (in seinen Besitz bringen dadurch, daß man der obere wird); ersetzen, etwas an die Stelle einer Sache setzen, so daß für den andern Befriedigung bewirkt wird; erlegen, erstatten, erlassen, erleuchten, erhören. — Hieher gehören auch die nach §. 51 von Eigenschaftswörtern abgeleiteten: ermuntern (einen andern munter machen), erwärmen, erkälten, erweichen, erbittern, ergänzen, erweitern, erübrigen, erinnern (aus dem Innern, von innen hervorholen).

Die angegebenen Bedeutungen gehen oft in einander über, so daß manche Wörter mehre derselben in sich vereinigen, als: erstehen heißt aufstehen, sich in die Höhe richten, aber auch: durch Stehen, z. B. auf Auctionen, etwas erlangen.

In mehren Zeitwörtern läßt sich der Sinn dieser Vorsylbe darum nicht angeben, weil das Stammwort veraltet ist, z. B. erlauben.

65.

Vorsylbe ver.

Auch diese Vorsylbe ist sehr fruchtbar für die Ableitung, aber es ist schwer, die verschiedenen damit gebildeten Wörter unter einen allgemeinen Gesichtspunkt zusammenzustellen.

1) Nach ihrer Grundbedeutung scheint diese Sylbe eine Entfernung von dem durch die Rede bezeichneten Orte weg anzuzeigen, so daß sie mit der Sylbe ent in ihrer ersten Bedeutung dann übereinstimmt; und bei weitem in den meisten Zeitwörtern läßt sich die Bedeutung, bald mehr im eigentlichen bald im uneigentlichen Sinne, hierauf zurückführen. Sie mag daher vielleicht mit den Wörtern fern und fort verwandt sein. — Verjagen

(fort- oder wegjagen), verrücken (von seiner Stelle fortrücken), vertreiben, verleiten, verschieben, versetzen, verpflanzen, verbannen (durch Bannen d. h. Ausschließen aus einer Gemeinschaft entfernen), vergeben, verkaufen, verleihen, verheirathen (dadurch daß man heirathen läßt, entfernen), verrauchen; — verbrauchen (durch Brauchen wegschaffen), verspielen, verthun, verbringen, verschwinden (wegschwinden), verschwenden (machen daß etwas wegschwindet), verarbeiten; — verschliefsen, vermauern, verstopfen (durch Schliefsen, Mauern, Stopfen aus dem Gesichte bringen und also entfernen), verpallisadiren; — verscherzen, verplaudern, versäumen (durch Scherzen, Plaudern, Säumen etwas entfernen z. B. die Zeit oder eine gute Gelegenheit), vertändeln; — verbitten (etwas gleichsam wegbitten), versagen, verbieten (durch Bieten oder Gebieten etwas entfernen), verlachen (auslachen, gleichsam durch Lachen entfernen); — verlieren, verderben, vergessen drücken ebenfalls ganz deutlich den Begriff der Entfernung aus, kommen aber von veralteten Stammwörtern her; verderben vielleicht (?) vom Eigenschaftsworte derb, machen daß etwas aufhört derbe d. h. gesund und kräftig zu sein.

Hierher gehören auch noch diejenigen Zeitwörter, in denen sie eine durch einen Zustand oder durch eine Handlung verursachte Erschöpfung oder ein Aufhören anzeigt, als: verbluten, verfliegen, vergehen, verrauchen, verschmachten, vermodern, verhungern, verbleichen. — Auch diejenigen mögen noch hieher gezählt werden, in denen sie einen Irrthum bezeichnet, wodurch also das Richtige oder die Wahrheit entfernt wird, als: (sich) verschreiben (fehlerhaft schreiben), verschneiden (fehlerhaft schneiden z. B. eine Feder oder ein Stück Zeug), verlegen, verleiten, verpacken, (sich) versprechen, (sich) verrechnen.

2) In einigen Wörtern bezeichnet sie, wie dies auch bei ent der Fall war, fast das Gegentheil des Vorherge-

henden, nämlich statt der Trennung eine Verbindung, statt der Entfernung eine Annäherung, als: verflechten (durch Flechten verbinden, zusammenflechten), verbinden, versammeln, vereinigen.

3) Zuweilen scheint sie den Begriff des Stammwortes wenig abzuändern, oder allenfalls nur zu verstärken, als: verehren (sehr oder hoch ehren), verharren, verhoffen, vergönnen.

4) Sehr häufig dient sie nach §. 50 und 51 nur dazu, um Zeitwörter aus Hauptwörtern und Eigenschaftswörtern zu bilden, welche theils ein Gerathen in einen Zustand (intransitiv), theils ein Versetzen in einen Zustand (transitiv) bezeichnen. Dergleichen sind:

a) von Hauptwörtern: verbrüdern (Menschen in einen Zustand versetzen, daß sie gleichsam Brüder werden), vergöttern (jemanden so behandeln oder so ehren, als wenn er ein Gott wäre), vermählen (zum Gemahl machen), verschwägern, verketzern; — verantworten.

b) von Eigenschaftswörtern: veralten (alt werden), verarmen, verdorren; — verkürzen (kurz machen), verdunkeln, veredeln, verherrlichen, verehelichen (ehelich machen, zur Ehe vereinigen), verbessern, verlängern.

5) In manchen ist die Kraft dieser Vorsylbe fast ganz undeutlich geworden, als: verstehen, etwa: machen, daß etwas im Geiste vor einem steht, im Geiste vor sich hinstellen.

Eine aufmerksame Betrachtung der bis hieher angegebenen Beispiele zeigt hinlänglich, daß auch bei dieser Vorsylbe die verschiedenen Bedeutungen leicht in einander übergehen, und daß oft Ein Wort mehre derselben in sich vereinigt. So heißt versprechen: durch Sprechen oder durch eine Zusage etwas fortgeben z. B. ein Buch; aber sich versprechen heißt: fehlerhaft sprechen; — verbinden, durch Binden zusammenfügen, aber auch: fehlerhaft binden.

Die drei unter Nr. 1. angegebenen Zeitwörter: verlieren, vergessen und verderben, und dazu noch verdauen, kommen von veralteten Stammzeitwörtern her; doch ist die Grundbedeutung einer Entfernung in ihnen erkennbar.

66.

Vorsylbe zer.

Diese Vorsylbe hat unter allen Vorsylben die bestimmteste Bedeutung; denn sie bezeichnet allemal eine Trennung in mehre Theile oder nach mehren Richtungen, und läßt sich gewöhnlich mit den Wörtern aus einander verwechseln.

Einige solcher Zeitwörter bezeichnen ein Gerathen in einen solchen Zustand der Trennung oder Auflösung (intransitiv), als: zerfliessen (aus einander fliessen), zerrinnen, zergehen.

Noch mehre aber bezeichnen ein Versetzen in einen Zustand der Trennung oder Auflösung, oder ein Hervorbringen eines solchen Zustandes (transitiv), als: zerbrechen (aus einander brechen), zerreissen, zerschneiden, zerstossen, zernagen, zermalmen, zerstücken oder zerstückeln, zerstören.

Einige sind unmittelbar von Hauptwörtern gebildet: zer-fleisch-en (das Fleisch in mehre Stücke zerlegen), zer-glieder-n (die verschiedenen Glieder eines Ganzen aus einander legen), zer-löcher-n (dadurch daß man Löcher macht, etwas zertheilen).

Bei dem mannigfachen Gebrauche der Vorsylben lassen sich vermittelst derselben auch wohl noch jetzt neue Wörter bilden, und es werden nicht selten solche dadurch gebildet.

Fünfter Abschnitt.

Bildung der Nebenwörter oder Adverbien.

67.

Was sind Nebenwörter (Adverbien)?

L. Wir haben jetzt die Lehre von der Ableitung in Beziehung auf die drei Wörterklassen, bei denen wir zunächst stehen bleiben wollten, Hauptwörter, Eigenschaftswörter und Zeitwörter, beendigt. Ehe wir jetzt nach unserm Plane (§. 6) zur Lehre von der Zusammensetzung übergehen, wird es zur deutlichen Einsicht in das Nachfolgende nöthig sein, uns vorher noch mit einigen anderen Arten von Wörtern bekannt zu machen, daher wir hier zuförderst noch etwas stehen bleiben wollen.

Die Menschen können sprechen. Gebt an, wie sie sprechen können!

K. Laut, leise, stark, schwach, heftig, sanft, geschwinde, langsam, gern, ungern, deutlich, undeutlich, recht, falsch, bedächtig, verständig, fertig, vernehmlich u. s. w.

L. Das Pferd läuft. Wo kann es laufen? Sagt mir dies aber jedesmal nur durch ein einziges Wort und nicht durch ganze Wortverbindungen, z. B. nicht: auf der Straße!

K. Hier, da, dort, oben (auf dem Berge), unten (im

Thale), hieselbst, drüben, diesseits, jenseits, droben, daselbst, drinnen (im Garten), draußen u. s. w.

L. Wohin kann es laufen? Woher kann es gelaufen kommen?

K. Hierhin, dahin, dorthin, aufwärts, abwärts, vorwärts, rückwärts, hinterwärts, seitwärts, rechts-vorwärts, links-seitwärts, rechts, links; — hieher, daher, dorther; hinab, herab, hinauf, herauf, fort, weg u. s. w.

L. Der Bruder schläft. Wann kann er schlafen?

K. Jetzt, nun, noch, heute, gestern, morgen, früh, spät, vorher, nachher, immer, allezeit, stets, nimmer oder niemals, nachts, morgens, mittags, abends; — oft, zuweilen, manchmal, selten, nie u. s. w.

L. Jeder unter euch gebe jetzt der Reihe nach einen kurzen Satz an, in welchem eines dieser eben gefundenen Wörter vorkommt!

K. Der Lehrer redet laut.
Der Knabe mag gern sprechen.
Das Pferd läuft dort.
Die Kinder spielen drinnen (in der Stube).
Wir wollen dorthin gehen.
Mein Vater reisete gestern fort.
Die Uhr schlägt jetzt — u. s. w.

L. Von wem wird in dem ersten Satze etwas gesagt, und was?

K. Es wird vom Lehrer gesagt, daß er redet.

L. Was zeigt das Wort laut hiebei an?

K. Es zeigt an, wie der Lehrer redet.

L. Gebe jetzt jeder eben so an, was jedes der genannten Wörter in den folgenden Sätzen für eine Bestimmung hat!

K. Im zweiten Satze zeigt das Wort gern an, wie der Knabe spricht.

Im dritten Satze zeigt das Wort dort an, wo das Pferd läuft.

Im letzten Satze zeigt das Wort jetzt an, wann die Uhr schlägt.

L. Prüft, ob die Wörter laut, gern, dort, jetzt u. s. w. zu einer der uns bisher bekannt gewordenen Wörterklassen gehören!

K. Hauptwörter sind es nicht; denn es sind nicht Namen selbständiger Dinge. — Das Wort laut ist ein Eigenschaftswort; denn ich kann sagen: der laute Ton. Die Wörter gern, dort, jetzt sind aber keine Eigenschaftswörter, weil sie keine Eigenschaften selbständiger Dinge benennen, und sich daher auch nicht mit Hauptwörtern verbinden lassen. — Zeitwörter sind sie eben so wenig, weil sie keine Veränderungen und Zustände an den selbständigen Dingen bezeichnen. — Laut ist also ein Eigenschaftswort; gern, dort, jetzt u. s. w. gehören zu einer uns noch unbekannten Art von Wörtern.

L. Ist das Wort laut, so wie ihr es in diesem Satze ausspricht, auch der Name einer Eigenschaft an einem selbständigen Dinge? — Warum nicht?

K. Nein. Hier sagt es nichts von dem Lehrer aus, dem einzigen selbständigen Gegenstande, der in diesem Satze benannt wird, sondern es gibt nur an, wie der Lehrer redet.

L. Aus diesem Grunde könnt ihr das Wort laut, so wie es in diesem Satze steht, auch nicht ein Eigenschaftswort nennen; sondern ihr müßt es eben so gut, wie die übrigen genannten Wörter, als zu einer noch unbekannten Art von Wörtern gehörig betrachten. Wir wollen uns mit ihnen jetzt näher bekannt zu machen suchen!

Mit welchen andern Wörtern sind die Wörter laut, gern, dort, drinnen, dorthin, gestern, jetzt am nächsten verbunden, und wie?

K. Die Wörter laut, gern u. s. w. sind mit den Zeitwörtern reden, sprechen, laufen, spielen, gehen, fortreisen, schlagen am nächsten verbunden und bestimmen diese näher, indem sie angeben, wie, wo, wann das geschieht, was diese Zeitwörter aussagen.

L. Recht! Diese Wörter beziehen sich nicht, wie die Eigenschaftswörter, unmittelbar auf die Hauptwörter, sondern bestimmen zunächst die Zeitwörter; nur insofern diese von den Hauptwörtern etwas aussagen, haben sie auch eine Beziehung auf diese, also nur eine mittelbare. Alle diese Wörter sind Bestimmungswörter für die Zeitwörter und stehen zu Zeitwörtern in demselben Verhältnisse, wie Eigenschaftswörter zu den Hauptwörtern. — Aber hiemit können wir uns noch nicht begnügen. Wenn wir den Satz: „das Haus ist groß" zum Grunde legen, könnt ihr in diesem Satze das Wort gros noch wohl durch Hinzufügung anderer Wörter näher bestimmen?

K. Ja! wir können sagen: sehr gross, ziemlich gross, zu gross, gar zu gross, ausserordentlich gross, gleich gross u. s. w.

L. Ein Wort welcher Art ist hier durch die Wörter sehr, ziemlich, ausserordentlich u. s. w. näher bestimmt?

K. — ein Eigenschaftswort.

L. Versucht, ob ihr noch andere Eigenschaftswörter durch Hinzusetzen dieser und ähnlicher Wörter näher bestimmen könnt! Gebt Beispiele an, in denen ihr die Eigenschaftswörter auch auf Hauptwörter bezieht!

K. Ein sehr hoher Thurm — eine ziemlich breite Straße — der Ton ist kaum hörbar — die Berührung ist fast unmerklich — zwei ungleich alte Kinder — u. s. w.

L. Versucht jetzt, ob eben diese Wörter auch so gebraucht werden können, daß Zeitwörter durch sie näher bestimmt werden!

K. Ja! einige derselben können eben so wohl als Bestimmungswörter für Zeitwörter als für Eigenschaftswörter gebraucht werden. Man kann z. B. sagen: eine sehr lange Straße, und: der Ochse hat das Kind sehr gestoßen — —

der kaum vernehmliche Ton, und: der Vater war kaum angekommen.

L. Wir werden also die Wörter, durch welche wir Eigenschaftswörter bestimmen, mit denjenigen, durch welche wir Zeitwörter bestimmen, zu einer und eben derselben Klasse zählen, oder als Wörter Einer Art betrachten müssen. — Was bezeichnen sowohl Eigenschaftswörter als Zeitwörter?

K. — das Unselbständige an den Dingen.

L. Was könnt ihr hienach als die eigentliche Bestimmung dieser neu aufgefundenen Wörter angeben?

K. Daß sie das Unselbständige an den Dingen näher bestimmen.

L. Richtig! dies ist ihre Bestimmung in der Sprache. Man nennt sie mit einem lateinischen Worte Adverbien (ein einzelnes heißt ein Adverb), weil sie am gewöhnlichsten zu den Verben oder Zeitwörtern hinzugesetzt werden; im Deutschen pflegt man sie wohl Nebenwörter zu nennen, obgleich dieser Namen noch weniger über ihre Bestimmung in der Sprache ausdrückt, als der lateinische Namen. Da Zeitwörter und Eigenschaftswörter beide von selbständigen Dingen etwas aussagen, so möchte man sie mit einem Deutschen Sprachforscher (Wolke) am treffendsten Aussagebestimmer nennen, wenn dies Wort nicht so lang und zu übeltönend wäre. Wir wollen daher bei der Benennung Nebenwörter oder Adverbien verbleiben.

68.

Eintheilung der Nebenwörter oder Adverbien.

L. Unter den genannten Wörtern war eines, welches ihr geneigt wart, für ein Eigenschaftswort zu halten. Welches?

K. — laut.

L. Findet ihr solcher Wörter noch mehre, wenn ihr den ganzen Vorrath der bisher gefundenen Wörter durchgeht?

K. Ja! mit den Wörtern stark, schwach, sanft, leise, vernehmlich, deutlich u. s. w. verhält es sich eben so. Auch sie alle können unter andern Umständen Eigenschaftswörter sein.

L. Sucht aus dem bisher Gelehrten zu ermitteln, in welchem Falle man sie Eigenschaftswörter, und in welchem dagegen Nebenwörter oder Adverbien nennen müsse; und erläutert dies durch Beispiele!

K. Sie sind Eigenschaftswörter oder Adjective, wenn sie sich auf Hauptwörter beziehen und dieselben näher bestimmen, als: der laute Ton; die leise Stimme. — Sie sind aber Nebenwörter oder Adverbien, wenn sie ein Zeitwort oder ein Eigenschaftswort näher bestimmen, als: der Lehrer hat laut gesprochen; das Kind redet leise.

Andere Beispiele. Der gute Brief; der Brief ist gut geschrieben. — Die schöne Stube; die Stube ist schön gemahlt. — Die blaue Wand; die Wand ist blau gefärbt. — Die ungemeine Freundlichkeit; eine ungemein schöne Kirche; das Bild hat mir ungemein gefallen — u. s. w.

L. Solche Wörter, welche etwas über die Beschaffenheit der Dinge aussagen, und welche daher unter verschiedenen Umständen bald Eigenschaftswörter bald Adverbien sein können, je nachdem sie die Beschaffenheit des Selbständigen oder des Unselbständigen angeben, werden, wenn sie Adverbien sind, Beschaffenheitswörter genannt, und darum habe ich gleich zu Anfange gesagt (§. 3.), daß eben dieselben Wörter unter verschiedenen Umständen bald Beschaffenheitswörter bald Eigenschaftswörter genannt werden. — Beide Arten von Wörtern müßt ihr nun recht genau und sicher zu unterscheiden wissen. Das sicherste Mittel hiezu ist freilich die genaue Beachtung ihres Zusammenhanges entweder mit den Hauptwörtern oder mit den Zeitwörtern und Eigenschaftswörtern und ob sie hienach das Selbständige oder das Unselbständige näher bestimmen. Nächst diesem mögt ihr aber auch als ein Hülfsmittel dabei die Fragen in Betrachtung ziehen, welche in jedem von beiden Fällen angewandt werden. Versucht es damit! Stellt Wortverbindungen auf, in welchen dasselbe Wort als Eigenschaftswort und als Beschaffenheitswort vorkommt, und seht dann zu, welche Frage ihr bei diesem Worte anbringt!

K. Die schöne Stube. Was für eine Stube?
Die Stube ist schön gemahlt. Wie ist die Stube gemahlt?

Wenn das Wort ein Eigenschaftswort ist, so frägt man: was für? — wenn es aber ein Beschaffenheitswort ist, so fragt man: wie?

L. Findet ihr für beide Fälle nicht auch in der äußeren Form der Wörter einen Unterschied?

K. Wenn das Wort ein Eigenschaftswort ist, so nimmt es in Verbindung mit dem bestimmten Artikel e, und in Verbindung mit dem unbestimmten Artikel die Nachsylben er, e, es an. Wenn es aber Beschaffenheitswort ist, so fehlen diese Nachsylben ganz.

L. Wie werdet ihr das Wort schön nun nennen in dem Satze: die Stube ist schön — oder das Wort grün in dem Satze: der Baum ist grün?

K. — ein Beschaffenheitswort, da es keine Nachsylbe hat.

L. Wenn ihr blos auf die äußere Form sehen wollt, so ist dies freilich richtig angegeben. Wenn ihr aber daran zurückdenkt, was wir zuvor über die Bestimmung der Eigenschaftswörter und Beschaffenheitswörter und über ihre Beziehung auf andere Wörterklassen gesagt haben; wofür werdet ihr die Wörter schön und grün dann erklären?

K. Für Eigenschaftswörter, weil sie nicht Zeitwörter, sondern die Hauptwörter Stube und Baum näher bestimmen.

L. Ihr seht, daß in solchen Fällen die äußere Form mit dem, was wir als das innere Wesen der Beschaffenheitswörter und Eigenschaftswörter erkannt haben, nicht übereinzustimmen scheint. Den tieferen Grund dieser Abweichung mögen folgende Bemerkungen darthun.

Wenn ich sage: die schöne Stube, so habe ich in meiner Seele die Eigenschaft schön und den Gegenstand Stube zu Einer Vorstellung verbunden, und ich denke beides, schon indem ich davon zu reden beginne, als genau und wesentlich zu Einem Ganzen verbunden. — Wenn ich aber sage: die Stube ist schön gemahlt, so habe ich in meiner Seele zwei Hauptvorstellungen, die Vorstellung von dem Gegenstande Stube und die Vorstellung von der Handlung mahlen, von denen die letztere durch die Nebenvorstellung schön noch näher bestimmt ist; diese aber, als mit mahlen verbunden, ist also von Stube abgesondert und steht damit durch mahlen nur allenfalls in einer mittelbaren Verbindung. — Wenn ich endlich sage: die Stube ist schön, so denke ich beide Vorstellungen zwar auch noch nicht als schon verbunden; aber indem ich dieses spreche, lege ich durch die ausgesprochenen Worte selbst die Eigenschaft dem Gegenstande bei, und verbinde dadurch die beiden bis hieher getrennt gewesenen Vorstellungen. — Hienach finden in Beziehung auf zwei solche Vorstellungen drei verschiedene Verhältnisse statt, die wir kurz so bezeichnen wollen:

1) schon vorhandene Verbindung — die schöne Stube.

2) noch vorhandene Trennung — die Stube ist schön gemahlt.

3) Uebergang von der Trennung zur Verbindung — die Stube ist schön.

Der letzte Fall liegt offenbar auf der Gränze der beiden vorhergehenden, und daher kann man hier zweifelhaft sein, ob man das Wort schön unter solchen Umständen Eigenschaftswort oder Beschaffenheitswort nennen soll

Sieht man mehr auf die bis hieher vorhanden gewesene Trennung, so wird man solche Wörter als Beschaffenheitswörter betrachten; sieht man aber mehr auf die nun eintretende Verbindung, so wird man sie mehr als Eigenschaftswörter betrachten; und in beiden Fällen hat man Recht. Selbst in verschiedenen Sprachen hat man diese Wörter unter solchen Umständen verschieden aufgefaßt. In der lateinischen, französischen und anderen Sprachen hat man sie dabei ganz als Eigenschaftswörter angesehen und behandelt, und man macht die Wortverbindung so, als wenn wir sprächen: der Baum ist grüner; die Stube ist schöne; das Haus ist grosses. In andern Sprachen hat man sie mehr als Beschaffenheitswörter betrachtet, und dahin gehört unsere Deutsche, in welcher man sie in solchen Wörtern ganz unter der äußeren Form der Beschaffenheitswörter hinstellt. Es würde uns bei unseren ferneren Betrachtungen über die Sprache aber zu manchen Uebelständen führen, wenn wir diese Wörter unter solchen Umständen stets als Adverbien betrachten und Beschaffenheitswörter nennen wollten. Da nun, indem man solche Sätze ausspricht, die Rücksicht auf die nunmehr eintretende Verbindung die vorherrschende ist; da solche Wörter dann sich offenbar auf das Hauptwort des Satzes und nicht auf das Zeitwort ist beziehen, als wenn etwa eine besondere Art des Seins bezeichnet werden sollte; und da auch bei ihnen die Frage was für? besser paßt, als die Frage wie? (die Stube ist was für eine?): so wollen wir bei unserer bisher schon angewandten Verfahrungsweise auch ferner verbleiben, sie auch unter solchen Umständen noch immer Eigenschaftswörter zu nennen, und dabei mehr Sinn und Bedeutung als die bloße äußere Form zu beachten.

L. Geben die Wörter da, dort, hier, oben, unten, hinab, fort, weg, heute, jetzt, immer, sehr u. s. w. auch eine Beschaffenheit, sei es nun eines selbständigen oder unselbständigen Dinges, an; und kann man sie auch, so wie sie sind, als Eigenschaftswörter gebrauchen, indem man ihnen die Nachsylben er, e, es anhängt?

K. Nein; sie lassen sich nicht so behandeln und bleiben stets unverändert.

L. Beantworten diese Wörter auch die Frage wie? oder welche andere Fragen beantworten sie?

K. Da, dort, hier, oben, unten u. s. w. beantworten die Frage wo?

Jetzt, heute, gestern, morgen u. s. w. beantworten die Frage wann?

Hierhin, dorthin, hinauf, hinab u. s. w. beantworten die Frage wohin?

Daher, dorther u. s. w. beantworten die Frage woher?

Oft, selten, zuweilen, nie u. s. w. beantworten die Frage wie vielmal?

Ziemlich, sehr, ausserordentlich, ungemein u. s. w. beantworten die Frage wie sehr?

u. s. w.

L. Solche Adverbien nennt man Umstandswörter, weil sie in der Rede gewisse Nebenumstände des Ortes, der Zeit, der Zahl, des Grades u. s. w. angeben. Nach ihrer Bedeutung theilt man sie in Umstandswörter des Ortes, Umstandswörter der Zeit, Umstandswörter der Zahl oder Wiederholung, Umstandswörter des Grades u. s. w. Nur wenige derselben können, ohne dass durch Ableitung ganz neue Wörter aus ihnen gebildet werden, geradezu als Eigenschaftswörter gebraucht werden, z. B. selten, häufig, früh, spät, nahe, fern und einige andere.

Wir unterscheiden also künftig zwei Arten von Adverbien. Diejenigen unter ihnen, welche wirkliche Beschaffenheiten des Unselbständigen angeben, und als Eigenschaftswörter auch zur Bezeichnung der Beschaffenheiten an selbständigen Dingen gebraucht werden können, nennen wir, wenn sie als Adverbien gebraucht werden, d. h. wenn sie Zeitwörter oder Eigenschaftswörter näher bestimmen und also die Frage wie? beantworten, Beschaffenheitswörter. Diejenigen aber, welche in der Rede gewisse Nebenumstände, nämlich Umstände des Ortes, der Zeit, der Zahl oder mehrmaligen Wiederholung, des Grades u. s. w. angeben, und also die Fragen wo? wohin? woher? wann? wie vielmal? wie sehr? u. s. w. beantworten, nennen wir Umstandswörter.

Nachdem wir beide Arten von Adverbien nun mit hinreichender Genauigkeit unterscheiden gelernt haben, wollen wir nunmehr näher betrachten, was sich über die Bildung jeder derselben durch Ableitung sagen läßt, und wie sie, wenn dies überhaupt angeht, wieder zur Ableitung solcher Wörter, die anderen Klassen angehören, gebraucht werden können. Zuerst also von Beschaffenheitswörtern, und dann von Umstandswörtern!

69.

Bildung der Beschaffenheitswörter.

Nach den vorhin angegebenen Erläuterungen sind die Beschaffenheitswörter mit den Eigenschaftswörtern, bis auf die Biegungsendungen, welche letztere annehmen können, der äußeren Form nach gleich, und wie man solche Wörter in jedem einzelnen Falle zu benennen habe, läßt sich nur dann entscheiden, wenn man sich deutlich macht, ob das Selbständige oder das Unselbständige dadurch näher bestimmt wird, und ob sie also mit Hauptwörtern oder mit Zeit- und Eigenschaftswörtern verbunden sind. Im ersteren Falle sind sie Eigenschaftswörter, im letzteren Beschaffenheitswörter. Da wir nun in der Wortbildungslehre nur die Art und Weise der Bildung Deutscher Wörter in Betrachtung ziehen und daher vorzugsweise nur die äußere Form beachten, so gilt auch alles, was im vorhergehenden Unterrichte über die Bildung der Eigenschaftswörter gesagt worden ist, von der Bildung der Beschaffenheitswörter. Wir würden also die letztere hier geradezu übergehen können, und dabei nur auf die Lehre von der Ableitung der Eigenschaftswörter verweisen dürfen, wenn unsere Sprache uns hier nicht wenigstens zu Einer Bemerkung nähere Veranlassung gäbe.

Es ist allerdings ein Mangel der Deutschen Sprache, daß in ihr nicht, wie in andern Sprachen, eine eigenthümliche Form für die Beschaffenheitswörter vorhanden ist, woran sie sogleich äußerlich von den Eigenschaftswörtern unterschieden werden können. Diesen Mangel hat man auch in der Vorzeit schon erkannt und wirklich einen Versuch gemacht, den Wörtern dieser Art, wenn sie als Adverbien stehen sollen, eine eigenthümliche Form zu geben. Man hat dazu die Nachsylbe lich benutzt, und eine kleine Anzahl solcher Wörter werden auch jetzt noch so gebraucht, daß sie mit der Sylbe lich nur Adverbien oder Beschaffenheitswörter, ohne dieselbe aber Eigenschaftswörter sind. Es sind folgende:

Eigenschaftswörter.	Adverbien und zwar Beschaffenheitswörter.
kurz	kürzlich.
vornehm	vornehmlich.
hoch	höchlich (höchlich erfreut).
sicher	sicherlich.
klar	klärlich.
weise	weislich.
gewiſs	gewiſslich.

leicht	leichtlich.
ledig	lediglich.
sauber	säuberlich.
frei	freilich.
ewig	ewiglich.
schwer	schwerlich.
gemein	gemein-iglich.
erst	erstlich.
letzt	letztlich.
einfältig	einfältiglich.

Vor Zeiten waren noch viel mehre solcher durch die Sylbe lich gebildeten Adverbien im Gebrauch. Man sagte: elendiglich, demüthiglich, grimmiglich, heftiglich u. s. w., die aber jetzt alle abgekommen sind.

Die so gebildeten Adverbien müssen aber nicht mit den auch von andern Eigenschaftswörtern abgeleiteten verkleinernden Eigenschaftswörtern auf lich verwechselt werden (§. 40). In dieser Uebereinstimmung mit letztern und mit den auch sonst aus Haupt- und Zeitwörtern gebildeten Eigenschaftswörtern auf lich, ist auch wohl der Grund aufzusuchen, daß die Bildung der Adverbien nach dieser Form nicht weiter durchgeführt und endlich ganz aufgegeben worden ist. Da nämlich auch so viele wirkliche Eigenschaftswörter sich auf lich endigten, so war durch die so gebildeten Adverbien eigentlich wenig gewonnen, da man in dieser Form hienach doch gar kein genügendes Unterscheidungszeichen für Eigenschaftswörter und Adverbien hatte. Bei solchen Eigenschaftswörtern, die sich schon selbst auf lich endigen, wäre die Hinzufügung der zweiten Sylbe lich gar nicht anwendbar gewesen, da Formen wie freundlich-lich, löblichlich ganz unerträglich sein würden. Nur die wenigen vorhin angegebenen und vielleicht noch einige andere haben sich in solchem Zustande in der Sprache erhalten.

Einige solcher Beschaffenheitswörter auf lich, die gewöhnlich als Adverbien und nur sehr selten als Eigenschaftswörter gebraucht werden, sind von andern Stammwörtern gebildet, und zwar

von Hauptwörtern: anfänglich, endlich.

von Zeitwörtern: schliesslich, hoffen-t-lich.

70.

Bildung der Umstandswörter.

Vorbemerkungen.

Viele Umstandswörter haben mit der Zeit einen so bestimmten eigenthümlichen Gebrauch erhalten, daß man sie aus dieser Klasse ausgeschieden, und unter dem Namen Verhältnißwörter oder Präpositionen, Bindewörter oder Conjunctionen daraus zwei besondere Wörterklassen gebildet hat. Was diese Wörter in der Sprache für eine Bestimmung haben, wie sie unter sich selbst und von den übrigen Umstandswörtern unterschieden werden müssen, kann nur aus dem Zusammenhange der Rede erkannt und muß daher in der Redebildungslehre weiter erörtert werden. Da aber diese Wörter ursprünglich Umstandswörter gewesen sind, nicht selten auch noch jetzt als eigentliche Umstandswörter gebraucht werden, und da sie sich von denselben in der äußeren Form durch gar nichts unterscheiden; so sollen sie hier mit den Umstandswörtern sogleich verbunden und so die Bildung derselben zugleich mit genommen werden.

71.

Wurzelwörter unter den Umstandswörtern.

Wurzelwörter sind unter den Umstandswörtern in beträchtlicher Zahl vorhanden, die hier auf die bei den andern Wörterklassen angegebene Art von den Kindern selbst aufgesucht, und dann etwa nach ihren Lautbestimmungen auf folgende Art geordnet werden können.

Die Wurzelwörter unter den Umstandswörtern können enthalten

I. keine Lautbestimmungen. Dergleichen sind nicht vorhanden.

II. einfache Lautbestimmungen.

Bei, da, hie, ja, je, nie, so, wie, wo, zu. —

Ab, an, auch, auf, aus, eh (gewöhnlich ehe mit dem mildernden e), ob, um. —

Bis, dar (gleich mit da), dafs, doch, für, gar, gen, heim, her, hier (gleich mit hie), hin, kaum, mal, mifs (nur in Zusammensetzungen), mit, nach, nein, noch, nun, nur, sehr, seit, von, vor, weg, weil, wohl.

III. mehrfache Lautbestimmungen.

Als, oft, und. —

Blofs, zwar (vermuthlich aus: es ist wahr — 't-is-wahr). —

Bald, dann, denn, dort (scheint vom Hauptworte Ort herzukommen), durch, fast, fern, fort (vielleicht auch von Ort), gern, jetzt, nicht, sammt (das t ist wohl durch Ableitung hinzugekommen und die Wurzel heißt samm z. B. in zu-samm-en), sonst, wärts (nur in Zusammensetzungen z. B. vorwärts, rückwärts. Das s scheint durch Ableitung hinzugekommen), wenn, wann.

Statt, stets (st. stäts. Die Wurzel ist nur stät und das s durch Ableitung hinzugekommen), zwerch (d. h. quer, nur in Zusammensetzungen z. B. Zwerchfell).

72.

Abgeleitete Umstandswörter.

Die Zahl der abgeleiteten Umstandswörter ist eben nicht groß, wenigstens nicht in Vergleichung mit der Zahl solcher Wörter in andern Klassen. Die Ableitung geschieht größtentheils durch die Nachsylben en und er, und durch die Nachbestimmungen s und st. Ueber die Bedeutung dieser Sylben oder Buchstaben läßt sich aber weiter nichts angeben, als daß sie dazu bestimmt sind, die Wörter, zu welchen sie hinzutreten, dadurch zu Umstandswörtern zu bilden; sie selbst aber unterscheiden sich nicht von einander durch eigenthümliche Bedeutungen.

1) Nachsylbe en. — Diese bildet Umstandswörter theils aus Wurzeln, die ohne eine Nachsylbe nicht vorkommen, theils aus andern auch sonst für sich vorhandenen Wörtern, als: neb-en, ob-en, (verwandt mit auf,, unt-en, binn-en (verw. mit in), inn-en (eben so), weg-en, geg-en, hint-en, auſs-en, mitt-en, (mit) nicht-en, (von) dann-en, (von) wann-en, zwisch-en (wahrscheinlich von zwei, zwie), (von) hinn-en. — Auch gehören hieher die zusammengesetzten Umstandswörter: bisweilen, unterweilen, zuweilen, beisammen, zusammen, dermaſsen, drauſsen (statt darauſsen).

In manchen Wörtern ist das e weggefallen und daher das bloße n von dieser Ableitungssylbe übriggeblieben, als: vorn st. vor-en, gestern, einzeln; vielleicht auch gern und fern. — Da die Nachsylbe en auch zur Bildung von Eigenschaftswörtern gebraucht wird; so können manche Wörter auf en sowohl Umstandswörter als auch Eigenschaftswörter sein, als: eben, selten, einzeln, fern, z. B. Ich habe es eben gesagt — das Feld ist eben — das ebene Feld. — — Er besucht mich nur selten. Die seltene Erscheinung.

Darinnen und worinnen sind unrichtig, und man muß dafür darin und worin setzen, weil der letzte Theil der Zusammensetzung das Verhältnißwort in ist, wie die Vergleichung mit daraus, woraus und anderen solchen Wörtern zeigt. — Noch unrichtiger ist vornen, weil nach dem eben Gesagten die Nachsylbe en dabei doppelt gesetzt wird. — Uebrigens muß man diese Nachsylbe in solchen Fällen vermeiden, wo sie nicht schon durch den allgemeinen Sprachgebrauch anerkannt ist. Man sage also nicht weilen, dieweilen, gleichwohlen, sondern dafür: weil, dieweil, gleichwohl.

2) Die Nachsylbe er findet sich als Ableitungssylbe zur Bildung von Umstandswörtern in folgenden Wörtern: auss-er, heu-er (d. h. in diesem Jahre), hint-er, imm-er, nimm-er, sonder, unter, weder, wider, wieder, über, aber, lauter. — Selb-er ist nur noch im gemeinen Leben gebräuchlich, und man sagt dafür in der Schriftsprache lieber selbst.

Eher und ferner sind eigentlich Steigerungsformen von eh und fern. — Gestern und sondern haben beide Nachsylben, er und en.

3) Die Nachbestimmung s ist die fruchtbarste Endung zur Bildung von Umstandswörtern. Durch sie werden dieselben gebildet

a) aus Eigenschafts- und Beschaffenheitswörtern, als:

Bereit-s, stet-s (anstatt stäts vom Eigenschaftsworte stät z. B. die stäte Beschäftigung d. h. die fortwährende Beschäftigung), öfter-s (zugleich gesteigert von oft), besonders, längs, rechts, links, anders — eilend-s, nachgehend-s, zusehends. — In folgenden ist noch die Nachsylbe en mit diesem s verbunden: nächst-en-s, ehest-en-s, meistens; erstens, zweitens, drittens u. s. w., letztens, bestens, übrigens, höchstens.

Die Umstandswörter irgend und nirgend nehmen dieses s noch dazu an, und lauten dann irgends und nirgends. Auch in dem Worte vollends ist an das Stammwort voll erst die Nachsylbe end und dann dieses s angehängt.

b) aus Hauptwörtern, als: Theil-s, fall-s, morgens, abends, mittags, flugs, spornstreichs, blindlings u. a. In diesen Wörtern ist dieses s ursprünglich diejenige Endung gewesen, wodurch der zweite Biegungsfall (Genitiv) gebildet wird, worüber die Redebildungslehre nähere Auskunft geben wird. Sie ist aber in der Folge zu einem blossen Ableitungsmittel zur Bildung von Umstandswörtern geworden, und daher haben auch weibliche Hauptwörter, die sonst im zweiten Biegungsfalle dieses s nicht annehmen, dasselbe erhalten, wenn sie zu Umstandswörtern wurden, als: nachts, allerseits, diesseits, meinerseits, mittwochs, bei welchem letzteren man aber auch schon den Tag in Uebereinstimmung mit den übrigen Namen der Wochentage zu einem männlichen Hauptworte gemacht hat: der Mittwoch anstatt die Mittwoche. Zu Nachts fügt man, wie es scheint, aus gleichem Grunde, sogar den männlichen Artikel des hinzu, da man die übrigen Tageszeiten durch die Ausdrücke: des Morgens, des Mittags, des Abends bezeichnet.

Hieher gehören auch die mit mal zusammengesetzten Wörter, weil auch mal ursprünglich ein Hauptwort gewesen ist, als: niemals, damals, jemals, vormals, nachmals, nochmals, oftmals, mehrmals. Dagegen sagt man ohne dieses s: keinmal, diesmal, einmal, zweimal, manchmal.

c) aus einer Wurzel von unbekannter Abkunft ist gebildet das Umstandswort wärts, welches aber nur in Zusammensetzungen vorkommt, als: hinwärts, herwärts, aufwärts, abwärts, vorwärts, rückwärts, seitwärts, heimwärts.

4) Die Nachbestimmung st scheint entstanden zu sein, indem man zu dem vorigen s noch ein t hinzufügte, als: ein-st, derein-st, sonst, nebst, selbst. — In anderen Fällen haben diese beiden Buchstaben zusammen ursprünglich die Steigerungsform zur Bezeichnung des höchsten Grades gebildet, die Wörter sind aber nachher zu bloßen Umstandswörtern geworden, als: nächst, längst, jüngst, mittelst und vermittelst.

5) Einige andere Endungen, welche nur an wenigen Umstandswörtern vorkommen, sind:

e, als: heut-e, ohn-e, eh-e.

end, als: irg-end, nirg-end und mit dem vorigen s: irgends, nirgends.

and, als: weil-and.

o, als: dest-o, jetz-o.

or, als: emp-or.

Mehre dieser Ableitungssylben mit einander zu verbinden, ist nur dann zulässig, wenn solche Wörter durch den allgemeinen Sprachgebrauch schon eingeführt sind, als: nächstens, längstens, höchstens. Ist dies aber nicht der Fall, so muß man unnöthige Anhäufung von Ableitungsendungen, von denen die eine nicht mehr sagt als die andere, vermeiden; also nicht einsten oder einstens, selbsten, sonsten, sondern: einst, selbst, sonst.

Eine weit größere Anzahl von Umstandswörtern entsteht durch die Zusammensetzung, worüber im folgenden Haupttheile mehr gesagt werden soll.

Einige Wörter gelten zugleich als Umstandswörter und als Eigenschaftswörter, ohne Unterschied in der Bedeutung, als: selten, fern, künftig, früh, spät. — Andere sind zwar auch beiden Klassen beizuzählen, jedoch in verschiedenen Bedeutungen, als: eben, weit, gleich; z. B. Er hat weit mehr gegeben, als er versprochen hatte; — der Weg ist weit — der weite Weg.

73.

Ableitung anderer Wörter von Umstandswörtern.

Zuweilen werden die Umstandswörter nun auch als Stammwörter zur Bildung von Wörtern gebraucht, die anderen Klassen angehören.

Wenn man sich nämlich den Umstand, den eines dieser Wörter angibt, mit einem Gegenstande sehr nahe verbunden denkt, so kann man sich ihn auch als eine Eigenschaft dieses Gegenstandes vorstellen, und indem man dieses thut und in der Rede ausdrückt, verwandelt man das Umstandswort in ein Eigenschaftswort. Von zwei Häusern z. B., von denen das eine hier und das andere dort ist, nenne ich das erstere das hiesige Haus, das letztere das dortige Haus. So können viele Umstandswörter zu Eigenschaftswörtern umgebildet werden, und nehmen dann gewöhnlich die Nachsylbe ig an (§. 36), wobei dann zuweilen noch des Wohllautes wegen einige andere kleine Veränderungen hinzutreten, wie in den beiden vorhergehenden Wörtern das s: hie-s-ig und da-s-ig statt hie-ig und da-ig. Andere Beispiele solcher Ableitungen sind: Bald-ig, vor-ig, dort-ig, heut-ig, ob-ig, gest-r-ig, damal-ig, jetz-ig, da-s-ig, hie-s-ig, jemal-ig, widr-ig u. a.

Zu dem Umstandsworte heim wird so die Nachsylbe isch hinzugefügt, welche zur Bildung von Eigenschaftswörtern aus Ortsnamen am gewöhnlichsten gebraucht wird: heimisch (§. 39). — Aus oben wird außer obig noch ober, beide in verschiedenen Bedeutungen; die Umstandswörter unter und hinter sind zugleich Eigenschaftswörter z. B. das untere Stockwerk, die hintere Thür; aufser nimmt als Eigenschaftswort den Umlaut an: die äufsere Wand. Aus morgen wird morgend: der morgende Tag. — Alle diese Wörter können nur als Eigenschaftswörter im engsten Sinne gebraucht werden, so daß sie ihrem Hauptworte voranstehen und dabei die Endungen er, e, es annehmen (§. 68). Man kann nicht sagen: die Zeit ist vorig, sondern nur: die vorige Zeit.

Von dem Umstandsworte empor kommt das Zeitwort empören her.

Sechster Abschnitt.

Von den Zahlwörtern oder Numeralien und deren Bildung.

74.

Vorbemerkungen und allgemeine Eintheilung der Zahlwörter.

Die Zahlwörter oder Numeralien werden von manchen Sprachlehrern als eine eigene Wörterklasse betrachtet, was jedoch dann nur von den Grundzahlen gelten kann. Andere verbinden sie mit den Geschlechtswörtern oder Artikeln zu Einer Klasse, weil beide Arten von Wörtern aus einer Gattung von Dingen ein einzelnes oder mehre herausheben. Noch andere zählen sie zu den Eigenschaftswörtern, weil sie wie diese etwas an selbständigen Dingen (die Zahl) bezeichnen, daher mit den Hauptwörtern verbunden werden und dieselben näher bestimmen, und zum Theil auch, obgleich sehr unvollständig, ähnlicher Biegungen fähig sind. Wir wollen diesem letzteren Verfahren folgen und die Grundzahlwörter mit zu den Eigenschaftswörtern zählen; unter den daraus gebildeten Zahlwörtern gibt es aber auch Hauptwörter und Umstandswörter. Wir rechnen die Zahlwörter also zu drei verschiedenen Klassen und unterscheiden Zahl-Eigenschaftswörter, Zahl-Hauptwörter und Zahl-Umstandswörter, wollen hier aber, weil sie ihrer Bedeutung nach so nahe verwandt sind, die Lehre von der Bildung derselben zusammen abhandeln.

Sämmtliche Zahlwörter theilt man zuförderst in bestimmte und unbestimmte. Bestimmte Zahlwörter sind solche, welche die Zahl der Einheiten, welche in einer gewissen Menge enthalten sind, genau angeben z. B. vier, neun; unbestimmte Zahlwörter geben nur im Allgemeinen den Umfang einer gewissen Menge, z. B. als groß oder klein, an, ohne die Anzahl der dazu gehörigen Einheiten genau zu bezeichnen, z. B. viele, wenige, alle.

Bei den bestimmten Zahlwörtern, von denen wir zuerst reden wollen, unterscheidet man wieder Grundzahlwörter und solche Zahlwörter, die aus Grundzahlwörtern gebildet sind.

75.

Grundzahlwörter.

Die Zahlwörter, welche ursprünglich zum Zählen bestimmt sind und die Frage wie viel? beantworten, heißen, weil sie allen übrigen Zahlwörtern als Stammwörter zum Grunde liegen, Grundzahlwörter, und sollen aus den vorhin angegebenen Gründen hier mit zu den Eigenschaftswörtern gezählt werden. Sie sind theils Wurzelwörter, theils mit Ableitungssylben versehen.

Wurzelwörter unter den Grundzahlwörtern sind: ein (wenn es nicht mit einem Hauptworte verbunden ist ein-s), zwei, drei, vier, fünf, sechs, acht, neun.

Grundzahlwörter mit Ableitungssylben sind unter den Einern sieb-en und zeh-en, welches letztere aber in zehn zusammengezogen wird und dann die Form eines Wurzelwortes hat; doch scheint nur zeh die eigentliche Wurzel zu sein.

Die Namen der Zehner werden vermittelst der Sylbe zig gebildet, welche am wahrscheinlichsten die veränderte

Wurzel zeh ist; der Uebergang dahin wird durch die Uebergänge ziehen, zog — sehen, Gesicht erläutert. — Bei der Bildung dieser Zehnernamen gehen noch manche andere kleine Veränderungen vor. Statt zweizig sagt man zwanzig, wobei zwan mit zween, einer noch jetzt gebrauchten anderen Form für zwei, verwandt ist; statt dreizig spricht und schreibt man dreissig; statt fünizig schreibt man funfzig, und spricht im gemeinen Leben gewöhnlich fufzig; statt sechszig schreibt man sechzig; statt siebenzig spricht man gewöhnlich siebzig; statt achtzig spricht man gewöhnlich achzig.

Eilf und zwölf sind wahrscheinlich zusammengesetzt aus ein und zwo (d. h. zwei), und einem veralteten Zeitworte liban d. h. bleiben, worin sich dasselbe noch mit der Vorsylbe be verbunden befindet, wenn man annimmt, daß es statt beleiben steht. Die Wurzel desselben hat sich, nach einem gewöhnlichen Uebergange des b in f, in lif verwandelt. Eilf und zwölf stehen also statt einlif, zwolif und bedeuten so viel als: eins oder zwei über zehn bleibend.

Hund-ert und taus-end sind beide von dunkler Ableitung und ungewöhnlicher Bildung; das letztere wird auch als Hauptwort gebraucht. Die Wörter Million, Billion u. s. w. kommen aus der lateinischen Sprache her.

Durch die bis hieher angegebenen Zahlwörter werden alle Zahlen ausgedrückt. Die Art, wie die Bezeichnung einer unendlichen Zahlenreihe durch so wenige Wörter geschieht, wird in der Zahlenlehre gelehrt.

Das Wort beid-e wird für die Zahl zwei da gesetzt, wo man bei andern Zahlen sagt alle drei, alle vier u. s. w.; es steht also statt alle zwei. Das e ist Zeichen der Mehrheit.

Im gemeinen Leben spricht man oft fünfe, achte, zwölfe, welches aber unrichtig ist und daher vermieden werden muß.

76.

Zahlwörter, die aus den Grundzahlwörtern gebildet sind.

Von diesen Grundzahlwörtern werden theils durch Ableitung theils durch Zusammensetzung allerlei andere Zahlwörter gebildet, von denen die bemerkenswerthesten hier nun aufgezählt werden sollen. Von den durch Zusammensetzung gebildeten sollte eigentlich zwar erst im folgenden Haupttheile gesprochen werden; um aber die Lehre von der Bildung der Zahlwörter nicht zu sehr zu zerstückeln und an Einem Orte abzuhandeln, wollen wir auch solche Zahlwörter hier sogleich mitnehmen. — Man hat von den Grundzahlwörtern theils Zahl-Hauptwörter, theils Zahl-Eigenschaftswörter, theils Zahl-Umstandswörter gebildet.

I. Zahl-Hauptwörter werden vermittelst der Nachsylben tel, er, ling und er gebildet.

1) Die Nachsylbe tel ist hier wahrscheinlich aus dem Hauptworte Theil abgekürzt. Die durch sie abgeleiteten Zahl-Hauptwörter bezeichnen einen Theil in seinem Verhältnisse gegen ein Ganzes. Man sagt: das Zweitel oder dafür gewöhnlicher die Hälfte von dem Eigenschaftsworte halb; das Drittel statt Dreitel d. h. der dritte Theil; sonst: Viertel, Fünftel, Sechstel u. s. w — Bei den Namen der Zehner, bei hundert und tausend wird des Wohllautes wegen nicht tel sondern stel hinzugefügt, als: Zwanzigstel, Dreissigstel, Hundertstel, Tausendstel. Alle diese Wörter sind sächlichen Geschlechts, weil das Hauptwort Theil, welches jetzt mehrentheils männlich gebraucht wird, sonst auch sächlich gebraucht wurde, wie man auch jetzt noch in der Zusammensetzung sagt: das Erbtheil.

2) Die Nachsylbe er bezeichnet hier theils eine Zusammenfassung von 2, 3, 4 u. s. w. Einheiten, bildet also eine Art von Gesammtnamen, theils bezeichnet sie einen Gegenstand, der das Merkmal einer Zahl auf irgend eine

Art an sich trägt. Zur ersten Art gehören die Wörter Zehner, Hunderter, Tausender als Zusammenfassungen der Zahlen 10, 100, 1000 in ein Ganzes, auch die Wörter Dreier, Sechser als Namen kleiner Geldmünzen von 4 und 6 Pfennigen. Zur zweiten Art gehört es, wenn man z. B. einen Mann, der 30 oder 40 Jahr alt ist, einen Dreissiger oder Vierziger nennt. Alle diese Wörter auf er sind männlichen Geschlechts.

3) Die Nachsylbe ling bezeichnet theils die Zusammenfassung einer gewissen Anzahl von Einheiten (Gesammtnamen), theils einen einzelnen Gegenstand aus einer solchen Zusammenfassung. Dreiling, Vierling, Sechsling sind Münzen von 3, 4 und 6 Pfennigen. — Zwilling und Drilling statt Zweiling und Dreiling heißt eines von zwei oder drei zugleich geborenen Kindern. Solche Wörter, alle männlichen Geschlechts, sind jedoch nur von wenigen Zahlwörtern abgeleitet.

4) Die Nachsylbe end bildet noch ein sächliches Zahl-Hauptwort von dem Zahlworte zehn, das Zehend, einen Gesammtnamen, welcher auch eine Zusammenfassung von zehn Dingen bezeichnet und besonders in der Zusammensetzung Jahrzehend vorkommt. Man muß es nicht verwechseln mit: der Zehnte, wobei Theil hinzugedacht wird.

II. Zahl-Eigenschaftswörter werden von den Grundzahlwörtern theils durch Ableitung, theils durch Zusammensetzung gebildet.

1) Durch Ableitung entstehen die Namen der Ordnungszahlen, welche einen Gegenstand aus einer Reihe nach der Zahl, welche er darin hat, bezeichnen. Sie antworten auf die Frage: der wievielte oder der wievielste? und werden vermittelst der Nachsylben te und ste an die Grundzahlen eben so angehängt, wie die vorhin erwähnten Hauptwörter auf tel oder stel, als: erste, statt einte, zweite,

dritte, statt dreite, vierte, fünfte, sechste, siebente, achte, statt achtte, neunte, zehnte — zwanzigste, dreisigste — hundertste, tausendste — millionte.

Zu den Ordnungszahlwörtern kann man auch noch rechnen das Wort letzte, womit man eine Reihe eben so schließt, wie man dieselbe mit erste beginnt; auch das Wort andere, welches zuweilen mit zweite ganz gleich bedeutend gebraucht wird.

2) Durch Zusammensetzung entstehen:

a) die Gattungszahlen, indem den Grundzahlwörtern in Verbindung mit der Sylbe er die Sylbe lei angehängt wird, welche eigentlich ein veraltetes Hauptwort ist, welches Art bedeutete, als einerlei d. h. von Einer Art, zweierlei d. h. von zwei Arten, dreierlei, viererlei, zehnerlei, tausenderlei; — auch einigen unbestimmten Zahlwörtern kann sie auf diese Art angehängt werden, als: allerlei d. h. von allen Arten, vielerlei, mancherlei, keinerlei. — Auch das Wort Hand hat ehedem so viel als Art bedeutet, ist aber in dieser Bedeutung veraltet und nur noch in dem Einen Worte allerhand gebräuchlich.

b) Die Vervielfachungszahlen werden durch Zusammensetzung der Grundzahl- und unbestimmten Zahlwörter mit dem Worte fach gebildet, als: einfach, zweifach oder zwiefach, dreifach, vierfach, zwanzigfach; — vielfach, mehrfach, mannigfach. — Statt zwiefach sagt man auch doppelt.

c) Die Vervielfältigungszahlen oder Verhältnißzahlen werden durch Zusammensetzung der Grundzahl. und unbestimmten Zahlwörter mit dem Worte fältig oder faltig gebildet, als: einfältig, zwei- oder zwiefältig, dreifältig, zehnfältig, hundertfältig; vielfältig, mehrfältig, mannigfaltig. Das Wort fältig oder faltig kommt offenbar her von dem Hauptworte Falte oder dem Zeitworte falten;

sechsfältig, was in sechs Falten gelegt oder sechsmal gefaltet ist.

d) Die halbirenden Zahlen entstehen durch Zusammensetzung der Ordnungszahlen mit dem Worte halb und bezeichnen eine Anzahl von Ganzen und noch ein Halbes dazu, als: drittehalb, viertehalb, fünftehalb, zehntehalb. Eigentlich findet dabei jedesmal eine große Auslassung statt z. B. fünftehalb steht anstatt: vier Ganze und das fünfte halb, wobei die ersten Worte aber wegbleiben. Statt zweitehalb sagt man hier anderthalb, weil man statt zweite auch andere sagt, dem in Uebereinstimmung mit den übrigen Zahlwörtern dieser Art auch noch ein t beigefügt ist.

Außer den bisher aufgeführten Zahlwörtern können die Grundzahl- und unbestimmten Zahlwörter noch mit einer Menge von Hauptwörtern, besonders mit solchen zusammengesetzt werden, welche eine Zeit, ein Maaß, ein Gewicht u. dgl. anzeigen, mit denen sie dann vermittelst der Nachsylben ig und lich zu Eigenschaftswörtern ausgebildet werden, z. B. mit dem Worte Jahr die Eigenschaftswörter: einjährig, zweijährig, zehnjährig, hundertjährig; vieljährig; — mit dem Worte Monat: einmonatlich, zweimonatlich, fünfmonatlich u. s. w. Zahl-Eigenschaftswörter dieser Art sind auch folgende, deren jedes mit allen Grundzahlwörtern und einigen unbestimmten Zahlwörtern verbunden werden kann: Viertägig, sechsfüssig, dreizöllig, neunpfündig, achtlöthig, zwölfkaräthig, zweischneidig, siebenblättrig, achteckig, dreiseitig, vierhändig; — vielköpfig, mehrfarbig u. a. — Einige solcher Wörter können vermittelst der Nachsylbe er auch wieder zu Hauptwörtern umgebildet werden, als: Dreipfünder, Sechspfünder, eine Kanone, welche eine Kugel von drei oder sechs Pfund Gewicht abschießt. Zweispänner, Vierspänner, d. h. ein Wagen vor welchen zwei oder vier Pferde gespannt werden, sind ähnlich gebildet, nur von dem Zeitworte spannen.

III. Zahl-Umstandswörter entstehen

1) durch Ableitung von den Ordnungszahlen, indem zur Wortsylbe derselben die Nachsylbe en und die Nachbestimmung s hinzutreten, als: erstens, zweitens, drittens, fünf und zwanzigstens. Aus letzte wird durch Ableitung letztens und letztlich; eben so wird aus erste durch Ableitung erstens und erstlich; durch Zusammensetzung entstehen aus beiden zuerst und zuletzt.

2) durch Zusammensetzung der Grundzahl- und unbestimmten Zahlwörter mit dem Worte mal entstehen die Wiederholungszahlen oder Vervielfältigungszahlen, welche ebenfalls Umstandswörter sind: zweimal, dreimal, siebenmal zwei und dreißigmal; vielmal, mehrmal, welche beiden letztern auf vielmals und mehrmals lauten.

Wenn zu solchen Wörtern noch die Sylbe ig hinzutritt, so entstehen daraus wieder Eigenschaftswörter, als: dreimalig, viermalig, tausendmalig; — vielmalig, mehrmalig, oftmalig.

77.

Unbestimmte Zahlwörter.

Die unbestimmten Zahlwörter bezeichnen den Umfang einer gewissen Menge nur im Allgemeinen, ohne die Anzahl der dazu gehörigen Einheiten mit Bestimmtheit anzugeben. Sie sind ihrer Bedeutung nach von vierfacher Art:

1) Sie geben an, daß überhaupt gar keine Zahl da sei, oder verneinen das Vorhandensein einer Zahl; da sie aber doch etwas über die Zahl angeben, so können sie mit

Recht Zahlwörter genannt werden, obgleich sie mit demselben Rechte den bestimmten und den unbestimmten Zahlwörtern beigezählt werden können. Dergleichen sind: keiner-nichts, niemand - niemals.

2) Sie deuten das Vorhandensein einer nur geringen Menge von Einheiten an, als: wenige, etliche, einige - selten - allenfalls auch etwas und jemand.

3) Sie drücken das Vorhandensein einer großen Menge von Einheiten aus, als: viel (bei der Steigerung meh-r statt meher von der veralteten Wurzel meh, und meist st. meh-est, wofür mehrst unrichtig ist); — manch zusammengezogen aus mannig, welches in Zusammensetzungen noch vorkommt, als: mannigfach, mannigfaltig. Jetzt gebrauchen wir manch gewöhnlich so, daß wir damit nur eine geringe Anzahl von Einheiten bezeichnen, ursprünglich scheint man aber damit eine große Menge angedeutet zu haben, wie die Wörter mannigfach und mannigfaltig, gleichbedeutend mit vielfach und vielfältig, beweisen und die Englische Sprache, wo many v i e l e heißt. — Hieher gehört auch oft statt vielmal; daher oftmal oder oftmals einen Ueberfluß enthält.

4) Sie umfassen die sämmtlichen unter einem Begriffe enthaltenen Einheiten, ohne irgend eine auszuschließen, als: alle, jeder, jeglicher, jedweder, sämmtlich — gesammt.

Von diesen aufgeführten Wörtern stehen etwas und nichts, jemand und niemand auf der Grenze der Hauptwörter und Fürworter — oft, niemals und selten sind Umstandswörter; — gesammt ist theils Eigenschaftswort, theils Umstandswort, ja es kann selbst sächliches Hauptwort sein; — die übrigen sind ihrer Form nach Eigenschaftswörter, oder stehen wenigstens auf der Grenze der Eigenschaftswörter und Fürwörter.

78.

Anhang.

Aufgaben zur Selbstbeschäftigung.

Zwar bietet der ganze bisherige Unterricht dem Lehrer vielfache Gelegenheit dar, die Schüler auch in solchen Zeiten, wo sie nicht seines unmittelbaren Unterrichtes genießen, mit Aufgaben zu beschäftigen, wodurch entweder das Voraufgegangene wiederholt und tiefer eingeprägt oder das Nachfolgende vorbereitet wird. Indessen möchte ihm vielleicht doch ein noch größerer Vorrath von Beispielen wünschenswerth sein, und dies um so mehr, je mehr er sich durch eine größere Anzahl von Abtheilungen genöthigt sieht, die Zeit des unmittelbaren Unterrichtes zu zersplittern. Wenn ein solches Verhältniß seiner Schule ihn in eine Lage versetzt, in welcher er dem mündlichen Unterrichte in der Wortbildungslehre nur wenig Zeit widmen kann, so wird eine zweckmäßig angeordnete Reihe schriftlicher Aufgaben den fehlenden unmittelbaren Unterricht größtentheils ersetzen müssen. — Dann stelle sich der Lehrer möglichst das Ziel vor Augen, dahin zu wirken, daß die Kinder aus den in der Sprache vorhandenen Wurzeln den ganzen Wörtervorrath derselben selbst auffinden und zusammenstellen. Die in den §§. 13. 33. 49 und 71 aufgeführten Wurzelwörter, welche er vielleicht nach und nach sämmtlich durchnehmen kann, mögen ihm dabei hauptsächlich zu Anfangspunkten dienen; außerdem mag er aber auch von solchen Wörtern ausgehen, welche zwar schon eine Ableitungsendung haben, die aber außer derselben doch eine eigenthümliche Wurzel enthalten und sich daher nicht von andern Wörtern ableiten lassen, wie sich solcher unter den Hauptwörtern auf e, en und er sehr viele, einige auch unter den Eigenschaftswörtern auf en, er und el finden. — Hier nur einige Beispiele von solchen Aufgaben.

L. Nehmt aus den Wurzelwörtern unter den Hauptwörtern diejenigen vor euch, welche neben dem Laute nur eine einfache Vorbestimmung und eine einfache Nachbestimmung enthalten (§. 13 II. 3) und stellt neben jedes derselben alle diejenigen Wörter, welche daraus durch bloße Ableitung gebildet sind! Dann sollen alle Bearbeitungen der Einzelnen mit einander verglichen werden und jeder soll die seinige aus denen aller übrigen vervollständigen. (Endlich mag sich jeder den gefundenen Vorrath von Wörtern in ein besonderes Buch eintragen, um dadurch eine möglichst vollständige Sammlung der Wörter unserer Deutschen Sprache, nach ihrem Ursprunge und dem Gange ihrer Bildung geordnet, zu erhalten).

Die Kinder bringen nun etwa folgende Sammlung zu Stande:

Bach — Bächlein, Becher (?).

Bahn — bahnen.

Bär —

Bauch — Bäuchlein, bauchig.

Baum — Bäumchen, bäumen.

Beil — Beilchen.

Bein — Beinchen, beinern, Gebein.

u. s. w.

Fisch — Fischchen, Fischlein, fischen, Fischer, fischig, fischicht. u. s. w.

Tag — tägig, täglich, tagen, vertagen, Vertagung.

Zeit — Zeitung, zeitig, zeitigen, Zeitigung; zeitlich, Zeitlichkeit.

Zeug — Gezeug — und mit derselben Wurzel, aber n einem andern Sinne: zeugen, Zeugung, erzeugen, Erzeuger, Erzeugung, Zeuge, bezeugen, Bezeugung, Zeugniss.

Ziel — zielen, erzielen, Erzielung.

L. Schreibt von den Wurzelwörtern unter den Eigenschaftswörtern diejenigen auf, welche mehrfache Vorbestimmungen und dabei entweder gar keine oder nur einfache Nachbestimmungen enthalten (§. 33. III. 1 und 2), und fügt einem jeden dieser Wurzelwörter alle diejenigen Wörter hinzu, welche daraus durch bloße Ableitung gebildet sind! (Das übrige Verfahren wie vorhin).

Es kommt etwa folgende Sammlung zu Stande:

Blau — bläulich, Bläue, blauen, bläuen.

Frei — freilich, Freiheit, freien, befreien, Befreiung, Gefreiter.

Grau — graulich, gräulich, Grauheit, grauen, ergrauen, grausam, Grausamkeit.

Schlau — Schlauheit.

Treu — treulich, getreu, Treue, trauen, traut, traulich, vertrauen, vertraulich, Vertraulichkeit, getrauen.

Blach, — allenfalls Blachheit.

Bleich — Bleichheit, bleichen, Bleiche, erbleichen, verbleichen.

Blaſs — bläſslich, Blässe, Blaſsheit, erblassen, verblassen.

Brach — Brache (da es mit brechen verwandt ist, so können alle Ableitungen von brechen hieher gezogen werden, wenn man sie nicht lieber mit dem Worte brach unter brechen aufstellen will).

Braun — bräunlich, Bräune, Braunheit, bräunen.

Klein — Kleinheit, Kleinigkeit, kleinlich, Kleinlichkeit, verkleinern, Verkleinerung u. s. w.

L. Schreibt der Reihe nach die Wurzelwörter unter den Zeitwörtern (§ 49) nieder, und fügt einem jeden derselben diejenigen Wörter hinzu, welche daraus durch Ableitung entstehen! (Sonst wie vorhin).

Von der Sammlung, die hiebei entstehen kann, mögen hier nur einige Beispiele stehen.

Bauen — Bau, baulich, Baulichkeit, Bauer, bäurisch, bäuerlich, verbauern, Gebäu, Gebäude, bebauen, erbauen, Erbauung, erbaulich, Erbaulichkeit, verbauen.

Hauen — Hau, Verhau (vielleicht Heu, heuen), Hauer, Hieb, Hieber, behauen, Behauung, verhauen, zerhauen.

Fallen — Fall, fällig, entfallen, befallen, gefallen, gefällig, Gefälligkeit, verfallen, Verfall, zerfallen.

Sitzen — Sitz, Sitzung, Gesäſs, besitzen, Besitz, Besitzer, Besitzung, Besitzthum; — setzen, Satz, Setzer, Gesetz, gesetzlich, Gesetzlichkeit, ersetzen, Ersatz, ersetzbar, Ersetzung, entsetzen, Entsatz, entsetzlich, Entsetzung, besetzen, Besatz, Besetzung, besetzbar, versetzen, versetzbar, Versetzung, zersetzen, zersetzbar, Zersetzbarkeit, Zersetzung.

Fahren — Fahrt, Fuhrt, Fuhre, Fährlichkeit, führen, Führer; Führung, befahren, Befahrung, entfahren, entführen, Entführer, Entführung, entführbar, Entführbarkeit, erfahren, Erfahrung, Gefahr, gefährlich, Gefährlichkeit, verfahren, verfahrbar, verführen, Verführer, Verführung, verführbar, Verführbarkeit, zerfahren.

Sprechen — Sprecher, Sprache, Spruch, sprachlich, besprechen, Besprechung, entsprechen, Entsprechung, Gespräch, gesprächig, Gesprächigkeit, versprechen, Versprecher, Verspruch, Versprechung.

L. Geht die Wurzelwörter unter den Umstandswörtern durch und hebt diejenigen unter ihnen heraus, welche Ableitungen verstatten. Schreibt dann die abgeleiteten Wörter daneben!

Die Kinder schreiben etwa auf:

Da — dasig.

Hie oder hier — hiesig.

Ja — bejahen, Bejahung.

Aus — aufsen, aufser, äufserlich, Aeufserlichkeit, äufsern, Aeufserung, entäufsern, Entäufserung, veräufsern, Veräufserung, veräufserlich.

Vor — vorn, vorig.

Nicht — nichtig, Nichtigkeit, vernichten, Vernichtung u. s. w.

Zweiter Haupttheil.

Die Lehre von der Zusammensetzung. oder Composition.

Erster Abschnitt.

Allgemeine Vorbegriffe.

79.

L. Wir haben in dem bisherigen Unterrichte viele neue Wörter gebildet. Durch Anwendung welcher Mittel ist dies geschehen?

K. Durch Hinzufügung von Vorsylben und Nachsylben und durch Veränderung der Wortsylben.

L. Und wie nannten wir diese ganze Art der Bildung neuer Wörter?

K. Ableitung oder Derivation.

L. Kennt ihr noch einen andern Weg, um neue Wörter zu bilden?

K. Ja, auch durch Zusammensetzung oder Composition können neue Wörter gebildet werden (§ 6).

L. Gebt mir den Unterschied zwischen diesen beiden Hauptarten der Wortbildung an!

K. Bei der Ableitung bildet man neue Wörter, indem

man zu gegebenen Stammwörtern Vorsylben, Nachsylben oder einzelne Buchstaben hinzufügt, welche für sich allein nichts bedeuten, sondern nur die Bedeutung ihrer Stammwörter abändern und näher bestimmen, oder indem man die Stammwörter in ihrer Wortsylbe, vorzüglich im Laute, verändert, oder indem man mehrere dieser verschiedenen Mittel zugleich anwendet. — Bei der Zusammensetzung werden mehrere schon ausgebildete Wörter zu einem einzigen Worte vereinigt.

L. Führt mir Beispiele von zusammengesetzten Wörtern an!

K. Hausthür, Kirchhof, Vaterland, Grofsmuth, Grünspecht, Aberglaube, weichherzig, Spieluhr, zureden, losreifsen.

L. Wie unterscheiden sich abgeleitete und zusammengesetzte Wörter in Absicht der Sylben, woraus sie bestehen?

K. Abgeleitete Wörter enthalten immer nur Eine Wortsylbe, mit welcher gewöhnlich Nebensylben verbunden sind. — Zusammengesetzte Wörter enthalten wenigstens zwei, oft aber auch mehre Wortsylben, mit welchen außerdem auch noch Nebensylben verbunden sein können und gewöhnlich verbunden sind.

80.

L. Was für ein Wort ist das Wort Federmesser?

K. Federmesser ist ein zusammengesetztes Wort, denn es besteht aus den beiden Wörtern Feder und Messer.

L. Was ist ein Federmesser? eine Feder oder ein Messer?

K. Ein Federmesser ist ein Messer.

L. Was für ein Messer ist ein Federmesser?

K. Ein Messer, womit Federn geschnitten werden.

L. Gibt es denn auch noch andere Arten von Messern?

K. Ja, es gibt auch Brodmesser, Speisemesser, Taschenmesser, Bartmesser oder Barbiermesser, Opfermesser, Hackmesser u. s. w.

L. Warum fügt man also zu dem Worte Messer noch das Wort Feder hinzu, da man doch eigentlich nur ein Messer meint?

K. Um anzuzeigen, was für ein Messer man meint.

L. Wie verhalten sich also in diesem zusammengesetzten Worte beide Bestandtheile zu einander?

K. Das Wort Messer gibt die allgemeine Gattung von Dingen an, zu welcher auch dasjenige gehört, wovon man redet; und da zu dieser Gattung nun mehre Arten gehören, so bestimmt das Wort Feder noch näher, zu welcher besondern Art aus dieser Gattung es gehöre.

Anwendung auf mehre andere aus zwei Hauptwörtern zusammengesetzte Wörter, als: Schulhaus, Apfelbaum, Jagdhund, Rindfleisch, Gartenlaube, Uhrfeder, Dachziegel, Mutterliebe u. s. w.

L. Was für ein Wort ist das Wort vorsprechen?

K. Vorsprechen ist ein zusammengesetztes Wort; denn es besteht aus den beiden Wörtern vor und sprechen.

L. Zu welcher Klasse gehört jedes dieser beiden Wörter?

K. Vor ist ein Umstandswort (künftig: ein Verhältnißwort) — sprechen ist ein Zeitwort.

L. Welchen von beiden Bestandtheilen erkennt ihr in der Zusammensetzung für den wichtigern? und warum?

K. Das Wort sprechen. Denn wenn ich vorsprechen sage, so meine ich damit diejenige Handlung, welche durch das Wort sprechen benannt wird. Da es aber verschiedene Arten des Sprechens gibt, als: nachsprechen, aussprechen, ansprechen, absprechen, durchsprechen, mitsprechen

u. s. w.; so fügt man das Wörtchen vor hinzu, um anzuzeigen, welche besondere Art des Sprechens man meine.

Aehnliche Erläuterungen über andere zusammengesetzte Zeitwörter, als: wegreißen, abrufen, hingehen, aushalten, zuwerfen u. s. w.

L. Jedes zusammengesetzte Wort besteht, wie ihr aus diesen Beispielen ersehet, wenigstens aus zwei Wörtern. Das eine derselben gibt den allgemeinen Begriff an, den der Sprechende im Sinne hat, und bestimmt also die Gattung von Dingen, zu welcher das benannte gehört; das andere fügt diesem Begriffe eine nähere Bestimmung hinzu, und bezeichnet dadurch unter den verschiedenen Arten, welche diese Gattung in sich schließt, diejenige, welcher das benannte Ding angehört. Jenes Wort wollen wir künftig das Grundwort, dieses das Bestimmungswort nennen.

Gebt mir jetzt von folgenden zusammengesetzten Wörtern an, was in der Zusammensetzung Grundwort und was Bestimmungswort ist!

L. Federmesser? K. Messer ist das Grundwort und Feder ist das Bestimmungswort; denn u. s. w.

L. Schulhaus? K. Haus ist das Grdw.; Schule ist das Bstmw.; denn u. s. w.

L. Gartenzaun? K. Zaun ist das Grdw.; Garten ist das Bstmw.; denn u. s. w.

L. vorsprechen? K. sprechen —; vor —; —

L. abrufen? K. rufen —; ab —; — — —

L. aushalten? K. halten —; aus —; — —

u. s. w.

L. Welche Stelle nimmt hienach in der Zusammensetzung jeder dieser beiden Bestandtheile ein?

K. Das Bestimmungswort geht allemal vorauf, und das Grundwort folgt nach.

L. Dies ist auch sonst der Natur der Deutschen Sprache gemäß, in welcher die bestimmenden Wörter in der Regel vor denen voraufgehen, welche eine Bestimmung erleiden. Man sagt z. B. ein großer Tisch, und nicht: ein Tisch großer — der Mann ist sehr gelehrt, und nicht: der Mann ist gelehrt sehr — der Brief ist gut geschrieben, und nicht: der Brief ist geschrieben gut.

Wenn also ein Wort aus zwei andern Wörtern zusammengesetzt ist, so ist es keineswegs gleichgültig, welche Stelle jedes der beiden einfachen Wörter einnimmt; sondern mit der Umstellung der beiden Bestandtheile verändert sich auch wesentlich die Bedeutung des Ganzen, und es werden durch Umstellung zwei ganz verschiedene Begriffe bezeichnet, obgleich die Bestandtheile dieselben sind. Man kann also aus zwei einfachen Wörtern der Sprache zwei verschiedene Zusammensetzungen bilden und dadurch zwei Begriffe bezeichnen. — Dies geschieht nun in der Sprache auch sehr oft, und wir wollen einige solcher gebräuchlichen Zusammensetzungen hier näher durchgehen und erklären. Erklärt mir zuförderst die Wörter Ziegeldach und Dachziegel!

K. Ein Ziegeldach ist ein Dach, welches aus Ziegeln besteht. Ein Dachziegel ist ein Ziegel(stein), welcher zum Decken eines Daches gebraucht wird.

L. Erklärt eben so die Wörter Butterfass und Fassbutter!

K. Ein Butterfass ist ein Fass, welches mit Butter angefüllt ist oder angefüllt werden soll. — Fassbutter ist Butter, welche in einem Fasse aufbewahrt wird.

L. Sucht solcher Zusammensetzungen, deren Bestandtheile sich umstellen lassen und dadurch dann die Bedeutung des Wortes verändern, jeder eine beträchtliche Zahl auf; und erklärt dann einige derselben, so kurz als möglich!

K.	Arbeitshaus	Hausarbeit.
	Bauerhof	Hofbauer.

Baumnuſs	Nuſsbaum.
Baumleiter	Leiterbaum.
Baummast	Mastbaum.
Baumöl	Oelbaum.
Baumschlag	Schlagbaum.
Beinschiene	Schienbein.
Bergöl	Oelberg.
Bettdecke	Deckbette.
Bienengarten	Gartenbiene.
Blätterkohl	Kohlblätter.
Bleiwurf	Wurfblei.
Blumenfeld	Feldblumen.
Blumengarten	Gartenblumen.
Brettspiel	Spielbrett.
Briefwechsel	Wechselbrief.
Bruchstein	Steinbruch.
Bierfaſs	Faſsbier.
Dachschiefer	Schieferdach.
Dienstzwang	Zwangdienst.
Dorfgericht	Gerichtsdorf.
Fensterglas	Glasfenster.
Rathhaus	Hausrath.
Schweinezucht	Zuchtschwein.
Stammbaum	Baumstamm.
Spiegelglas	Glasspiegel.
Taschenuhr	Uhrtasche.
Federhut	Hutfeder.
Fingerring	Ringfinger.
Flügelthür	Thürflügel.

Ein Arbeitshaus ist ein Haus, worin Leute zur Arbeit angehalten werden. — Hausarbeit ist Arbeit, die im Hause vorgenommen wird, im Gegensatze gegen Feldarbeit, Gartenarbeit ꝛc.

Ein Bauerhof ist ein Hof, der einem Bauer gehört. — Ein Hofbauer ist ein Bauer, dem ein Hof gehört.

Ein Rathhaus ist ein Haus, worin man zusammen kommt, um Rath zu halten. — Hausrath ist Geräthe, welches im Hause gebraucht wird — u. s. w.

Nur bei einigen wenigen verändert sich durch die Umstellung die Bedeutung fast gar nicht, weil die Bestandtheile an sich schon fast gleichbedeutend sind, als: Windwirbel und Wirbelwind; Lothblei und Bleiloth.

81.

L. Werden in einem mehrsylbigen Worte alle Sylben gleich stark ausgesprochen? Was geschieht immer mit einer der Sylben, woraus ein solches Wort besteht?

K. In einem mehrsylbigen Worte wird allemal eine Sylbe mit etwas verstärkter Stimme ausgesprochen. Diese Sylbe hat den Accent und heißt die Accentsylbe.

L. Früher (§. 8) haben wir über den Accent überhaupt, und insbesondere über den Accent der blos abgeleiteten Wörter, die nur Eine Wortsylbe enthalten, geredet. Jetzt wollen wir den Accent der zusammengesetzten Wörter, welche also auch mehr als Eine Wortsylbe enthalten, näher in Betrachtung ziehen.

Wenn ein Wort aus zwei einsylbigen Wörtern zusammengesetzt ist, welches Wort hat dann denn Accent? Erläutert eure Behauptung durch einige Beispiele!

K. Wenn ein zusammengesetztes Wort aus zwei einsylbigen Wörtern besteht, und also nur zwei Sylben enthält, so hat das Bestimmungswort den Accent. — Haústhür, Hófhund, Jáhrmarkt, Gróſsmuth, Báumast, Núſsbaum. — Der Accent (Wortaccent) ist das Hervorheben einer Sylbe in einem mehrsylbigen Worte mit verstärkter Stimme. Wo aber nur überhaupt zwei Sylben vorhanden sind, da kann nur eine vor der andern hervorgehoben werden; es kann also nur Eine der beiden Wortsylben einen Accent haben, und dies ist die Sylbe des Bestimmungswortes.

L. Wenn aber das Bestimmungswort selbst aus mehren Sylben besteht, welche Sylbe erhält dann den Accent?

K. Die Wortsylbe des Bestimmungswortes; denn auf das Bestimmungswort kommt der Accent, in diesem aber muß die Wortsylbe vor den Nebensylben (nach (§. 8) ausgezeichnet werden, und daher muß die Wortsylbe des Bestimmungsortes den Accent erhalten, wie auch folgende Beispiele zeigen: Kléiderspind, Műſsiggang, Váterland, Ófenthür, Vórderraum, Míttelgang.

L. Aus was für Sylben besteht jedes dieser angeführten Wörter?

K. Aus zwei Wortsylben und einer Nebensylbe.

L. Mit welchen Namen unterscheidet ihr die beiden Wortsylben von einander?

K. Die Wortsylbe des Bestimmungswortes und die Wortsylbe des Grundwortes.

L. Werden die Nebensylbe und die Wortsylbe des Grundwortes auch beide gleich stark ausgesprochen?

K. Nein; die Wortsylbe des Grundwortes wird stärker ausgesprochen als die Nebensylbe, jedoch nicht so stark als die Wortsylbe des Bestimmungswortes.

L. Wie viel verschiedene Grade der Stärke unterscheidet ihr also in jedem der angegebenen Wörter und wie verhalten sich dazu die einzelnen Sylben?

K. In jedem dieser Wörter werden die dazu gehörigen Sylben nach drei verschiedenen Graden der Stärke ausgesprochen: am stärksten die Wortsylbe des Bestimmungswortes; schwächer die Wortsylbe des Grundwortes; am schwächsten die Nebensylbe des Bestimmungswortes.

L. Da hienach die Wortsylbe des Grundwortes über die Nebensylbe des Bestimmungswortes doch noch durch einen stärkern Druck der Stimme hervorgehoben wird, so sagt man auch von ihr noch, daß sie einen Accent habe, um ihn aber von den stärkeren Accente der Wortsylbe des Bestimmungswortes zu unterscheiden, nennt man ihn nur einen Nebenaccent, und den letztern dagegen den Hauptaccent.

Noch deutlicher werdet ihr beide Accente unterscheiden können, wenn ihr solche Wörter aussprecht, in welchen auch das Grundwort mehrsylbig ist und worin also außer den beiden Wortsylben noch mehr als Eine Nebensylbe vorkommen. — Sucht solche Wörter auf und geht die Sylben in ihrem Verhältnisse zum Worte selbst und zum Accente einzeln durch!

K. Federmesser. — Fed ist die Wortsylbe des Bestimmungswortes und hat daher den Hauptaccent — er ist eine Nachsylbe des Bestimmungswortes und ist accentlos — mess ist die Wortsylbe des Grundwortes und hat den Nebenaccent — er ist die Nachsylbe des Grundwortes und ist accentlos.

So auch die Wörter: Brátenwénder, Léberblúme, féuerbeständig, lébensgefáhrlich, Gebírgshóhé, Regíerungsverwáltung u. a.

L. Jetzt gebt die allgemeine Regel über den Accent derjenigen zusammengesetzten Wörter an, welche mehr als zwei Sylben enthalten!

K. In einem zusammengesetzten Worte, welches mehr als zwei Sylben enthält, hat die Wortsylbe des Bestimmungswortes den Hauptaccent und die Wortsylbe des Grundwortes den Nebenaccent.

L. Zwar werden wir in der Folge finden, daß diese Regel nicht auf alle Wörter paßt und daß mancherlei Abweichungen von derselben statt finden; da sie indessen doch bei weitem die Mehrzahl der zusammengesetzten Wörter umfaßt, so wollen wir sie hier voraufstellen, um für die zusammengesetzten Wörter einen festen Anhalt zu haben. Die Abweichungen von dieser Hauptregel werden wir erst dann genauer in Betrachtung ziehen können, wenn wir uns einen hinreichenden Vorrath von zusammengesetzten Wörtern gesammelt haben; und daher werden wir am Schlusse der Lehre von der Zusammensetzung auf den Accent der zusammengesetzten Wörter noch einmal zurückkommen, um uns auch mit den Ausnahmen näher bekannt zu machen.

82.

L. Aus wie vielen und aus welchen einfachen Wörtern ist das Wort Feldhauptmann zusammengesetzt?

K. Aus den drei einfachen Wörtern Feld, Haupt und Mann.

L. Müssen wir bei diesem Worte nicht außer dem Bestimmungsworte und Grundworte auch noch das dritte Wort mit einem besondern Namen benennen, und wie werden wir dieses wohl benennen? — Merkt zufördrerst darauf, ob alle Wörter gleich nahe mit einander verbunden sind, oder nicht!

K. Die beiden Wörter Haupt und Mann stehen mit einander in näherer Verbindung als Feld und Haupt. Denn erstere bilden schon für sich allein das zusammengesetzte Wort Hauptmann, dagegen können Feld und Haupt nicht zu einem zusammengesetzten Worte Feldhaupt verbunden werden.

L. Wie mag also das Wort Feldhauptmann aus seinen drei einfachen Bestandtheilen wohl entstanden sein?

K. Man hat erst die beiden Wörter Haupt und Mann zu Einem Worte, Hauptmann, vereinigt. Dann hat man zu diesem Worte noch das Wort Feld hinzugefügt und daraus ein neues zusammengesetztes Wort gebildet.

L. Wenn ihr nun das Wort Feldhauptmann in umgekehrter Folge, wie ihr es zusammengesetzt habt, wieder in seine Bestandtheile zerlegen wollt, werdet ihr es sogleich dreitheilig zerlegen? Oder wie werdet ihr sonst dabei verfahren? Benennt dabei die Theile!

K. Feldhauptmann zerfällt zunächst in zwei Theile, Feld und Hauptmann; Feld ist das Bestimmungswort und Hauptmann ist das Grundwort. Hauptmann zerfällt wieder in zwei Theile, Haupt und Mann; Haupt ist das Bestimmungswort und Mann ist das Grundwort.

L. Solche Wörter, in welchen ein Bestandtheil wieder zusammengesetzt ist, heißen doppelt zusammengesetzte Wörter. — In diesem Beispiele war das Bestimmungswort einfach, aber das Grundwort zweitheilig. Es kann aber auch das Umgekehrte stattfinden z. B. in Vaterlandsliebe ist das Bestimmungswort Vaterland zweitheilig und das Grundwort Liebe einfach. Endlich können auch beide zusammengesetzt sein. Wenn man z. B. das Wort Neujahrs-Umgang zerlegt, so zerfällt dasselbe zunächst in die beiden Theile Neujahr und Umgang. Neujahr ist das Bestimmungswort und Umgang ist das Grundwort. Jedes dieser beiden Wörter zerfällt wieder in zwei Theile und hat sein besonderes Bestimmungswort und Grundwort. — Um anzuzeigen, daß ein zusammengesetztes Wort von der Art sel; daß die Bestandtheile wieder zusammengesetzt sind, nennt man es ein mehrfachzusammengesetztes Wort.

Aus diesen Beispielen und den dazu gegebenen Erläuterungen seht ihr, daß es zwar zusammengesetzte Wörter gibt, welche aus drei und mehren einfachen Wörtern bestehen, daß aber dann diese nicht auf einmal mit einander verbunden, sondern daß jedesmal nur zwei zu einem größern Ganzen vereinigt worden sind. Zwei vereinigte und zu Einem Worte verbundene verbinden sich dann wohl wieder mit einem neuen Worte und so entsteht dann ein größeres Ganze. — Jede wahre Zusammensetzung eines Deutschen Wortes muß sich daher zweitheilig zerlegen lassen; ist dies nicht der Fall, so kann dies für ein sicheres Kennzeichen der unrichtigen Bildung eines Wortes gelten.

Aufgabe. Sucht mehrfach zusammengesetzte Wörter auf, so viel ihr deren finden könnt, und indem ihr sie aufschreibt, trennt die beiden Hauptbestandtheile, worin jedes derselben zunächst zerfällt, durch einen kleinen Strich! Dann schreibt von einigen dieser Wörter auch auf, wie sie in ihre Bestandtheile zerlegt werden müssen!

K. schreiben etwa auf: Landbaumeister, Silber-bergwerk, Zeug-meister, Feld-zeugmeister, General-Feldzeugmeister, Ober-feldherr, Groſs-Kronfeldherr, Vaterlandsfreund, Auflösungsmittel, Weinachts-spielzeug, Freundesumgang u. s. w. Groſs-Kronfeldherr zerfällt zunächst in Groſs und Kronfeldherr, wovon Groſs das Bestimmungswort und Kronfeldherr das Grundwort ist. Kronfeldherr ist selbst wieder doppelt zusammengesetzt und zerfällt zunächst wieder in Krone und Feldherr, wovon Krone Bstw. und Feldherr Grundwort ist. Feldherr endlich zerfällt noch in Feld und Herr; Feld ist das Bstw. und Herr das Grdw. — Vom Einfachen ausgehend verbinden sich die Bestandtheile auf folgende Art: Feldherr, Kron-feldherr, Groſs-Kronfeldherr.

83.

L. Ist das Zeitwort aussprechen ein zusammengesetztes oder ein einfaches Wort?

K. Aussprechen ist ein zusammengesetztes Wort, denn es besteht aus den beiden einfachen Wörtern aus und sprechen.

L. Gebt jetzt einmal in einem vollständigen Satze an, daß die Kinder in der Schule die Handlung vollbringen, welche dieses Zeitwort angiebt!

K. Die Kinder in der Schule sprechen die Laute aus.

L. Was bemerkt ihr hiebei in Hinsicht auf das Wort aussprechen?

K. Das Bestimmungswort trennt sich von seinem Grundworte und wird an das Ende des Satzes gerückt.

L. Sucht andere Wörter auf, bei denen unter Umständen dieselbe Veränderung mit den Theilen der Zusammensetzung vorgeht!

K. fortgehen, abreissen, zulegen, mitsprechen, weglaufen u. s. w.

L. Versucht, ob auch die beiden Bestandtheile des Wortes obgleich in der Rede getrennt werden können!

K. Ja, wenn ich z. B. sage: Ob er gleich meine Ankunft erfahren hatte u. s. w.

L. Könnt ihr aber auch Fälle auffinden, wo die Bestandtheile der Wörter Vaterland, Uhrmacher, muthmassen, abergläubisch u. s. w. wieder aus einander treten?

K. Nein, diese bleiben immer verbunden.

L. Lernt hieraus den Unterschied zwischen *ächten* und *unächten Zusammensetzungen*! *Aechte Zusammensetzungen* sind solche, deren Bestandtheile untrennbar mit einander verbunden sind; *unächte Zusammensetzungen* sind solche, deren Bestandtheile unter gewissen Umständen in der Rede aus einander treten und dann also für das Auge als zwei getrennte Wörter dastehen. Sucht noch mehre Beispiele von ächten und unächten Zusammensetzungen auf und schreibt sie abgesondert nieder!

K. schreiben etwa auf:

Aechte Zusammensetzungen: Freudenfest, Kindesliebe, gegenwärtig, liebenswürdig, grofsmüthig, liebkosen, wehklagen u. s. w.

Unächte Zusammensetzungen: aufbrechen, umherlaufen, losreifsen, ankleiden, ausziehen, wegreisen, wenngleich u. s. w.

84.

L. Wie viel verschiedene Wörterklassen habt ihr bisher kennen gelernt? Zählt sie alle auf!

K. Geschlechtswort oder Artikel, Hauptwort oder Substantiv, Eigenschaftswort oder Adjektiv, Zeitwort oder Verbum, Nebenwort oder Adverbium. Die Wörter der letzten Klasse zerfallen wieder in zwei Abtheilungen, in Beschaffenheitswörter und Umstandswörter. (Zu den Umstandswörtern werden hier in der Wortbildungslehre auch die Verhältnißwörter oder Präpositionen und die Bindewörter oder Conjunctionen gerechnet, welche in der Redebildungslehre künftig noch als zwei besondere Klassen werden ausgeschieden werden). Die Zahlwörter oder Numeralien bilden keine besondere Wörterklasse, sondern die dazu gehörigen Wörter sind entweder Hauptwörter oder Eigenschaftswörter oder Umstandswörter. Je nachdem wir also die Adverbien nur als Eine oder als zwei Wörterklassen aufführen, können wir fünf oder sechs Wörterklassen aufzählen.

L. Wenn ihr aus diesen Wörterklassen diejenigen aussondert, welche ihr zur Bildung neuer Zusammensetzungen nicht für brauchbar erkennt und nur diejenigen behaltet, durch welche ihr neue zusammengesetzte Wörter zu erhalten hoffet; wie viele und welche Wörterklassen bleiben euch dann übrig?

R. Die Artikel oder Geschlechtswörter sind weder für die Ableitung noch für die Zusammensetzung brauchbar. Die Beschaffenheitswörter sind mit den Eigenschaftswörtern gleichlautend. Es bleiben also zur Bildung von Zusammensetzungen nur vier Wörterklassen übrig, nämlich: Hauptwörter, Eigenschaftswörter, Zeitwörter und Umstandswörter.

L. Wenn das Grundwort der Zusammensetzung nun ein Hauptwort ist, was kann das Bestimmungswort sein? Wie viele Arten der Zusammensetzung gibt es unter dieser Voraussetzung?

R. Wenn das Grundwort ein Hauptwort ist, so kann das Bestimmungswort sein: auch ein Hauptwort, oder ein Eigenschaftswort, ein Zeitwort und ein Umstandswort. Es sind also unter dieser Voraussetzung vier Arten der Zusammensetzung möglich.

L. Da man jede der andern Wörterklassen eben so als Grundwort setzen kann; wie viele Arten der Zusammensetzung würde es zwischen diesen vier Wörterklassen geben können, wenn alle diese Verbindungen wirklich in der Sprache vorhanden wären? Zählt sie alle vollständig auf!

R. I. Wenn das Grundwort ein Hauptwort ist, so kann das Bestimmungswort sein 1) ein Hauptwort. 2) ein Eigenschaftswort. 3) ein Zeitwort. 4) ein Umstandswort.

II. Das Eigenschaftswort als Grundwort kann zusammengesetzt werden mit 1) einem Hauptworte. 2) einem Eigenschaftsworte. 3) einem Zeitworte. 4) einem Umstandsworte.

III. Das Zeitwort als Grundwort kanu zusammengesetzt werden mit 1) einem Hauptworte. 2) einem Eigenschaftsworte. 3) einem Zeitworte und 4) einem Umstandsworte.

IV. Endlich das Umstandswort als Grundwort kann zusammengesetzt werden mit 1) einem Hauptworte. 2) einem Eigenschaftsworte. 3) einem Zeitworte und 4) einem Umstandsworte.

Hiernach werden bei diesen vier Wörterklassen sechszehn verschiedene Arten der Zusammensetzung möglich sein.

L. Dazu kommt noch, daß zuweilen zwei Wörter, wenn sie mit einander durch Zusammensetzung verbunden werden, ein neues Wort einer ganz andern Klasse geben, als wozu jedes einzelne von ihnen gehört. Einen Knaben z. B. der gern groß sein möchte oder der sich überall auch nur gern so verhält wie ein Großer, nennt man einen Gernegrofs. Hier werden ein Beschaffenheitswort gern und ein Eigenschaftswort grofs mit einander zu Einem Worte verbunden und das neu entstandene Wort ist ein Hauptwort. Diesen Fall wollen wir, wo er vorkommt, bei jeder Wörterklasse noch besonders mitnehmen, wenn wir die angegebenen sechszehn Arten der Zusammensetzung im Einzelnen durchgehen.

Nun seht zu, ob ihr für jede dieser sechszehn Arten der Zusammensetzung in unserer Sprache auch wirklich Beispiele auffinden könnt, oder für welche etwa nicht! Schreibt für jede derselben eine beträchtliche Anzahl von zusammengesetzten Wörtern auf und merkt dabei zugleich auf die Veränderungen, welche mit den Wörtern, die zusammengesetzt werden, etwa vorgehen, und was euch sonst dabei bemerkenswerth scheint, damit ihr mir dieses nachher angeben könnt!

K. schreiben etwa Folgendes auf:

I. Das Hauptwort als Grundwort kann zusammengesetzt werden (als dem Bestimmungsworte)

1) mit einem Hauptworte: Hausthür, Tischblatt, Gottesfurcht, Vaterland, Schuhmacher, Bundeslade, Bösewicht, Freudenfest, Geburtstag, Bilderbuch, Büchersammlung, Armenhaus, Erdbeben u. s. w.

2) mit einem Eigenschaftsworte: Grofsmuth, Neujahr, Eigenliebe, Halblaut, Grünspecht, Rothkehlchen, Langbart, Edelmann u. s. w.

3) mit einem Zeitworte: Spielzeug, Trinkgeld,

Brennholz, Schreibekunst, Badehaus, Blasebalg, Vorhängeschloſs u. ſ. w.

4) mit einem Umſtandsworte: Aberglaube, Binnensee, Heimkunſt, Fortgang, Wohlstand, Abart, Auſsenrichtung u. ſ. w.

II. Das Eigenſchaftswort als Grundwort kann zuſammengeſetzt werden mit

1) einem Hauptworte: kraftvoll, dienstwillig, geldarm, hülſsbedürſtig, eiskalt, pechschwarz, blutarm, muthvoll, güterlos, gottesſürchtig, hoffnungsvoll, ehrerbietig u. ſ. w.

2) einem Eigenſchaftsworte: freiwillig, vielfältig, halbjährig, grüngelb, hochroth u. ſ. w.

3) einem Zeitworte: denkwürdig, merkwürdig, eſsbegierig, schaulustig, redselig, bemerkenswerth, u. ſ. w.

4) mit einem Umſtandsworte: hinfällig, abergläubisch, gegenwärtig, auſserordentlich u. ſ. w.

III. Das Zeitwort als Grundwort kann zuſammengeſetzt werden mit

1) einem Hauptworte: brandschatzen, handhaben, lustwandeln, wetterleuchten u. ſ. w.

2) einem Eigenſchaftsworte: frohlocken, wahrsagen, vollenden, rechtfertigen u. ſ. w.

3) mit einem Zeitworte: an Zuſammenſetzungen dieſer Art fehlt es, wenn man nicht etwa Wörter wie spatzierengehen, stehenbleiben u. dgl., die man wohl als Ein Wort geſchrieben findet, hieher zählen will.

4) mit einem Umſtandsworte (beſonders mit Verhältnißwörtern): hingehen, herkommen, fortlaufen, überreden, niedersteigen, zugeben, aufspringen, durchsehen, afterreden, ausstehen u. ſ. w.

IV. Das Umſtandswort als Grundwort kann zuſammengeſetzt werden mit

1) einem Hauptworte: bergan, bergauf, bergab, treppauf, treppab.

2) einem Eigenschaftsworte: allenfalls Wörter wie wohlauf, wohlan, vollauf kurzum u. s. w.

3) mit einem Zeitworte: sind nicht vorhanden.

4) mit einem Umstandsworte: bisher, dabei, allhier, anjetzt, wenngleich, durchaus, vorwärts, forthin, obschon u. s. w.

85.

Da das Grundwort den allgemeinen Begriff eines zusammengesetzten Wortes angibt, das Bestimmungswort aber nur die weitere Unterordnung desselben bewirkt; so erleidet das Grundwort bei der Zusammensetzung in der Regel keine weitere Veränderung. Das neue Wort ist meistentheils mit dem Grundworte gleichartig, gehört zu derselben Wörterklasse und behält, wenn es ein Hauptwort ist, dasselbe Geschlecht. Doch gibt es von dieser Regel allerdings einige Ausnahmen, als: der Mittwoch und die Neunauge, anstatt die Mittwoche und das Neunauge, von denen das erstere in Uebereinstimmung mit den Namen der übrigen Wochentage die sich alle auf Tag und Abend endigen, zu einem männlichen Hauptworte, das letztere in Uebereinstimmung mit anderen weiblichen Fischnamen, die sich auf e endigen z. B. Karpfe, Barbe, Forelle u. s. w. zu einem weiblichen Hauptworte umgebildet worden ist. — Dagegen erleidet das Bestimmungswort manche Veränderungen, unter denen folgende die gewöhnlichsten und vornehmsten sind:

1) Es verliert gewöhnlich seine Biegungssylbe, als: Hausthür statt Haus-es-thür; Süſsklee statt süſs-er Klee; Spieluhr vom Zeitworte spiel-en und Uhr,

2) Das mildernde e fällt nicht selten weg, als: Frühstunde vom Eigenschaftsworte frühe; Blödsinn von blöde. — Zuweilen bleibt es aber auch, als: Badehaus, Schreibegebühr, Blasebalg.

3) Zuweilen erhält das Bestimmungswort ein besonderes Zeichen der Zusammensetzung, z. B. ein s, als: hülfs-bedürftig.

4) Wenn durch die Zusammensetzung zwei oder mehre Lautbestimmungen zusammenkommen, so geht der gedehnte Laut des Bestimmungswortes oft in den entsprechenden gestoßenen über, als: Vortheil, Wollust, jenseit, Nachbar, Hoffahrt (st. Hochfahrt), Herzog (st. Heerzog), Herberge, Urtheil, Bollwerk, Jachzorn, barfuss. — Die Schreibung richtet sich dabei bald nach der gegenwärtigen Aussprache: Wollust statt Wohllust, Bollwerk st. Bohlwerk; — bald nach der Ableitung auch wider die jetzige Aussprache, als: vierzehn, vierzig.

5) Das Bestimmungswort leidet dabei zuweilen allerlei zufällige Veränderungen, als: entzwei st. in zwei; Nachbar st. Nahebauer; Hoffahrt st. Hochfahrt.

Manche Wörter sind durch den Gebrauch so abgekürzt worden, daß sie jetzt das Ansehn von Wurzelwörtern oder abgeleiteten Wörtern haben, z. B. Jungfer statt Jungfrau; Junker st. Jungherr; Rübsen st. Rübsaamen; eilf oder elf st. einlif, zwölf st. zwolif.

Andere Wörter haben dagegen das Ansehen zusammengesetzter Wörter, und sind doch eigentlich nur abgeleitete z. B. Heurath, vielleicht auch Zierath, (§. 31). — Einige derselben sind aus einer fremden Sprache entlehnt, haben sich aber so verändert, daß sie das Ansehen zusammengesetzter Deutscher Wörter erhalten haben, z. B. Abentheuer vom Lateinischen Eventura, Aberraute (ein Kraut) von Abrotanum, Odermennig von Agrimonia u. s. w.

Zweiter Abschnitt.

Das Hauptwort als Grundwort zusammengesetzt mit andern Wörtern, und zwar

1) mit Hauptwörtern §. 86. 87.

86.

Um das nähere Verhältniß, in welchem Grundwort und Bestimmungswort gegen einander stehen, zu ermitteln, mögen hier erst einige kurze Erklärungen zusammengesetzter Hauptwörter vorauf gestellt werden.

a) Eine Hausthür ist die Thür eines Hauses.

Eine Messerspitze ist die Spitze eines Messers.

Ein Tischblatt ist das Blatt eines Tisches.

In diesen Beispielen benennt das Bestimmungswort das Ganze und das Grundwort gibt einen Theil desselben an. So auch: Fensterglas, Stadtthor, Pfeifenkopf, Pferdefuſs und viele andere.

b) Ein Kindestheil ist der Theil eines Kindes am gemeinsamen Erbe.

Eine Königskrone ist die Krone eines Königs.

Eine Dorfflur ist die Flur eines Dorfes.

Hier bezeichnet das Bestimmungswort den Besitzer, dem die Sache angehört, die das Grundwort benennt. So auch Richteramt, Rathsgut, Stiftsdorf Stadteigenthum, Herzogstitel u. s. w.

c) Ein Schuhmacher ist ein Macher der Schuhe, d. h. ein Mann, welcher Schuhe macht.

Ein Wollspinner ist ein Spinner der Wolle, d. h. ein Mann, welcher Wolle spinnt.

Ein Aalfang ist ein Fang der Aale d. h. entweder das Fangen der Aale, oder der Ort, wo Aale gefangen werden.

Das Bestimmungswort bezeichnet hier den Gegenstand, worauf die Wirkung hinzielt, die das Grundwort angibt, welches letztere in diesen und ähnlichen Beispielen von Zeitwörtern abgeleitet ist. — So auch: Uhrmacher, Leinweber, Vatermord und Vatermörder u. s. w.

d) Ein Halstuch ist ein Tuch für den Hals d. h. der zur Bedeckung des Halses dient.

Ein Bierglas ist ein Glas für Bier, d. h. ein Glas, worin Bier eingegossen werden soll.

Ein Büchersaal ist ein Saal für Bücher d. h. ein Saal, worin Bücher aufgestellt sind.

Das Bestimmungswort bezeichnet den Gegenstand, für welchen oder um dessentwillen dasjenige da ist, was das Grundwort benennt. So auch: Oelfaſs, Butterfaſs, Dachschiefer, Obstgarten u. s. w.

e) Eine Marmorwand ist eine Wand aus Marmor d. h. die aus Marmor besteht.

Eine Steinplatte ist eine Platte aus Stein.

Ein Filzhut ist ein Hut aus Filz.

Das Bestimmungswort bezeichnet den Stoff, woraus der Gegenstand des Grundwortes besteht. So: Goldmünze, Kupfergeld, Silberdraht, Sandstein, u. s. w.

f) Ein Wassergewächs ist ein Gewächs im Wasser.

Ein Waldbaum ist ein Baum im Walde.

Ein Sumpfvogel ist ein Vogel, der in Sümpfen lebt.

Das Bestimmungswort bezeichnet den Ort, womit der Gegenstand des Grundwortes in einer gewissen Verbindung steht, z. B. wo er sich befindet, wohin er gerichtet ist u. dgl. So auch: Straſsenraub, Zahnschmerz, Kirchgang d. h. Gang zur Kirche, u. s. w.

g) Ein Nachtwächter ist ein Wächter in der Nacht d. h. in der Zeit der Nacht.

Der Abendstern ist der Stern, welcher am Abende am Himmel glänzt.

Die Mittagsglocke ist die Glocke, welche zur Zeit des Mittags angeschlagen wird.

Das Bestimmungswort bezeichnet die Zeit, mit welcher der Gegenstand des Grundwortes in einem gewissen Verhältnisse steht, indem er z. B. zu dieser Zeit thätig ist, wahrgenommen wird, u. dgl. So auch Frühlingssonne, Winterfreude, Tagarbeit, Nachtwache u. s. w.

h) Ein Schwerdtstreich ist ein Streich mit dem Schwerdte.

Ein Federstrich ist ein Strich mit der Feder.

Eine Handarbeit ist eine Arbeit mit der Hand.

Das Bestimmungswort bezeichnet das Werkzeug womit die Wirkung vollbracht wird, die das Grundwort anzeigt. So auch: Fusstritt, Stockprügel, Messerschnitt, Augenblick u. s. w.

i) Eine Feuerfarbe ist eine Farbe wie die des Feuers.

Ein Bandwurm ist ein Wurm, der wie Band aussieht.

Ein Bubenstück ist ein Stück, wie es ein Bube zu vollbringen pflegt.

Das Bestimmungswort bezeichnet etwas, womit der Gegenstand des Grundwortes Aehnlichkeit hat. So auch Meisterstreich, Affensprung, Fadensilber, Habichtsnase u. s w.

Diese Beispiele zeigen, wie das Bestimmungswort überall den allgemeinen Begriff des Grundwortes einschränkt, indem es demselben noch ein Merkmal hinzufügt; sie zeigen aber zugleich auch, wie mannigfach die Verhältnisse sind, welche zwischen beiden Theilen stattfinden, und wie wenig es möglich ist, diese verschiedenen Beziehungen unter wenige allgemeine Gesichtspunkte zu bringen, die auf alle zusammengesetzten Wörter passen. In den voraufgegangenen Erklärungen sind nur wenige der am gewöhnlichsten vorkommenden Verhältnisse angedeutet worden.

87.

Bei der Zusammensetzung bleibt das Grundwort allemal unverändert. Das Bestimmungswort bleibt in manchen Fällen auch unverändert, in andern erleidet es gewisse Veränderungen, besonders nimmt es gewisse Zeichen der Biegung an.

1) Daß das Bestimmungswort dem Grundworte unverändert und ohne Zeichen der Biegung beigefügt wird, scheint die ursprüngliche und noch jetzt gewöhnlichste Art der Zusammensetzung zu sein, wie viele Beispiele zeigen, als: Uhrmacher, Leinweber, Vatermörder, Viehtreiber, Halstuch, Weinglas, Obstbaum, Dachschiefer, Dachziegel, Hopfengarten, Weinberg, Tuchrock, Filzhut, Feuerflamme, Amtmann, Blutader, Zeitvertreib, Landstreicher, Nachtwächter, Abendstern, Geldstrafe, Jahrmarkt, Kopfweh, Apfelbaum, Vaterherz, Tischbein, Hausarbeit, Hausthür, Hausverkauf, Thurmbau, Thurmspitze, Meisterstreich und viele hundert andere.

Das mildernde e der männlichen und sächlichen Wörter geht dabei gewöhnlich verloren, als: Endsylbe, Endreim, Endzweck, Erbtheil, Erbfolge, Augapfel. — Zuweilen bleibt es aber auch, als: Tagelohn, Tagereise. — In manchen Fällen wird es sogar bei der Zusammensetzung erst eingeschoben, als: Hagedorn von Hag, d. h. Zaun.

Auch das e der weiblichen Hauptwörter wird meistentheils abgeworfen, als: Kirchgang, Kirchweihe, Wettlauf, Sonntag, Wundarzt, Kirschbaum, Brachkäfer, Bußtag, Eckhaus, Eckstein, Ehrgeiz, Erdapfel, Erdbeben, Fährmann, Birkhuhn, Fahnjunker u. s. w. — Oft aber bleibt dieses e auch, besonders wenn es zugleich milderndes e ist, als: Fehdebrief, Klagelied, Ehefrau, Ehemann, Erndtefest, Erndtekranz.

2) Wenn das Bestimmungswort ein Biegungszeichen annimmt, so müssen die beiden Fälle un-

terschieden werden, wo es in der Form der Einheit oder der Mehrheit steht.

a) Wenn das Bestimmungswort in der Form der Einheit steht, so müssen wieder die männlichen und sächlichen Wörter auf einer Seite, und die weiblichen Wörter auf der andern Seite besonders betrachtet werden.

Die männlichen und sächlichen Wörter nehmen gewöhnlich die Endungen s, es, en und ens an, welche bei ihnen sonst auch als Zeichen des zweiten Biegungsfalles oder des Genitivs vorkommen, und wenn man solche Zusammensetzungen auflöst, so tritt bei ihnen auch sehr gewöhnlich das Bestimmungswort in den Genitiv; jedoch muß in manchen Fällen auch eine andere Art von Auflösung angewandt werden, z. B. Wassersnoth eine Noth durch Wasser. — Einige Beispiele von Zusammensetzungen mit diesen Biegungszeichen sind folgende:

s — Königsmord, Volksfest, Himmelslicht, Geschlechtsfolge, Gemüthskrankheit, Feuersbrunst, Dorfgericht; — Lebenslust (Lust zum Leben), Wassersnoth, Hungersnoth, Habichtsnase, Monatsrose u. s. w.

es — Bundeslade, Landesfürst, Leibesstärke, Kindestheil, Geisteskraft, Gottesfurcht, Gottesdienst, Todesnoth.

en — Hirtenstab, Heldenmuth, Botenlohn, Drachenblut, Bubenstück, Affenliebe.

ens — Friedensfürst, Herzensangst, Glaubensbekenntniſs, Namenstag.

Unstreitig sind diese Endungen des Bestimmungswortes von dem Zeichen des Genitivs ausgegangen und man hat dadurch ursprünglich auch das Genitivverhältniß darstellen wollen: nachher aber hat man diese Endungen auch da angewandt, wo ein solches Verhältniß nicht stattfand, weil man durch viele andere Wörter daran gewöhnt war. Wo man aber davon Gebrauch gemacht hat und wo nicht, scheint vorzüglich durch die Rücksicht auf den Wohllaut bestimmt worden zu sein.

Anm. Die deutlichere Einsicht in das Ebengesagte können die Kinder erst dann erlangen, wenn sie in der Redebildungslehre mit der Lehre von der Declination der Hauptwörter bekannt geworden sind. Was ihnen jetzt hier noch unverständlich bleiben würde, muß für jetzt hier noch übergangen und in einer späteren Zeit, wenn sie die dahin gehörigen Vorkenntnisse erworben haben, nachgeholt werden.

Von den weiblichen Hauptwörtern nehmen diejenigen auf e zu demselben in der Regel noch ein n an, als: Ehrenkleid, Freudenfest, Sonnenstaub, Büchsenschuſs, Ameisenhaufe, Aschenkrug, Aehrenlese, Bohnenstock, Birkenast, Blasenkopf, Blumengarten, Brückenkopf, Brillenglas, Fichtensame, Flaschenzug, Flammenmeer, Fliegenfuſs, Flintenstock, Flötenton u. s. w. In manchen solcher Wörter mag das en auch Zeichen der Mehrheit sein. — In seltenen Fällen wird das e weggeworfen und die Zusammensetzung ohne dasselbe gemacht, als: Ehrgeiz, Ehrfurcht; oder auch nach Wegwerfung desselben noch ein s eingefügt, als: Hülfsmittel, Hülfstruppen. — Auch das Wort Frau nimmt in der Zusammensetzung gewöhnlich die Endung en an, als: Frauenzimmer, Frauenstand, Frauenbild u. s. w. — Die weiblichen Hauptwörter, welche sich auf eine Lautbestimmung endigen, nehmen wie die männlichen und sächlichen Hauptwörter, in der Regel ein s an, als: Arbeitshaus, Andachtsbuch, Geburtstag, Zeitungsnachrichten, Vereinigungsmittel, Unterhaltungskosten, und alle Hauptwörter auf ung. Dieses s ist entweder blos in Uebereinstimmung mit den männlichen und sächlichen Hauptwörtern angenommen, oder es stammt von einem alten Genitiv weiblicher Hauptwörter, der sich auch auf s endigte, her, wovon sich noch jetzt die Spuren bei weiblichen Eigennamen (Lina's Zimmer, Emiliens Hut) und bei Gattungsnamen weiblicher Personen finden, wenn sie dem regierten

Worte vorgesetzt werden, (als: Mutter's Kleid, Schwester's Klage).

b) Wenn das Bestimmungswort in der Form der Mehrheit steht, so erfordert auch der Sinn bei der Auflösung und Erklärung gewöhnlich die Mehrheit. Es kommen hiebei die auch sonst für die Mehrheit üblichen Endungen e, er und en vor, als:

e — Schweinestall (Stall für Schweine), Pferdeverleiher, Pferdearzt, Hundehaus.

er — Bilderbuch, Büchersaal, Blätterschwamm, Kinderjahre, Eierkuchen, Weiberlist, Scheiterhaufen (statt Scheitenhaufen, Haufen von Scheiten).

en — männliche und sächliche Wörter: Augenweide, Armenhaus, Krankenwärter, Menschengeschlecht, Gelehrtengeschichte, Namenregister; — weibliche Wörter: Bürstenbinder, Sündenregister.

Zuweilen steht die Mehrheit, wo der Sinn die Einheit erfordern würde, als: Gänsefuſs, Kindermord, Augenlied, Augenwimper, Pferdefuſs, Pferdehuf. — Noch häufiger aber steht die Einheit, wo der Sinn die Mehrheit erfordert, als: Baumgarten, Apfelbaum, Buchbinder, Buchhandel, Vogelsteller, Blattsilber.

Zuweilen kommt ein und eben dasselbe Wort, wenn es in einer Zusammensetzung Bestimmungswort ist, unter mehren der angegebenen Formen vor, als:

Bauergut, Bauerhof — Bauernkrieg — Bauersmann.
Ehrfurcht, Ehrliebe — Ehrenamt, Ehrenrettung.
Erdart, Erdbeben — Erdenkloſs, Erdenleben.
Eiweiſs, Eierschale.
Feuerheerd, Feuermauer — Feuersbrunst, Feuersnoth.
Herzader, Herzblut — Herzeleid — Herzensangst.
Hundstage, Hundszahn — Hundegebell.
Kindtaufe — Kindestheil — Kinderfreude.
Landadel, Landplage, Landgut, Landmann — Landesart, Landesherr — Landsmann — Länderkunde.

Zuweilen finden sogar bei derselben Zusammensetzung mehre dieser Formen statt, ohne daß sich dadurch die Bedeutung ändert, als: Bauerstolz und Bauernstolz.

Eiweiſs und Eierweiſs.

Eichbaum und Eichenbaum — Buchbaum und Buchenbaum.

Erdkloſs und Erdenkloſs.

Wo und unter welchen besondern Umständen jede der angegebenen Formen eintrete, läßt sich schwerlich auf allgemeine Regeln bringen, da der Ursprung im Einzelnen gewöhnlich wohl mehr eine Sache des Zufalles als voraufgegangener Ueberlegung gewesen sein mag. Die Rücksicht auf Wohllaut und wohlgefälligen Wechsel langer und kurzer Sylben (Rhythmus) scheint hiebei besonders geleitet zu haben.

Noch einige Beispiele von ungewöhnlich unregelmäßigen Zusammensetzungen sind folgende: Bräutigam statt Brautgam (gam von einem veralteten Worte, vielleicht verwandt mit Gemahl) — Nachtigall st. Nachtgall (die in der Nacht gällt) — Montag st. Mondtag — Hambutte st. Hagebutte.

2) mit Eigenschaftswörtern.

88.

Das Eigenschaftswort wird dem Grundworte in der Regel mit Weglassung der Biegungsendungen ohne weitere Veränderung hinzugefügt, als: Groſsmuth, Schwermuth, Hochmuth, Eigenliebe, Grünspecht Schwarzdrossel, Rothbart, Freigut, Süſsklee, Müſsiggang, Bitterwasser, Neujahr, Halblaut, Trunkenbold, Hochaltar, Altgesell u. a. — Groſsmuth, Schwermuth, Langmuth, Schwermuth sind in der Zusammensetzung wider die Hauptregel zu weiblichen Hauptwörtern geworden; Hochmuth ist nach der Regel, wie das Grundwort, männlich geblieben.

Auch das mildernde e mancher Eigenschaftswörter fällt meistentheils weg, als: Frühstunde, Blödsinn, Trübsinn, Engbrüstigkeit, Langohr; zuweilen bleibt es jedoch auch, als: Bösewicht.

Wenn bei der Declination solcher Wörter (vgl. die Redebildungslehre) der erste Bestandtheil sich mit verändert, so kann man dies als ein Zeichen betrachten, daß man kein zusammengesetztes Wort vor sich habe, sondern daß man in zwei Wörtern schreiben müsse. Bei der Wortverbindung der lange Tisch sage ich z. B. bei der Declination des langen Tisches und die langen Tische, und daher muß lange Tisch in zwei Wörtern geschrieben werden. Aus demselben Grunde sollte man aber auch schreiben: lange Weile, geheime Rath, krause Münze, hohe Priester, hohe Lied, statt der im Schreibegebrauch jetzt gewöhnlich gewordenen Wörter: Langeweile, Geheimerath, Krausemünze, Hohepriester, Hohelied; wenn man es nicht vorzieht, dafür lieber zu sprechen und zu schreiben: Langweile (wie man schon sagt: sich langweilen), Geheimrath, Krausmünze, Hochpriester, Hochlied. — Fehlerhaft sind auch die Zusammensetzungen Sommerhalbejahr und Winterhalbejahr; denn keine dieser Zusammensetzungen läßt sich zweitheilig zerlegen, da weder Sommerhalb noch Halbejahr als einzelne Deutsche Wörter vorkommen. Sommerhalbjahr und Winterhalbjahr möchten allenfalls zulässig sein. Am besten wird man dafür sagen: die Sommerhälfte und die Winterhälfte des Jahres.

In folgenden Zusammensetzungen hat das Bestimmungswort zufällige und sonst ungewöhnliche Veränderungen erlitten: Hoffahrt statt Hochfahrt — Hochzeit, welches in Hinsicht auf die Buchstaben zwar nach der Regel gebildet ist, worin aber der Laut des Bestimmungswortes gestoßen ausgesprochen wird — Nachbar wahrscheinlich statt Nahebauer — Mitternacht st. Mittennacht oder Mittnacht. — Doppelt wirft in der Zusammensetzung das t ab und kommt dadurch seinem Ursprunge (aus dem Lateinischen duplus oder Französischen double) wieder näher: Doppelbier, Doppellaut. —

In Branntwein ist das Bestimmungswort eigentlich ein Mittelwort (§. 46), welches die Vorsylbe ge und die Biegungsendung abgeworfen hat: ge-brannt-er Wein.

Zu den Abweichungen gehören auch viele Eigennamen, in denen das Bestimmungswort eine Biegungssylbe en angenommen hat, als: Reichenau, welches entweder statt reiche Aue oder statt Aue des Reichen steht. So auch: Reichenhall, Langendorf, Neuendorf, Altenburg, Schwarzenberg, Weissenfels, Rothenburg, Liebenwalde.

3) mit Zeitwörtern.

89.

Tritt ein Zeitwort als Bestimmungswort vor ein Hauptwort, so fallen die Biegungsendungen desselben fort und nur die Wortsylbe bleibt, als: Spieluhr, Pflegemutter (mit dem mildernden e wegen der sanften Lautbestimmung), Fechtboden, Reitbahn, Trinkgeld, Bedenkzeit u. s. w.

Die Auflösung solcher Zusammensetzungen ist verschieden, wie folgende Beispiele zeigen: Spieluhr, eine Uhr, welche spielt — Pflegemutter, eine Mutter, welche pflegt — Fechtboden, ein Boden, wo gefochten wird, oder, zum Fechten — Trinkgeld, Geld wofür getrunken werden soll, oder, zum Vertrinken u. s. w.

Wenn die Wortsylbe des Zeitwortes sich auf eine sanfte Lautbestimmung endigt, so läßt man in der Regel das e am Ende, um die sanfte Aussprache der Lautbestimmung zu erhalten, als: Schreibekunst, Schiebefenster, Badegast, Badehaus, Vorhängeschloss, Hängeboden, Fegefeuer, Folgezeit, Blasebalg, Blaserohr. Einige solcher Wörter werfen jedoch auch dieses e weg, als: Bindfaden, Blendwerk. —

Nach andern als sanften Lautbestimmungen ist dieses e fehlerhaft; doch sagt man ganz allgemein Wartegeld.

Wenn Lautbestimmungen zusammenkommen, die ohne große Härte nicht ausgesprochen werden können, so wird ein e eingeschoben, um die Aussprache zu mildern, als: Rechenkunst anstatt: Rechn-kunst, Zeichenbuch st. Zeichnbuch. So auch: Rechentafel, Zeichenkunst Rechnenkunst und Zeichnenbuch sind daher fehlerhaft gebildet.

4) mit Umstandswörtern.

90.

Die Umstandswörter (zu welchen hier auch die Verhältnißwörter und Bindewörter gerechnet werden) sind für die Zusammensetzung mit Hauptwörtern sehr wichtig und geben ein besonders fruchtbares Mittel zur Bildung neuer Wörter, besonders folgende: ab, an, auf, aus, aufsen, bei, dar, fort, gegen, heim, her, hin, hinter, mit, nach, neben, ob, über, um, vor, wieder, wohl, zu, zwischen und die außer der Zusammensetzung wenigstens in dieser Bedeutung veralteten: aber, after, erz, mifs, un und ur (§. 11). — Abart, Abbitte, Abbruch, Abgang, Anstand, Ankunft, Aufsenland, Beistand, Darlehn, Fortgang, Gegenstand, Heimkunft, Nebenstunde, Hinterlist, Wohlstand; — Aberglaube, Afterrede, Erzherzog, Mifsgeburt, Unart, Urkunde u. s. w.

Die Art der Verbindung bietet nichts Bemerkenswerthes dar.

5) Hauptwörter, welche erst durch die Zusammensetzung entstehen.

91.

Zuweilen entstehen durch die Zusammensetzung neue Hauptwörter, deren Bestandtheile, so lange sie einzeln waren, andern Wörterklassen angehörten. In der Redensart: jemandem das Garaus machen d. h. ihm den Untergang bereiten, ist Garaus ein Hauptwort, die einzelnen Bestandtheile gar und aus sind aber beide Umstandswörter. Von dieser Art sind auch: der Nimmersatt, der Schadenfroh, der Gernegroſs, der Geradezu, der Taugenichts, das Willkommen und andere. Die meisten derselben sind nur in der vertraulichen Sprechart gewöhnlich.

Hierher kann man es auch rechnen, wenn ein Zeitwort, als Hauptwort gebraucht, mit seinem Bestimmungsworte oder Ergänzungsworte zusammengezogen wird, da man sie dann als Ein Wort schreibt, obgleich es zwei Wörter waren, so lange der letzte Bestandtheil für ein Zeitwort galt. Man schreibt: du sollst nicht Blut vergieſsen; er kann schön reden, in zwei Wörtern; — aber: es entstand ein großes Blutvergieſsen; das Schönreden gilt mir wenig, wenn es nicht von guten Handlungen begleitet wird, in Einem Worte.

Solche Zeitwörter und die davon abgeleiteten Hauptwörter auf ung werden auch oft mit nicht zusammengesetzt und erscheinen dann als zusammengesetzte Hauptwörter, z. B. das Nichtwollen, das Nichtwissen, die Nichtzahlung. Das Wort nicht steht dabei statt des sonst gewöhnlichen un, welches bei Zeitwörtern und den davon zunächst abgeleiteten Hauptwörtern nicht gebraucht werden kann, sonst aber bei andern Hauptwörtern und vorzüglich bei Eigenschaftswörtern sehr gebräuchlich ist.

Dritter Abschnitt.

Das Eigenschaftswort als Grundwort zusammengesetzt mit andern Wörtern, und zwar 1) mit Hauptwörtern.

92.

1) Das Hauptwort als Bestimmungswort bezeichnet in solchen Zusammensetzungen gewöhnlich den Gegenstand, worauf sich die Eigenschaft, die das Grundwort benennt, bezieht, als: hülfsbedürftig, kraftvoll, tugendreich, gesetzmäſsig, halsstarrig, geldarm, dienstwillig, eidbrüchig, weltkundig. Die Auflösung solcher Zusammensetzungen fällt verschieden aus, als:

hülfsbedürftig d. h. bedürftig der Hülfe.
gesetzmäſsig d. h. gemäſs dem Gesetz.
tugendreich d. h. reich an Tugend.
halsstarrig d. h. starr am Halse; daher eigensinnig.
dienstwillig d. h. willig zum Dienste.

Das Bestimmungswort nimmt hiebei oft das Zeichen des zweiten Biegungsfalles s oder es an (§ 86), als: standesmäſsig d. h. nach dem Maaſse des Standes oder dem Stande gemäſs; gottesvergessen, gottesfürchtig. — Dieses s erhalten auch manche weibliche Wörter, die sich auf eine Lautbestimmung endigen, als: hoffnungsvoll, verehrungswürdig, andachtsvoll. — Endigen sich die weiblichen Hauptwörter aber auf ein e, so nehmen sie zuweilen ein n an, als: ehrenvoll, ehrenrührig, freudenleer; — oder sie werfen dieses e ganz ab, als: ehrvergessen, ehrerbietig, hülfreich; — oder sie werfen das e ab und nehmen anstatt desselben das vorerwähnte s an: hülfsbedürftig.

Wo der Sinn es erfordert, nimmt das Bestimmungswort zuweilen die Form der Mehrheit an, als: bilderreich, blätterlos, beerentragend. — Die meisten Zusammensetzungen verstatten die Eigenschaftswörter: leer, los, reich, arm, voll, werth und würdig.

2) In andern Fällen dient das Hauptwort zu einer Vergleichung und benennt ein Ding, mit welchem der Gegenstand, von dem die Eigenschaft ausgesagt wird, eine Aehnlichkeit hat. Alsdann nimmt das Bestimmungswort in der Regel kein Biegungszeichen an. — Blutroth d. h. roth wie Blut — eiskalt d. h. kalt wie Eis — baumstark d. h. stark wie ein Baum. So: pechschwarz, steinhart, goldgelb, grasgrün. — Fehlerhaft ist es, dem Hauptworte auch hier eine Biegungsendung beizufügen. Man sage also nicht: armsdick, armslang; sondern armdick, armlang. Jedoch kann zuweilen die Form der Mehrheit eintreten, wo der Sinn sie erfordert, als: ellenlang, meilenweit. Sowohl das weibliche als das mildernde e werden auch hier von dem Bestimmungsworte abgeworfen, als: beerblau.

Zuweilen dient die Hinzufügung des Bestimmungswortes nur zur Bezeichnung eines hohen Grades, als: blutarm, blutsauer, himmelweit, steinhart.

2) mit Eigenschaftswörtern.

93.

Das Bestimmungswort wird dem Grundworte mit Weglassung der Biegungsendungen beigefügt und bleibt unveränderlich, als: freiwillig, leichtfertig (st. leichtfährtig), halbjährig, hochgelehrt, weitläuftig (statt weitläufig), dummdreist, altklug, braungelb, weiſsblau, bläulich-weiſs und andere Farbenwörter.

Auch hier fällt das mildernde e allemal weg, als: blödsinnig, geradsinnig, feigherzig, frühklug, bösartig, böswillig.

3) mit Zeitwörtern.

94.

Das Zeitwort als Bestimmungswort wird entweder blos mit seiner Wurzel dem Grundworte beigefügt, als: denkwürdig, merkwürdig, wiſsbegierig, baulustig u. s. w.; — oder es ist vorher zu einem Hauptworte geworden und steht dann im zweiten Biegungsfalle oder Genitiv, als: liebenswürdig d. h. würdig des Liebens — nennenswerth d. h. werth des Nennens — bemerkenswerth.

4) mit Umstandswörtern.

95.

Das Bestimmungswort wird ohne weitere Veränderung dem Grundworte vorgesetzt als: hinfällig, zukünftig, gegenwärtig, überklug, erzböse, miſsfällig, uralt.

Am fruchtbarsten für die Zusammensetzung ist die Vorsetzsylbe un (vgl. §. 11.), welche fast vor alle Eigenschaftswörter gesetzt werden kann, wenn man das Nichtvorhandensein oder das Gegentheil der Eigenschaft ausdrücken will, als: unweise, unerfahren, unbedachtsam, ungelehrt, ungeduldig. — Diese Sylbe ist ohne Zweifel nur eine Abkürzung des Verhältniſswortes ohne, welches einen Mangel anzeigt, daher man in einigen Wörtern noch allgemein in demselben Sinne ohn schreibt, als ohnmächtig, — in anderen nach Willkühr des Schreibenden un und ohn gebrauchen darf, als: unentgeltlich und ohnentgeltlich, ungeachtet und ohngeachtet, unweit und ohnweit. — Doch ist die Schreibart un schon allgemeiner und daher vorzuziehen.

5) Eigenschaftswörter, welche erst durch die Zusammensetzung entstehen.

96.

Sehr häufig entstehen durch die Zusammensetzung in Verbindung mit Nachsylben, besonders der Nachsylbe ig, neue Eigenschaftswörter, deren Grundwörter außer der Zusammensetzung nicht als Eigenschaftswörter üblich sind. Man sagt: vierseitig, dreitägig, geringfügig, engbrüstig, obgleich die einfachen Eigenschaftswörter seitig, tägig, fügig, brüstig, gar nicht vorhanden sind (§ 36). Auf ähnliche Art sind gebildet: sechsfüfsig, zweiköpfig, hundertäugig, diesmalig, jenseitig, fernerweitig, bisherig, abergläubisch und viele andere.

Vierter Abschnitt.

Das Zeitwort als Grundwort zusammengesetzt mit anderen Wörtern, und zwar 1) mit Hauptwörtern.

97.

Die Zusammensetzungen, welche hiedurch entstehen, sind fast alle ächt (§ 83), als: Hohnlachen, rathfragen, brandschatzen, muthmafsen, wetterleuchten, lustwandeln, katzbalgen u. a.

Wird bei veränderter Rede das Hauptwort umgestellt oder von dem Zeitworte durch mehre andere Wörter getrennt, so ist dies ein Beweis, daß man nicht Ein zusammengesetztes Wort vor sich habe, sondern daß man in zwei Wörtern schreiben müsse z. B. Dank sagen — ich sage Dir für Deine Güte freundlichst Dank. — Nur lobsingen und lobpreisen scheinen eine Ausnahme zu machen. Man sagt: lobsinget seinem Namen! und: singt seinem Namen Lob. Im letztern Falle wird das getrennte Hauptwort wieder mit einem großen Anfangsbuchstaben zu schreiben sein.

Solche Zeitwörter wie wetteifern, rathschlagen, wallfahrten, argwöhnen, hofmeistern, frühstücken, kurzweilen u. s. w. sind von Hauptwörtern abgeleitet, die schon zusammengesetzt waren, nämlich von Wetteifer, Rathschlag, Argwohn (st. Argwahn), Hofmeister, Frühstück, Kurzweile, und man kann sie also eigentlich nicht als Zusammensetzungen eines Zeitwortes mit einem Hauptworte betrachten.

2) mit Eigenschaftswörtern.

98.

Auch hierdurch entstehen fast lauter ächte Zusammensetzungen, als: frohlocken, liebkosen, weissagen (weise sagen oder reden), wahrsagen, rechtfertigen, vollenden, vollbringen, vollziehen.

Auch hier hat man es in der Regel als einen Beweis zu betrachten, daß man in zwei Wörtern zu schreiben habe, wenn in manchen Fällen eine Trennung oder Umstellung beider Theile vorgeht. Man schreibe also: voll giefsen, denn man sagt: ich giefse das Glas voll. Ferner: gut meinen, übel nehmen, irre gehen, gleich kommen, hoch fliegen, sich wohl befinden u. s. w. Bei einigen jedoch ist das Zusammenschreiben in Ein Wort schon ziemlich allgemein eingeführt, als: wahrnehmen.

3) mit Zeitwörtern.

99.

Zusammensetzungen dieser Art kommen nicht vor, wenn

man nicht etwa einige Wörter wie: spatzierengehen, schlafengehen, stehenbleiben u. s. w., welche man häufig in Ein Wort zusammengeschrieben findet, hieher zählen will.

4) mit Umstandswörtern.

100.

Außer den eigentlichen Umstandswörtern werden auch die Verhältnißwörter oder Präpositionen hieher gezählt, welche in der Zusammensetzung wahre Umstandswörter sind, und mit Zeitwörtern sehr viele Zusammensetzungen geben, als: aufbringen, zugeben, anfahren, durchsehen, mitreden, überbringen, widerstehen, eindringen, (statt indringen), vorsprechen, unterwerfen, umbringen u. s. w. — Einige Beispiele von Zusammensetzungen mit andern Umstandswörtern sind: hingehen, fortjagen, weglaufen, herbringen, absenden, heimgehen, darstellen, niederlegen, obsiegen u. s. w. — Dagegen sind die Vorsylben be, ent oder emp, er, ge, ver und zer bloße Ableitungssylben und die durch sie gebildeten Wörter sind nicht zusammengesetzte, sondern nur abgeleitete Wörter zu nennen. (vgl. §. 61 — 66).

Die Sylben ur und miss, z. B. urtheilen und missrathen, welche außer der Zusammensetzung nicht mehr üblich und im Uebergange begriffen sind, bloße Vorsylben zu werden (§. 11), bilden ächte oder untrennbare Zusammensetzungen; miss verursacht manche Unregelmäßigkeiten im Accent, wovon in der Redebildungslehre bei der Conjugation das Nähere gelehrt werden muß. — Auch wider und hinter bilden ächte Zusammensetzungen, als: widerstehen, widerstreben; hintergehen, hinterbringen. — Folgende kleine Wörter bilden dagegen nur unächte Zusammensetzungen: ab, an, auf, aus, bei, dar (statt da und daher), ein (in Zusammensetzungen statt in), her, hin, mit, nach, nieder, ob, vor, zu, fort, los und weg.

Werden aber diese trennbaren Wörtchen noch mit anderen Umstandswörtern zusammengesetzt, so hört die Trennung zwischen ihnen und den Zeitwörtern nach den Bestimmungen mancher Sprachlehrer ganz auf und man muß in zwei Wörtern schreiben, als: daher treten, hervor kommen, hinweg gehen, hinzu eilen, hinauf steigen, hindurch laufen, heraus fallen, bevor stehen, vorbei laufen. — Doch wird diese Regel von andern Sprachlehrern und Schriftstellern nicht anerkannt und daher auch nicht beobachtet, und man findet auch häufig solche Verbindungen als Ein Wort geschrieben.

Die vier Verhältnißwörter durch, über, um und unter sind in der Zusammensetzung theils trennbar und haben dann den Accent, theils sind sie untrennbar und werfen in solchen ächten Zusammensetzungen den Accent auf das Zeitwort, als: dúrchbrechen und durchbréchen — überbieten und überbíeten — úmlaufen und umláufen — únterhalten und unterhálten. — Auch die Bedeutung verändert sich dabei z. B. Ich hálte die Hand únter (dem Mantel), und: ich unterhálte mich mit meinem Freunde.

Fünfter Abschnitt.

Das Umstandswort als Grundwort zusammengesetzt mit andern Wörtern.

101.

Zusammensetzungen der Umstandswörter mit Bestimmungswörtern, die nicht auch Umstandswörter sind, kommen sehr selten vor. Desto häufiger aber geschieht es, daß Umstandswörter mit andern Umstandswörtern verbunden werden, oder daß Umstandswörter erst durch Verbindung zweier Wörter, die für sich eigentlich anderen Klassen angehören, entstehen.

Von jeder Art dieser Zusammensetzungen sollen hier einige Beispiele, wo sich dergleichen überhaupt nur vorfinden, aufgeführt werden.

Die Umstandswörter als Grundwörter können zusammengesetzt werden

1) mit Hauptwörtern, als: bergan, bergauf, bergab, himmelan, himmelauf, himmelwärts, treppauf, treppab.

2) mit Eigenschaftswörtern, als: vollauf kurzum — allenfalls auch wohlan, wohlauf.

3) mit Zeitwörtern: Zusammensetzungen dieser Art finden sich in der Sprache nicht.

4) mit Umstandswörtern, als: bisher, hinwärts, abwärts, fernerweit, gleichwohl, anheim, anbei, allhier, anjetzt, durchaus, nunmehr, nimmermehr, forthin, hievon, davon, wovon, hieraus, daraus, woraus, hinaus, heraus, voraus, hinweg, womit, damit, womit und viele andere.

5) Die Umstandswörter entstehen erst durch Verbindung zweier Wörter, die einzeln zu anderen Klassen gehören, als: desgleichen, dermassen, fürwahr, einander, deshalb. — Die Wörter desgleichen, dermassen, deshalb geben einen Beweis, daß auch die Artikel oder Geschlechtswörter wenigstens nicht ganz unfruchtbar für die Zusammensetzung sind, sondern daß sie wenigstens zur Bildung einiger neuen Wörter gebraucht werden.

Bei der Bildung solcher Umstandswörter tritt zuweilen das s hinzu, welches nach §. 72 zur Bildung von Umstandswörtern häufig gebraucht wird, als: mehrmals, vormals, ebenfalls.

Auch behält bei dieser Bildung von Umstandswörtern wider den sonstigen Gebrauch der vorangehende Theil der Zusammensetzung oft eine Biegungssylbe, als: allezeit, allemal, allenfalls, allerdings, allenthalben, dergestalt.

Sechster Abschnitt.

Von dem Accent der zusammengesetzten Wörter.

102.

Accent der einfach zusammengesetzten Wörter.

Die Hauptregel über den Accent der zusammengesetzten Wörter, welche aber vorzüglich nur die einfach zusammengesetzten Wörter betrifft, ist schon §. 81 ausführlich erläutert. Sie heißt:

Wenn die beiden Bestandtheile eines zusammengesetzten Wortes einsylbig sind, das ganze Wort also aus zwei Sylben besteht; so hat das Bestimmungswort den Accent, als: Hausthür, Hofhund.

Wenn das zusammengesetzte Wort aus mehr als zwei Sylben besteht, (worunter sich jedoch nur zwei Wortsylben befinden,) so hat die Wortsylbe des Bestimmungswortes den Hauptaccent, und die Wortsylbe des Grundwortes einen Nebenaccent, als: Úhrmácher, Léinwéber, Fréudentáge, Spíelgescháft, Kléiderbürste, Máhlerkúnst, Séidenwúrm.

Von dieser Hauptregel gibt es aber viele

Ausnahmen.

I. unter den Hauptwörtern, als:

Einige Hauptwörter, die mit all zusammengesetzt sind,

als: Allwíssenheit, Allweísheit, Allgenúgsamkeit, Allgégenwart, Allgúte. — Einige Hauptwörter, die mit Zahlwörtern zusammengesetzt sind, als Dreiéinigkeit, Dreifáltigkeit. — Ferner: Hambútte (st. Hagebutte), Hohlúnder, Kaldáunen; — ein Feldwéges zum Unterschiede von: der Féldweg, des Féldweges.

II. unter den Eigenschaftswörtern:

Einige Zusammensetzungen mit ab und deren Gegensätze mit un, als: absónderlich, ablóslich, unablóslich, unabwéndbar; — nach der Aussprache einiger, die aber nicht ganz allgemein ist, auch: abhélllich, abspénstig, abwéndig, abwégsam. — Die mit all zusammengesetzten: alléin, alléinig, allmǽchtig (obgleich man sagt Állmacht), allmǽhlich, allwéise, allgeméin; — auch die mit aller zusammengesetzten Steigerungsformen zur Bezeichnung des höchsten Grades (Superlative): allerbéste, allergrósste, allerlíebste. —

Viele mit aus zusammengesetzten Eigenschaftswörter, als: ausdrúcklich. ausnéhmend, ausspréchlich, — und daher auch die davon abgeleiteten Wörter und die Gegensätze mit un, als: Ausfúhrlichkeit, Ausfúhrbarkeit, unauslóschlich, unaussspréchlich.

Die meisten mit gross, hoch, wohl und edel zusammengesetzten Titelwörter, als: grossmáchtig, grossáchtbar wohlédel, wohlwéise, hochádelich, hochédel, hochfúrstlich, hochgeéhrt, hochgeléhrt, hochwúrdig, hochnóthig u. a. — aber: hóchmüthig, hóchtrabend.

Außerdem etwa noch folgende: ausserórdentlich, barmhérzig (daher auch Barmhérzigkeit), bestmóglich, freiwíllig, handgreíflich, hauptsáchlich, herzínnig, vornéhmlich. — Von den mit un zusammengesetzten Eigenschaftswörtern haben einige den Accent auf der Sylbe un, als: úntreu, úngehorsam, únfreundlich, únbedachtsam, úngefällig; — andere auf der Wortsylbe des Grundwortes, als: unbedénklich, unvergänglich, unveränderlich, ungláublich, unerfreúlich, unwéit, unférn (§. 11.)

III. unter den Zeitwörtern.

Die Bestimmung über das Setzen des Accentes bei Zeitwortern, die mit Umstandswörtern und Verhältnißwörtern zusammengesetzt sind, kann nicht füglich von der Lehre über die Conjugation getrennt werden, daher das Weitere darüber in der Redebildungslehre angegeben werden muß.

IV. unter den Umstandswörtern.

Die zusammengesetzten Umstandswörter weichen von der Hauptregel am meisten ab, vorzüglich wohl deswegen, weil die Zusammensetzung hier fast nie so geschieht, daß man den ersten Theil Bestimmungswort und den letzten Grundwort nennen könnte. Vielmehr entsteht hier gewöhnlich durch die Zusammensetzung ein Wort von ganz neuer Bedeutung. Es giebt daher in dieser Klasse viele zusammengesetzte Wörter, bei denen die Stelle des Accentes überhaupt nicht beständig ist, sondern bei denen er nach verschiedenen Verhältnissen der Rede bald auf dem ersten bald auf dem zweiten Bestandtheile des Wortes ruht.

1) Folgende haben den Accent beständig

a) auf dem ersten Bestandtheile: ábwärts, áufwärts, ánderwärts, ánfangs, áuswärts, dámals, dázumal, dénnoch, díesmals, éhemals, éhegestern, éinwärts, férnerweit, hínwärts, hérwärts, hínterwärts, jémals, jénseit, níemals, náchmals, náchgehends, nóchmals, rúckwärts, séitwärts, vórmals, vórwärts.

b) auf dem zweiten Bestandtheile: diejenigen, welche mit all, allen, aller, allzu und als anfangen: allhíer, allezéit, alldá, alldórt, allemál, allenfálls, allenthálben, allerdíngs, allerérst, allerhánd, allerléi, allernáchst, allerséits, allesámmt, allzuséhr, alsbáld, alsdánn; — viele, welche sich mit an, bei und bis anfangen: anbéi, anhéim, anher, anjetzt, annoch, beinahe, beisammen, beiseit, bisher, bisweilen; — einige mit da: daférn, daheim, dahinten, dahér, danieder; — viele mit der, des, den anfangende: deréinst, derhalben, desgleichen, dieweil, dermassen, demnach, demnächst; — die mit ehe, ein, em und ent: ehedéssen, ehedem, einander, einher, empor, entgegen, entweder, entzwei; — die mit fort und hin: fortán, forthin, hinan, hinab, hindurch, hinweg, hinauf, hinaus, hinein, hinfort, hinüber; — die mit je, in und im: jedóch (ausgenommen ist aber jémals), immittelst, indem, indessen, insonderheit, imgleichen, inzwischen; — die mit über und um: überáus, überein, überhaupt, überhin, umher, umhin, umsonst; (aber überhand); — die mit vor und zu: vorbéi, voran, vorhin, vorher, zuvor, zugegen; und noch folgende einzelne: fürwáhr, gleichwíe, mithín, nachdém, nachher, obwohl, gleichwohl, obgleich, obschon, nimmermehr, kurzum und vielleicht noch manche andere.

2) In vielen andern Umstandswörtern hat der Accent keine bestimmte Stelle, sondern ruht bald auf dem ersten bald auf dem letzten Bestandtheile des Wortes, je nachdem es die Deutlichkeit der Rede erfordert; und es steht oft in der Willkühr des Redenden, den einen oder den andern Theil des Wortes zu betonen, je nachdem er glaubt, daß die Deutlichkeit und der Nachdruck der Rede dadurch gewinnen werde. Man sagt: Dávon wollen wir schweigen; aber: ich schweige davón. — Dámit gib dich nicht ab! aber: ich sage dir dies, damít du dich in Acht nehmest.

Dergleichen Wörter sind noch folgende: Daselbst, dabei davor, daran, darauf, daraus, dawider, dazwischen, darunter, darüber, hieher, hiemit, hiedurch, hievon etc.; woraus, womit, worin etc. Ferner: dorther, dorthin, einmal, nunmehr, also, voraus, durchaus, warum u. a.

103.

Accent der mehrfach zusammengesetzten Wörter.

Ist das Grundwort zusammengesetzt, das Bestimmungswort aber einfach und einsylbig, so ruht der Accent auf dem ersten Theile des Grundwortes, als: Feldbáukunst, Frohnléichnam, Groſshófmeister, Kreishauptmann, Kriegsschauplatz, Erbjägermeister, Erzschätzmeister, Allgegenwart, Erbzinsgut.

Eben dies gilt auch, wenn mehre Bestimmungswörter vor einem zusammengesetzten Grundworte vermittelst des Bindestriches an einander gereiht werden, als: Groſs-Kron-Féldherr, General-Feld-Zéugmeister.

Ist das Bestimmungswort mehrsylbig oder zusammengesetzt, so bekommt es den Hauptaccent, das Grundwort mag einfach oder zusammengesetzt sein, als: Wásserbaukunst, Krámerhandwerk, Kúpferbergwerk, Fástnachtspiel, Hímmelfahrtsfest, Káufmannsbursch.

Diese Regeln erleiden jedoch viele Ausnahmen.

Anhang I.

Ueber die Fürwörter und Empfindungswörter.

Fürwörter oder Pronomina. §. 104. 105.

104.

Die Lehre von den Fürwörtern (Pronomina), und selbst der Begriff von Fürwörtern, kann nur aus der Betrachtung der zusammenhangenden Rede und ihrer Theile erkannt und erläutert werden, und daher muß der Unterricht darüber bis zur Lehre von der Redebildung gänzlich ausgesetzt werden. Hier wird dieser Abschnitt nur darum hinzugefügt, um die Lehre von der Wortbildung vollständig aufzustellen. Der Lehrer mag das hier Gesagte in der Redebildungslehre an gehörigen Orte einschalten.

Unter den Fürwörtern gibt es Wurzelwörter, abgeleitete und zusammengesetzte Wörter.

1) Wurzelwörter. Die Redebildung zeigt bei der Declination der Fürwörter, daß bei ein und ebendemselben Fürworte in den verschiedenen Biegungsfällen zum Theil ganz verschiedene Wurzeln vorkommen, als: ich, mein, mir, mich, wir, uns; — du, dein, dir, dich, ihr, euer (statt eur), euch; — er, sein, ihm, ihn; sie, ihr, es, sich; man; — — wer, was; — dies, welch, solch.

2) Abgeleitete Fürwörter, und zwar

zum Theil solche, welche sich gar nicht von andern Wörtern herleiten lassen, aber außer der Wurzel noch eine Nachsylbe bei sich haben, als: jen-er, selb-st. Daß die Wurzel des Wortes selbst, die als für sich bestehendes Wort gar nicht mehr vorkommt, eigentlich selb heiße, erhellt besonders aus einigen Ableitungen und Zusammensetzungen als: selb-ander, selb-ig, der-selb-e u. s. w.

zum Theil solche, die von noch vorhandenen Wurzelwörtern durch Nachsylben abgeleitet sind, als: dies-er, solch-er, welch-er, mein-er, dein-er, sein-er, uns-er, euer, ihr-er — mein-ig, dein-ig, sein-ig, uns-r-ig, eur-ig, ihr-ig.

3) Zusammengesetzte Fürwörter. — Zu diesen gehören nur: der-jen-ig-e, der-selb-e (fehlerhaft derselbige); und allenfalls jemand, niemand und jedermann, welche in gewisser Rücksicht auch zu den Fürwörtern gezählt werden können. In den beiden ersteren ist das Bestimmungswort der Artikel, welcher oft selbst auch als ein Fürwort gebraucht wird: und sie weichen auch darin von der

gewöhnlichen Regel der Zusammensetzung ab, daß beide Bestandtheile ihre Biegung für sich behalten: derselbe, desselben; derjenige, desjenigen. — Niemand ist zusammengesetzt aus nie (hier so viel als kein) und Mann. — Jemand ist zusammengezogen aus je (hier so viel als irgend ein) und Mann. — Das letzte n des Wortes Mann ist bei beiden in ein d übergegangen, und daher hat dies Wort auch seine ihm sonst eigenthümliche Biegung verloren

105.

Die Fürwörter werden nun ihrerseits auch wieder zur Bildung anderer Wörter gebraucht, besonders geben sie den ersten Bestandtheil zur Bildung anderer zusammengesetzter Wörter her. Auf diese Weise entstehen:

1) Hauptwörter, zu deren Bildung jedoch nur das einzige Fürwort selbst gebraucht wird, als: Selbstliebe, Selbstgefühl, Selbstherrscher, Selbstzufriedenheit, Selbstschuldner u. s. w.

2) Eigenschaftswörter, deren manche ebenfalls durch selbst gebildet werden, als: selbstzufrieden, selbstgefällig, selbstgenügsam. — Andere sind von Umstandswörtern abgeleitet, die schon zusammengesetzt waren, als: jenseitig, diesseitig (von jenseit, diesseit); diesmalig.

3) Umstandswörter, als: jenseit, oder jenseits, diesseit oder diesseits, diesmal, daselbst, hieselbst.

Hierher gehören besonders viele Umstandswörter, welche eigentlich eine Zusammenziehung eines Verhältnißwortes (oder einer Präposition) mit einem der drei Fürwörter dieser, jener und welcher enthalten, wobei aber statt des Fürwortes dieser das Umstandswort hie oder hier, statt des Fürwortes jener das Umstandswort da oder dar, statt des Fürwortes welcher das Umstandswort wo (vor einem Laute wor) gesetzt wird, als: hiedurch, dadurch, wodurch anstatt durch diesen (e, es), durch jenen (e, es), durch welchen (e, es) — hieraus, daraus, woraus anstatt: aus diesem, aus jenem, aus welchem — hiemit, damit, womit — hievon, davon, wovon — hieran, daran, woran — hierauf, darauf, worauf u. s. w.

106.

Empfindungswörter oder Interjectionen.

Die Empfindungswörter oder Interjectionen sind unwillkührliche Ausdrücke zur Darstellung gewisser Gemüthszustände und es werden dadurch entweder innere Empfindungen z. B. der Freude, des Schmerzes, der Bewunderung ꝛc. ausgedrückt, als: o, ach, weh, ei, pfui, potz, juch, heissa, — oder es wird der Eindruck dargestellt, den äußere Erscheinungen, besonders solche, die mit hörbaren Tönen verbunden sind, auf die Seele gemacht haben und damit werden diese Töne zum Theil selbst nachgebildet, als: plumps, knacks, knarr u. s. w. Sie sind großentheils noch gar nicht als schon ausgebildete Wörter zu betrachten und manche nennen sie daher mit Recht eher Empfindungslaute; ungewohnte und außerordentliche Gemüthszustände können daher auch jetzt noch leicht neuen Empfindungslauten ihren Ursprung geben.

Wenn hiernach die Empfindungslaute als unwillkührliche Ausdrücke von Gemüthszuständen nicht als eigentliche Wörter und Bestandtheile der zusammenhängenden Rede zu betrachten sind, so ist doch unleugbar, daß viele Wörter unserer Sprache in Empfindungslauten ihren Ursprung und ihre Wurzel haben; denn die Wörter der Rede sind eigentlich nicht unmittelbare Zeichen der außer uns vorhandenen Dinge, sondern zunächst der Eindrucke, welche diese Dinge auf das menschliche Gemüth gemacht haben. Auch im jetzigen Zustande der Sprache liegt der Ursprung vieler Wörter aus Empfindungslauten noch klar vor Augen. So sind entstanden aus Empfindungslauten der ersten Art: ächzen von Schmerzensrufe ach, jauchzen vom Freudenrufe juch; — aus Empfindungslauten der zweiten Art; knacken, knarren, schwirren, krächzen, vielleicht auch blitzen und andere Wörter.

Anhang II.

Aufgaben zur Selbstbeschäftigung.

107.

Außer den in unmittelbarer Verbindung mit dem Unterrichte gegebenen Aufgaben mögen hier noch einige andere angedeutet werden und als Beispiele stehen, wodurch der Lehrer seine Schüler in Zeiten, wo sie seines unmittelbaren Unterrichtes nicht genießen, beschäftigen und ihnen Gelegenheit geben kann, den gefundenen Wörtervorrath zu vermehren. — Wenn der große Umfang dieser Uebung dem Lehrer auch nicht erlauben wird, alle in den §§. 13. 33. 49 und 71 aufgeführten Wurzelwörter in Hinsicht auf die Zusammensetzung durchzugehen, so wird er in jenen §§. doch hinreichende Beispiele finden, die auf ähnliche Art wie die folgenden benutzt werden können.

L. Bildet zusammengesetzte Wörter, in denen das Wort Tisch als ein Bestandtheil vorkommt, und schreibt zuerst diejenigen auf, in denen es Grundwort ist, dann diejenigen, in denen es Bestimmungswort ist. Jeder schreibe der Beispiele so viele nieder, als er finden kann! Dann wollen wir durch Vergleichung der verschiedenen Arbeiten jeder die seinige vervollständigen! Die Kinder schreiben etwa Folgendes nieder:

Tisch — Schultisch, Küchentisch, Klapptisch, Spieltisch, Schreibetisch, Kuchentisch, Haupttisch, Nebentisch, Nähtisch, Efstisch, Kaffeetisch, Waschtisch; Tischblatt, Tischfufs, Tischmesser, Tischtuch, Tischschatulle, Tischecke, Tischdecke, Tischdecker, Tischlaken, Tischklappe.

L. Verfahrt auf gleiche Weise mit dem Worte Feld!

K. schreiben: Feld — Kornfeld, Roggenfeld, Waizenfeld, Gerstenfeld, Sommerfeld, Winterfeld, Stoppelfeld, Saatfeld, Brachfeld, Blachfeld; Feldblume, Feldrose, Feldnelke, Feldherr, Feldzug, Feldgeschrei, Feldbaum, Feldweg, Feldbote, Feldreise, Feldwebel, Feldpost, Feldeintheilung, Feldgraben.

L. Bildet Zusammensetzungen, in denen das Eigenschaftswort gelb als Bestandtheil vorkommt, und ordnet sie auf gleiche Weise.

K. schreiben: Gelb — goldgelb, strohgelb, erdgelb, eiergelb, braungelb, quittengelb, citronengelb, ochergelb; gelbbraun, gelbgrün, Gelbgiesser, gelbhaarig, Gelbsucht, gelbsüchtig, Gelbschnabel.

L. Bildet zusammengesetzte Wörter, in denen das Zeitwort laufen, als Bestandtheil vorkommt, und ordnet sie auf gleiche Weise!

K. schreiben: Laufen — ablaufen, anlaufen, auslaufen, weglaufen, fortlaufen, durchlaufen, hinauslaufen, hinablaufen, davonlaufen, mitlaufen, nachlaufen, hinzulaufen, vorlaufen; Lauffeuer, Laufgraben, Laufbahn, Laufzeit, Laufplatz, Laufbote, Laufzettel.

L. Sämmtliche Wörter, welche aus irgend einem ursprünglichen Worte sowohl durch Ableitung als durch Zusammensetzung gebildet sind, nennt man eine Wörterfamilie.

Schreibt nun die Wörterfamilien nieder, welche von dem Hauptworte Gold und von den Zeitwörtern graben und binden abstammen! Zuerst schreibt alle diejenigen Wörter auf, welche aus dem Stammworte blos durch Ableitung entstanden sind; dann diejenigen, welche durch Zusammensetzung gebildet sind, und bei diesen erst wieder diejenigen, in denen das gegebene oder ein davon abgeleitetes Wort als Grundwort, dann diejenigen, in denen es als Bestimmungswort vorkommt! Bei jedem derselben fügt wieder diejenigen Wörter hinzu, welche etwa durch Ableitung davon herkommen mögen!

Die Kinder werden etwa Folgendes aufschreiben:

G o l d.

Golden, gülden, Gulden, vergolden, Vergolder, Vergoldung; — Blattgold, Knallgold, Rauschgold, Kronengold, Knistergold, Dukatengold, Katzengold; — Goldring, Goldadler, Goldfinger, Goldarbeit, Goldarbeiter, Goldwage, Goldbergwerk, Goldblech, goldgelb, goldarm, goldhaltig, goldglänzend, Goldschimmer, goldfleckig, Golddraht, Golddurst, Goldfaden, Goldfarbe, Goldfisch, Goldgewicht, Goldgier, Goldgrnbe, Goldkäfer, Goldkies, Goldkorn, Goldküste, Goldmacher, Goldmünze, Goldring, Goldsand, Goldschaum, Goldschmid, Goldstange, Goldstein, Goldstück, Goldwäsche, Goldthaler, Vergoldungsmittel.

G r a b e n.

Graben, Grab, Grube, Gruft, Gräber, begraben, Begräbniſs, vergraben, Vergrabung, — ausgraben, zugraben, eingraben, aufgraben, weggraben, durchgraben, nachgraben, Laufgraben, Schloſsgraben, Landgraben, Stadtgraben, Ablaſsgraben, Hühnengrab, Lehmgrube, Sandgrube, Thongrube, Kalkgrube, Goldgrube, Löwengrube, Todtengruft, Todtengräber, Schatzgräber; — Grabmal, Grabtuch, Grabgesang, Grabhügel, Grabscheit, Grabschrift, Grabstein, Grabstichel, Grubenbau, Grubenlicht, Grubenwasser, Begräbniſsfeier, Begräbniſsplatz, Begräbniſsgeld.

B i n d e n.

Binde, Band, Bande, Bund, bündig, Bündniſs, Binder, bändig, bändigen, verbinden, Verband, Verbindung, verbindlich, Verbindlichkeit, entbinden, Entbindung, Gebinde; — Unband, unbändig, Leibbinde, Armbinde, Kopfbinde, Halsband, Armband, Bruchband, Schuhband, Kopfband, Haarband, Strohband, Tonnenband, Trageband, Einband, Ausbund, Freundschaftsbund, Schutzbündniſs, Ehebündniſs, Vertheidigungsbündniſs, Angriffsbündniſs, Buchbinder, Besenbinder, Topfbinder, Faſsbinder, Garbenbinder, anbinden, abbinden, ausbinden, zubinden, einbinden, losbinden, festbinden, zusammenbinden, Wortverbindung, Satzgebinde; — Bandwurm, Bandweber, Bandgewebe, Bandhandel, bändereich, bundbrüchig, Bundesgenoſs, Bundeslade, Bundesstadt, Bundesstaat, Bundesversammlung, Bindfaden, Bindezeichen, Bindeschlüssel, Bindenmacher, Verbindungsmittel, Verbindungszeichen.

Berichtigung.

Seite	23.	Zeile	2.	statt das lies Das.
—	26.	—	15.	st. abstracte l. Abstracte.
—	38.	—	6.	st. Bedeutung l. Bedeutung.
—	40.	—	5.	st. Nebensylbe l. Nebensylben.
—	47.	—	23.	st. keent l. kennt.
—	77.	—	15.	st. Lä̆t l. Lǟt.
—	80.	—	32.	st. weiblichen l. männlichen.
—	84.	—	1.	st. be= l. bei=.
—	96.	—	28.	st. Hündinn l. Hindinn.
—	97.	—	8.	st aut l. laut.
—	103.	—	31.	st. Wettling l. Weltling.
—	132.	—	23.	Nach dür setze).
—	142.	—	12.	st. habe l. hat.
—	243.	—	2.	st. dreisigste l. dreiſsigste.

Berlin, gedruckt bei A. W. Hayn.

FSC
www.fsc.org
MIX
Papier | Fördert
gute Waldnutzung
FSC® C083411

Kolibri 360 GmbH
Ferdinand-Jühlke-Straße 7
99095 Erfurt, Deutschland
produktsicherheit@kolibri360.de